本書の構成と学習指導要領（2017改訂）の関係と主な学習項目

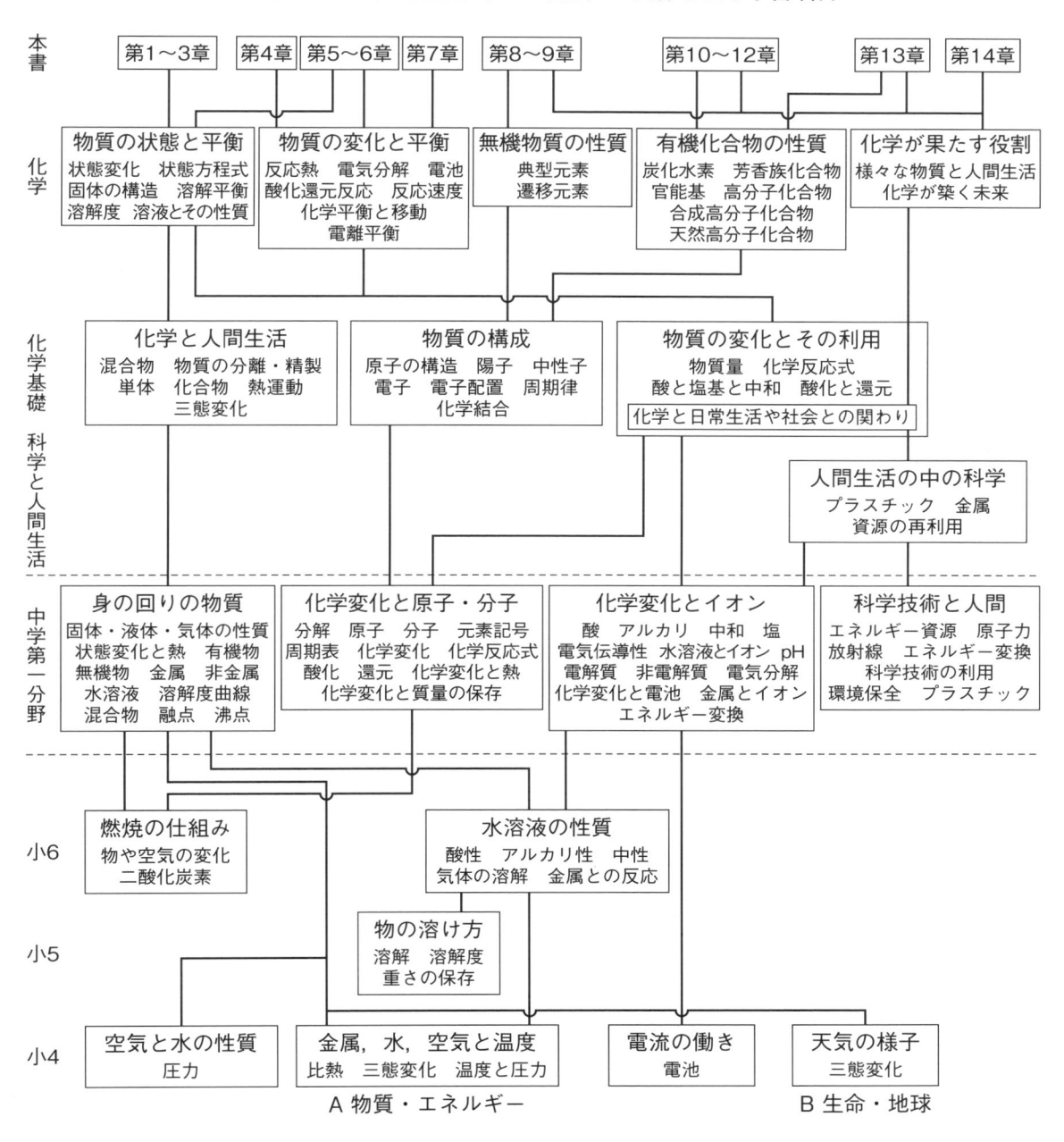

本書

| 第1～3章 | 第4章 | 第5～6章 | 第7章 | 第8～9章 | 第10～12章 | 第13章 | 第14章 |

化学

- **物質の状態と平衡**
  状態変化　状態方程式
  固体の構造　溶解平衡
  溶解度　溶液とその性質

- **物質の変化と平衡**
  反応熱　電気分解　電池
  酸化還元反応　反応速度
  化学平衡と移動
  電離平衡

- **無機物質の性質**
  典型元素
  遷移元素

- **有機化合物の性質**
  炭化水素　芳香族化合物
  官能基　高分子化合物
  合成高分子化合物
  天然高分子化合物

- **化学が果たす役割**
  様々な物質と人間生活
  化学が築く未来

化学基礎　科学と人間生活

- **化学と人間生活**
  混合物　物質の分離・精製
  単体　化合物　熱運動
  三態変化

- **物質の構成**
  原子の構造　陽子　中性子
  電子　電子配置　周期律
  化学結合

- **物質の変化とその利用**
  物質量　化学反応式
  酸と塩基と中和　酸化と還元
  - 化学と日常生活や社会との関わり

- **人間生活の中の科学**
  プラスチック　金属
  資源の再利用

中学第一分野

- **身の回りの物質**
  固体・液体・気体の性質
  状態変化と熱　有機物
  無機物　金属　非金属
  水溶液　溶解度曲線
  混合物　融点　沸点

- **化学変化と原子・分子**
  分解　原子　分子　元素記号
  周期表　化学変化　化学反応式
  酸化　還元　化学変化と熱
  化学変化と質量の保存

- **化学変化とイオン**
  酸　アルカリ　中和　塩
  電気伝導性　水溶液とイオン　pH
  電解質　非電解質　電気分解
  化学変化と電池　金属とイオン
  エネルギー変換

- **科学技術と人間**
  エネルギー資源　原子力
  放射線　エネルギー変換
  科学技術の利用
  環境保全　プラスチック

小6

- **燃焼の仕組み**
  物や空気の変化
  二酸化炭素

- **水溶液の性質**
  酸性　アルカリ性　中性
  気体の溶解　金属との反応

小5

- **物の溶け方**
  溶解　溶解度
  重さの保存

小4

- **空気と水の性質**
  圧力

- **金属，水，空気と温度**
  比熱　三態変化　温度と圧力

- **電流の働き**
  電池

- **天気の様子**
  三態変化

A 物質・エネルギー　　　　B 生命・地球

理科教育力を高める
基礎化学

長谷川 正・國仙久雄・吉永裕介 共著

裳華房

Basic Chemistry for Developing Science Education

by

Tadashi HASEGAWA
Hisao KOKUSEN
Yusuke YOSHINAGA

SHOKABO

TOKYO

まえがき

「理科離れ」「理科嫌い」という言葉が 1994 年ごろからマスコミで取り上げられ学力低下も懸念されていたが,「ゆとり教育」の流れの中で授業時間も学習内容も大幅に削減され, 2003 年に実施された国際学習到達度調査 (PISA) や国際数学・理科教育動向調査 (TIMSS) での成績と国際順位の低下という形で, その懸念が現実となってしまった。これを契機として, 2005 年に学習指導要領の見直しが行われ, 改訂に先立って先行実施された。2007 年に実施された TIMSS では, 中学 2 年生の理科の平均点も国際順位も上がり, 学力の低下傾向に歯止めが掛かったとも受け取られた。しかし,「理科が楽しいか」という質問に対して,「強く思う」「そう思う」と答えた中学生は 58 ％ (国際平均は 78 ％) で,「強く思う」はわずか 18 ％ と, 参加国中, 下から 3 番目の低さであった。この調査結果は, 依然として「理科嫌い」が払拭できていないことを示しているが,「理科嫌い」がなかなか払拭できないのは,「理科嫌い」となる要因が複雑なためである。

確かな学力を身に付けさせることを目標に, 新学習指導要領が, 小学校では 2011 年度から, 中学校では 2012 年度から全面実施され, 高等学校では理科・数学が 2012 年度から学年進行に伴って, その他の教科は 2013 年度から実施される。今回の改訂の大きな特色は, 基礎的な知識・技能の習得が重視され, 理数系教育が重視されていることである。改訂のたびに減り続けてきた授業時間数も今回の改訂では増加しており, 学力向上に向けての教員の役割が以前にも増して重要になっているといえよう。一方, 日本学術会議は「これからの教員の科学的教養と教員養成の在り方について」(2007) で, 教員の科学的教養の低下を指摘し, これを高めることを課題の一つとしている。

「理科好き」な若者を育てるには, 小学生のときから理科に興味・関心を持たせ, 理科が楽しいと感じる体験をさせることが大切である。理科が得意でない教員は実験・観察を敬遠しがちで, 教員の「理科嫌い」は児童・生徒の「理科嫌い」に拍車を掛けかねない。児童・生徒を「理科好き」にするには, 児童・生徒を教える教員が「理科好き」で, 本当の理科の楽しさを体験していなくてはならない。

理科のカリキュラムの特色は, 同様な学習項目が学年・学校種を超えて繰り返し現れることである。化学のカリキュラムでは, 例えば, 酸とアルカリは小学 6 年生の「水溶液の性質」で学習し, 実験を通してアルミニウムが酸にもアルカリにも溶けることを学ぶが, これは中学第一分野の「化学変化とイオン」でも学び, さらに, 高等学校でも「酸塩基」を学習するように構成されている。もちろん, 小学校から中学校・高等学校へと進むに従って, 酸塩基の性質から, イオン, 中和, 電離, 酸塩基の定義等へと学習内容が深化していく。このように, 同種の項目を

螺旋(らせん)的に繰り返し学習することによりカリキュラムの連続性が確保されている。このことは，逆に，大学で化学における科学的見方や考え方，手法や技能を学ぶと，おのずと小・中学校の理科や高等学校化学の学習内容を深く理解することができ，児童・生徒に科学的根拠を踏まえて分かりやすく教えられるようになることを意味している。理科，特に，化学は決して暗記科目ではない。

　本書は，教育系コースだけでなく，教員を目指す理工系における基礎科目として，高等学校までの授業の背景となる化学の基礎・基本をきちんと身に付けられ，教員となったときにも授業で実際に役立つものとすることを目標とした。そこで，小学校から高等学校までの化学の学習内容を分析し，授業の基礎となる事項をまとめて章立てした。各章と学習指導要領との関係は，チャート図にして前見返しページに示した。各章の内容は，分かりやすく，暗記ではなく論理的に化学を理解できるように丁寧に解説し，側注やコラム欄も設け，学校教育で必要な理科や化学の実践的授業力を高められるように心がけた。章末には各章の復習ができるような問題を設け，解答は巻末にまとめて分かりやすく示した。

　本書を通して，化学的現象を科学的根拠に基づいて説明する力を身に付け，自ら見つけた問題を自ら解決して成就感を体験すれば，授業を通して児童・生徒にも同じような体験をさせて本当の理科の楽しさを伝え，「理科好き」な子どもたちを育てうる理科教育力の高い教員になれるだろう。さらに，この力を身に付けると，科学コミュニケーターとしての基礎能力も高めることができる。学校教育を見据えた科学コミュニケーション力は，これからの教員だけでなく，企業や大学等の技術者・研究者にも必要となっている。本書を活用して理科教育力を高め，科学コミュニケーション力の基盤も強固にしていただければ幸いである。

　本書の刊行に際し，裳華房編集部小島敏照氏には，終始原稿に対して貴重なご意見をいただくと共に大変お世話になった。ここに厚く感謝の意を表す。

2011年10月

著者を代表して　長谷川　正

目 次

第1章 物質とその構造

- 1・1 組成からみた物質の分類 … 1
- 1・2 物質を構成する基本粒子 … 1
- 1・3 基本的物理量 … 2
  - 1・3・1 相対原子質量 … 3
  - 1・3・2 原子量 … 3
  - 1・3・3 物質量とアボガドロ定数 … 4
- 1・4 原子の構造 … 4
  - 1・4・1 ボーアモデル … 4
  - 1・4・2 軌道と電子雲 … 7
- 1・5 電子配置 … 9
- 1・6 周期律 … 10
- 章末問題 … 11

第2章 化学結合

- 2・1 オクテット則 … 12
- 2・2 イオン結合 … 12
  - 2・2・1 イオン対の生成 … 12
  - 2・2・2 イオン化エネルギー … 13
  - 2・2・3 電子親和力 … 14
  - 2・2・4 イオン間距離 … 15
- 2・3 共有結合（Ⅰ）ルイス構造 … 15
  - 2・3・1 電子対結合 … 15
  - 2・3・2 多重結合 … 16
- 2・4 共有結合（Ⅱ）軌道表示 … 17
  - 2・4・1 電子雲の重なり(1) 単結合 … 17
  - 2・4・2 電子雲の重なり(2) 多重結合 … 19
  - 2・4・3 共有結合のイオン性 … 19
- 2・5 金属結合 … 20
- 2・6 分子間力 … 21
  - 2・6・1 水素結合 … 21
  - 2・6・2 ファンデルワールス力 … 21
- 章末問題 … 22

第3章 物質の状態と気体の性質

- 3・1 物質の状態 … 23
- 3・2 熱運動と熱平衡 … 23
- 3・3 状態の変化 … 23
  - 3・3・1 液体と固体間の状態変化 … 24
  - 3・3・2 気体と液体間の状態変化 … 24
  - 3・3・3 固体と気体間の状態変化 … 24
- 3・4 蒸気圧 … 25
- 3・5 状態図 … 25
- 3・6 固体の状態 … 26
  - 3・6・1 最密充填構造 … 26
  - 3・6・2 イオン結晶 … 26
  - 3・6・3 共有結合結晶 … 26
  - 3・6・4 分子結晶 … 27
- 3・7 液体の状態 … 27
- 3・8 気体の状態 … 27
  - 3・8・1 気体の性質 … 27
  - 3・8・2 理想気体と気体の法則 … 27
  - 3・8・3 実在気体の状態方程式 … 28
  - 3・8・4 気体分子運動論 … 30
- 章末問題 … 32

第4章 反応速度

- 4・1 化学反応式 … 33
- 4・2 化学反応の速度 … 33
- 4・3 反応速度の表し方 … 34
- 4・4 反応速度式 … 35

4・5　素反応と律速段階……………………36
4・6　遷移状態と活性化エネルギー　……37
4・7　触　媒………………………………38
4・8　反応速度の温度変化と活性化エネルギー　39
4・9　酵　素………………………………40
章末問題……………………………………42

第5章　化学熱力学と平衡

5・1　化学熱力学…………………………43
5・2　系と外界……………………………43
5・3　状態関数……………………………44
5・4　閉じた系と開いた系………………45
5・5　熱力学第一法則……………………46
5・6　内部エネルギー……………………46
5・7　エンタルピー………………………46
5・8　反応熱………………………………47
5・9　熱力学第二法則……………………48
5・10　可逆変化と不可逆変化……………48
5・11　エントロピー………………………49
5・12　ギブズ自由エネルギー……………50
5・13　化学平衡……………………………51
　　5・13・1　ギブズ自由エネルギーと化学平衡…51
　　5・13・2　反応速度と化学平衡……………52
章末問題……………………………………53

第6章　酸 と 塩 基

6・1　酸と塩基の定義……………………54
6・2　水素イオン指数（pH）……………56
6・3　pK_a と pK_b ………………………56
6・4　水の解離定数と酸塩基の解離定数の関係…57
6・5　pH と pK_a の関係 ………………57
6・6　中和滴定……………………………58
6・7　当量点と指示薬……………………60
6・8　緩衝作用……………………………61
6・9　溶解度積……………………………62
章末問題……………………………………64

第7章　酸 化 と 還 元

7・1　酸化と還元の定義…………………65
7・2　酸 化 数……………………………67
7・3　酸化剤と還元剤……………………68
7・4　酸化還元反応式……………………68
7・5　イオン化傾向………………………70
7・6　電　池………………………………70
7・7　ダニエル電池………………………71
7・8　電池の起電力と標準電極電位……72
7・9　電気分解……………………………73
7・10　電極の呼び方………………………74
章末問題……………………………………75

第8章　無機化合物の構造と性質（I）―典型元素の化合物―

8・1　無機化合物…………………………76
8・2　18族（希ガス）……………………76
8・3　水　素………………………………77
8・4　1族元素……………………………77
8・5　2族元素……………………………78
8・6　13族元素……………………………79
8・7　14族元素……………………………80
8・8　15族元素……………………………81
8・9　16族元素……………………………82
8・10　17族元素……………………………83
章末問題……………………………………85

第9章　無機化合物の構造と性質（Ⅱ）―遷移元素の化合物―

9・1　遷移元素 …………………………… 86
　9・1・1　遷移元素の特徴 ………………… 86
　9・1・2　3族元素 ………………………… 87
　9・1・3　4族と5族元素 ………………… 88
　9・1・4　6族～12族元素 ………………… 88
9・2　遷移金属錯体 ………………………… 89
　9・2・1　遷移金属を含む有色化合物 …… 89
　9・2・2　ウェルナーの配位説 …………… 89
　9・2・3　配位結合 ………………………… 91
　9・2・4　錯体 ……………………………… 91
9・3　錯体の表し方と命名法 ……………… 92
　9・3・1　化学式の書き方 ………………… 92
　9・3・2　配位子の名称 …………………… 93
　9・3・3　錯体の命名法 …………………… 93
9・4　錯体の形 ……………………………… 94
章末問題 ……………………………………… 96

第10章　有機化合物の構造と命名

10・1　有機化合物 ………………………… 97
　10・1・1　有機化合物と無機化合物 …… 97
　10・1・2　炭化水素 ……………………… 97
10・2　有機化合物の構造 ………………… 97
　10・2・1　アルカンの構造 ……………… 97
　10・2・2　アルケンの構造 ……………… 100
　10・2・3　アルキンの構造 ……………… 102
　10・2・4　芳香族炭化水素の構造 ……… 102
10・3　有機化合物の命名法 ……………… 103
章末問題 …………………………………… 106

第11章　有機化合物の反応（Ⅰ）
　　　　―ハロゲン化アルキル，アルコール，アルケン，アルキンの反応―

11・1　有機化合物の燃焼 ………………… 107
11・2　アルカンの反応 …………………… 108
　11・2・1　C—C結合とC—H結合の反応性
　　　　　　…………………………………… 108
　11・2・2　アルカンのハロゲン化 ……… 108
11・3　ハロゲン化アルキルの反応 ……… 110
　11・3・1　炭素—ハロゲン（C—X）結合の分極
　　　　　　…………………………………… 110
　11・3・2　求核置換反応 ………………… 110
11・4　アルコールの反応 ………………… 112
　11・4・1　ハロゲン化アルキルへの変換反応　112
　11・4・2　脱水反応 ……………………… 113
　11・4・3　酸化反応 ……………………… 113
11・5　アルケンの反応 …………………… 114
　11・5・1　求電子付加反応 ……………… 114
　11・5・2　酸化と還元 …………………… 115
11・6　アルキンの反応 …………………… 116
　11・6・1　求電子付加反応 ……………… 116
　11・6・2　酸としての性質 ……………… 117
章末問題 …………………………………… 117

第12章　有機化合物の反応（Ⅱ）―カルボニル化合物と芳香族化合物の反応―

12・1　カルボニル化合物の反応 ………… 118
　12・1・1　カルボニル基の分極 ………… 118
　12・1・2　エステル化と加水分解 ……… 119
　12・1・3　カルボニル化合物の付加脱離反応
　　　　　　…………………………………… 120
12・2　芳香族置換反応 …………………… 121
　12・2・1　ベンゼンの反応 ……………… 121
　12・2・2　一置換ベンゼンの反応（1）
　　　　　　オルト-パラ配向性 ………… 123
　12・2・3　一置換ベンゼンの反応（2）
　　　　　　メタ配向性 …………………… 125
章末問題 …………………………………… 127

第13章 高分子化合物

13・1 高分子化合物 …………………… 128
13・2 高分子の合成 …………………… 129
　13・2・1 連鎖重合(1) ラジカル重合 …… 130
　13・2・2 連鎖重合(2) カチオン重合 …… 132
　13・2・3 連鎖重合(3) アニオン重合 …… 133
　13・2・4 逐次重合(1) 縮合重合 ……… 134
　13・2・5 逐次重合(2) 重付加 ………… 135
　13・2・6 いろいろな高分子とその利用 … 135
13・3 高分子の分子量 ………………… 137
章末問題 ……………………………… 138

第14章 環境と化学

14・1 地球の大気 ……………………… 139
14・2 フロンとオゾンホール …………… 140
14・3 温室効果 ………………………… 141
14・4 酸性雨 …………………………… 142
14・5 水質汚濁 ………………………… 143
14・6 エネルギー資源 ………………… 144
　14・6・1 石油 ……………………… 144
　14・6・2 石炭 ……………………… 145
　14・6・3 天然ガス ………………… 145
　14・6・4 水力 ……………………… 146
　14・6・5 地熱 ……………………… 146
　14・6・6 原子力 …………………… 146
14・7 太陽エネルギー ………………… 147
章末問題 ……………………………… 148

章末問題解答 ………………………… 149
付録 …………………………………… 158
索引 …………………………………… 161

■コラム■

フラーレン …………………………………… 11
結合性軌道と反結合性軌道 ………………… 21
液晶（liquid crystal） ……………………… 32
化学カイロ …………………………………… 41
絶対零度 ……………………………………… 53
pHメーターの動作原理 …………………… 63
宇宙船のエンジンと燃料 …………………… 75
備長炭電池 …………………………………… 75
放射性同位体 ………………………………… 85
錯体の色 ……………………………………… 96
ケクレとベンゼン ………………………… 106
エタノールからエチレンを作る簡単な実験 … 117
炭素―炭素結合生成法 ── ノーベル化学賞を受賞
　した鈴木カップリングと根岸カップリング … 126
プラスチックの利用と環境保全 ………… 138
オゾンと生命の誕生 ……………………… 148

第1章　物質とその構造

　化学は物質を対象とする学問である。物質の性質を理解するためには，物質を構成する粒子や物質の構造をまず理解しなくてはならない。この章では，物質の分類，物質を構成する粒子と原子の構造，物質量，周期律などについて学び，これから化学を学ぶ上で必要となる基礎的事項を理解する。

1・1　組成からみた物質の分類

　身の回りの物質は，純物質と混合物に大別される。**純物質**は，一定の化学組成を持つ単一の物質で，ろ過や蒸留等の物理的操作によって別の物質に分けることはできない。純物質は，同じ条件で測定すれば，常に一定の融点や沸点などの物理的性質を示す。一方，**混合物**は，空気のように2種以上の純物質からなる物質で，物理的操作によって純物質に分けることができる。混合物を純物質に分ける操作を**分離**という。
　純物質は，さらに単体と化合物に分類される。**単体**とは，H_2 や O_2 のように1種類の元素からなる物質である。単体の中には，O_2 と O_3（オゾン）のような構造と性質の異なる物質が存在するものがあり，これらを**同素体**という。**化合物**とは，H_2O や CO_2 のように2種以上の元素が結合してできた物質で，純物質の多くは化合物である。

主な分離法
蒸留，ろ過，溶媒抽出，クロマトグラフィー，昇華

同一の原子番号を持つ原子（同位体）のグループ全体を元素という（1・2節参照）。

1・2　物質を構成する基本粒子

　物質固有の性質を失うことなく存在できる最小の単位を**分子**という。分子は電気的に中性の物質で，希ガスを除くと2個以上の原子から構成されている。物質を原子まで分けると，その物質の性質は失われてしまう。**原子**は正電荷を持つ原子核と負電荷を持つ電子からなり，**原子核**は正電荷を持つ**陽子**と電気的に中性の**中性子**からなっている。

希ガスについては2・1節，8・2節参照。

```
                ┌─ 原子核 ─┬─ 陽子（正電荷）
原子 ─┤          └─ 中性子（電気的に中性）
                └─ 電子（負電荷）
```

　電子は，1897年に英国のトムソンによって陰極線粒子として発見され

欄外注

C（クーロン）
1 秒間に 1 アンペアの電流によって運ばれる電荷（電気量）が 1 クーロンである。

陽電子
電子と同じ質量を持つが，電荷の符号が正である粒子を陽電子といい e^+ で表す。このため，電子は e だけでなく $-$ をつけて e^- と書く。陽電子は通常の化学現象には関与しない。

A（質量数）
$= Z$（陽子数）$+ N$（中性子数）

元素の種類を質量数と中性子数を用いて表すときには，元素記号の左下に原子番号，左上に質量数を書いて表す。

${}^{A}_{Z}$元素記号 （例 ${}^{1}_{1}H$, ${}^{2}_{1}H$）

同位体が存在しない元素
Be, F, Na, Al, P, Sc, Mn, Co, As, Y, Nb, Rh, Cs, Pr, Tb, Ho, Tm, Au, Bi, Th (20 種)

た物質の基本的構成要素で，質量 9.109×10^{-31} kg で負電荷（1.602×10^{-19} C）を持った粒子である。原子・分子を考えるときは，この電子の電荷を単位電荷（-1）としている。酸化還元（第 7 章参照）の式のように，電子を化学式に表す必要があるときは e^- と書く。

原子核は 1911 年に金属箔の α 線散乱実験を行った英国のラザフォードによって発見された粒子で，原子の中心にあり，電子の電荷の整数倍の正電荷を帯びている。原子核の電荷は**陽子**の電荷によるものであり，陽子の電荷は電子の電荷と符号が逆であるが絶対値は等しく，質量（1.673×10^{-27} kg）は電子の質量の 1840 倍である。**中性子**は電荷を持たず，質量は 1.675×10^{-27} kg である。原子核の半径は $10^{-15} \sim 10^{-14}$ m 程度で，原子の半径が約 10^{-10} m なので，原子の大きさを半径 1 km の球とすると，原子核はその中心にある半径 1 cm の球となるが，原子の質量の 99.9 % 以上が原子核の質量である。

原子核を形成する陽子の数が**原子番号**で，この番号は原子が持つ電子の数と等しい。陽子の数（Z）と中性子の数（N）の和を**質量数**（A）という。質量数は，原子核を構成する粒子の総数を示しており，質量に近い数値ではあるが，質量そのものではない。原子番号が同じで質量数が異なる原子を**同位体**（アイソトープ）という。水素には質量数 1, 2, 3 の 3 種の同位体が存在し，${}^{1}_{1}H$, ${}^{2}_{1}H$（重水素といい D で表すことがある），${}^{3}_{1}H$（三重水素といい T で表すことがある）と表す。同位体はほとんど同じ化学的性質を示す。同位体の中には，放射線を発して崩壊するもの（例えば ${}^{235}U$）があり，これを**放射性同位体**という。${}^{235}U$ は原子力発電に用いられている（14・6・6 項参照）。

1・3 基本的物理量

化学は物質を扱う学問であり，医薬品等の合成も化学の一分野である。合成反応では，ある物質の 1 分子が他の分子と反応する際，反応する相手の分子の数が決まっているので，その決まった数の分子同士を反応させる必要がある。しかし，原子や分子は大きさも質量も非常に小さく，日常的な手法で 1 個の原子や分子を得ることはできない。例えば，炭素原子 1 個の質量は 1.993×10^{-23} g なので，これを天秤で量り取ることはできない。そこで，日常的手法で量ることができるような物質の量（数）を決めて，その量を 1 つの単位とするのが便利である。これは特別変わった方法ではなく，われわれは普段も同じような量り方をしている。鉛筆 12 本を 1 ダースとするときの，12 本が決まった物質の量で，1 ダースが決まった量を集めた単位に相当する。これと同じように，化学では

原子や分子等をある決まった量（12本に相当）だけ集めて，これを単位（ダースに相当）としている。

● 1・3・1　相対原子質量

質量数 12 の炭素原子（^{12}C）1 個の質量の 1/12 を**原子質量単位**として基準にし，ほかの原子の質量の原子質量単位に対する比の値を同位体の**相対原子質量**という。これは，比の値だから単位はない。同位体の相対原子質量は，1 原子の質量が分かれば簡単に求めることができる。^{12}C の原子 1 個の質量は 1.993×10^{-23} g だから，原子質量単位は 1.993×10^{-23} g/12，^{1}H の原子 1 個の質量は 1.674×10^{-24} g なので，^{1}H の相対原子質量は次のように求められる。

$$^1\text{H の相対原子質量} = \frac{1.674 \times 10^{-24}\,\text{g}}{1.993 \times 10^{-23}\,\text{g}/12} = 1.0079$$

この値は，下の比例式からも求められるが，下の計算における 12 は ^{12}C の相対原子質量であり，^{12}C の質量ではないから 12 g とはしない。

$$^{12}\text{C 原子の質量}:^1\text{H 原子の質量} = 1.993 \times 10^{-23}\,\text{g} : 1.674 \times 10^{-24}\,\text{g}$$
$$= 12 : x$$
$$x = \frac{1.674 \times 10^{-24}\,\text{g} \times 12}{1.993 \times 10^{-23}\,\text{g}}$$
$$= 1.0079 \quad (^1\text{H の相対原子質量})$$

^{12}C の相対原子質量は定義より 12 なので，^{12}C 原子を 12 g となるだけ集めたときの原子の数を求め，それと同じ数だけほかの原子を集めたときの質量から単位（g）を除いたものがほかの原子の相対原子質量となる。このときの数は次のように求められる。

$$\frac{12\,\text{g}}{1.993 \times 10^{-23}\,\text{g/個}} = 6.02 \times 10^{23}\,\text{個}$$

同位体の相対原子質量 m の原子を 6.02×10^{23} 個集めたときの質量は m g となる。

● 1・3・2　原子量

多くの元素には同位体が存在し，天然に存在する**同位体の存在比**は一定である。天然から得られる物質は天然に存在する同位体をその存在比だけ含んでいるので，個々の同位体の相対原子質量を使うよりも，天然に存在する同位体の存在比を重みとして入れた相対原子質量の平均値を用いた方が実用的である。このような，天然に存在する同位体の存在比を重みとして入れた**平均相対原子質量**を**原子量**という。例えば，天然に存在している炭素には ^{12}C が 98.90 %，^{13}C が 1.10 % 含まれているので，

原子量
= Σ（同位体の相対質量
　　　　　　× 存在比）

炭素の原子量は $12 \times 0.989 + 13 \times 0.011 = 12.011$ となる。各元素の原子量は裏見返しの**周期表**に示してある。

🔴 1・3・3 物質量とアボガドロ定数

^{12}C 原子 12 g 中に含まれる原子の数と同数（6.02×10^{23} 個）の粒子が集まった物質の量を 1 mol といい，モル単位で表した量を**物質量**という。モル数ということもあるが，これは正しい表現ではない。

原子量は，元素 1 mol の質量をグラム単位で求め，それから単位を除いた数値に当たり，**分子量**は分子式中の元素の数を考慮した原子量の総和となる。塩化ナトリウムは NaCl と書くが，Na 1 個と Cl 1 個が結合した分子ではない（2・2・1 項参照）。このような分子を形成していない物質の場合には，分子量の代わりに，物質を構成する原子の数を最も簡単な整数比で表した**組成式**（この場合には NaCl）中の元素の原子量の総和を求め，これを**式量**という。これは，組成式で表した物質 1 mol を考えていることに当たる。

物質 1 mol の質量は，上の定義から，原子量，分子量，式量に単位 g/mol を付けたものになる。物質 1 mol に含まれる物質粒子の数は 6.02×10^{23} で，これを**アボガドロ定数** [mol^{-1}] という。**モル質量** M g/mol の物質 W g の物質量は，W/M mol となる。

1・4 原子の構造

🔴 1・4・1 ボーアモデル

ラザフォードやトムソンは原子が原子核と電子からなることを実験的に証明し，ラザフォードは，電子は原子核の周りを高速で回転していると考えた。当時，太陽光をプリズムに通すと，虹の七色の連続的な光の帯（**連続スペクトル**という）が得られるのに，管球内に水素を低圧状態で封入して電圧を掛けたときに発する光をプリズムに通すと，輝線（**線スペクトル**という）が得られることが知られていた（**図 1・1**）。リュード

炭素の同位体には ^{14}C もある。^{14}C は放射性同位体で，自然界には超微量しか存在せず，その存在比率は ^{12}C のわずか 10 億分の 1 である。^{14}C が崩壊（壊変）すると ^{14}N になる。^{14}C は，宇宙線によって大気中に生成した中性子が ^{14}N と反応して形成されている。^{14}C が ^{14}N になる速さと ^{14}N が ^{14}C になる速さは釣り合い，地表には"一定量の"濃度で存在していた。
植物が ^{14}C を含んだ CO_2 を光合成に使い，動物がその植物を食べるので，生きている動植物の体内の ^{14}C は一定であるが，死ぬと ^{14}C の供給がなくなるので，^{14}C 量が減少する。これを利用した年代測定が行われている。

以前はアボガドロ数と呼ばれたが，1969 年の IUPAC 総会でアボガドロ定数に変更された

単位
離散量を表すときの「個」「冊」などは助数詞であり，単位に準ずるものとして扱われてはいるが，自然科学で使う単位は物理単位で，「個」などは単位に含めない。

ホログラムシートを使って簡易分光器を作るとスペクトルを観察することができる。（『化学が好きになる実験』(1997，裳華房) p.72）

赤	青	紫	紫	紫外	
H_α	H_β	H_γ	H_δ		H_∞
656.28	486.13	434.04	410.17	388.91	
				397.01	383.54

λ/nm　　　(1 nm = 10^{-9} m)

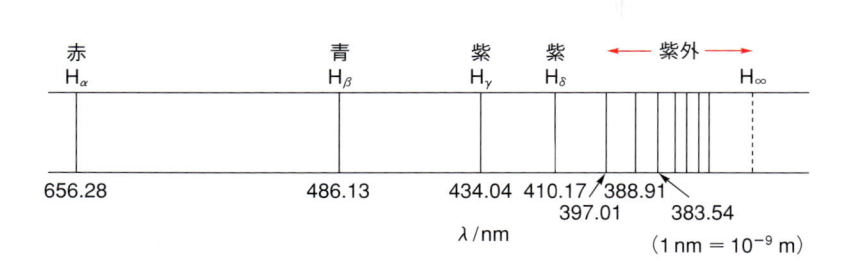

図 1・1 水素原子のバルマー系列のスペクトル

ベリは，水素原子の線スペクトルの**波数**（$1/\lambda$ に当たり ν で表すことがある）が，式 (1.1) で求められることを見出した。

$$\frac{1}{\lambda} = R_n \left(\frac{1}{n_1^2} - \frac{1}{n_2^2} \right) \quad (1.1)$$

$R_n = 1.097 \times 10^7 \text{ m}^{-1}$（リュードベリ定数）
n_1, n_2 は整数　$n_1 < n_2$

> 光は波の一種で，波長（λ ラムダ）と振動数（ν ニュー）で特徴づけられる。
>
> $\lambda\nu = c$（光速）
> $c = 3.0 \times 10^8 \text{ m s}^{-1}$

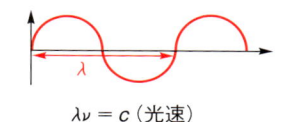

荷電粒子である電子が円軌道運動すると，エネルギーを徐々に放出して軌道が小さくなり，最後には原子核と合体してしまうことになる。放出されるエネルギーが光として発せられると，そのスペクトルは連続スペクトルになる。このため，ラザフォードの考えた原子モデルでは線スペクトルを説明できなかった。

これを解決したのが，デンマークの理論物理学者ボーアである。ボーアは原子モデルを考えるに当たって，次の3つの基本的な仮説を立てた。

① 電子は原子核から**クーロン力**を受けて，原子核の周りを半径を変えずに回転する（**定常状態の仮説**）。
② 電子は任意の半径の軌道 (orbit) 上を回転するのではなく，とびとびの半径の軌道上しか回転できない（**量子仮説**）。これを物理的に表現すると，核の周りを回転している電子が取ることのできる**角運動量** mvr は，$h/2\pi$ の整数倍に限られる，となる。ここで，m は電子の質量，v は電子の速度，r は軌道半径，h は**プランク定数** 6.626×10^{-34} J s である。

$$mvr = \frac{nh}{2\pi}$$

③ 電子がエネルギーの高い軌道からエネルギーの低い軌道に移るときに，エネルギーを放出し光が発せられる（**遷移仮説**）（式 (1.2)）。

$$E = E_2 - E_1 = h\nu \quad (1.2)$$

ボーアの仮説を使うと，リュードベリの式は，「電極から出た電子が水素分子と衝突してエネルギーの高い状態（**励起状態**という）となった水素原子を生じ，この励起状態の水素原子がエネルギーの低い状態（**基底状態**という）になるときにエネルギーを光として放出して線スペクトルを生じ，基底状態の水素原子は再結合して水素分子となる」と説明できる（**図1・2**）。

また，ボーアの仮説を使うと，軌道を回る電子のエネルギーと円軌道の半径を計算することができる。ここで，ε_0 は真空中の**誘電率**，e は電子の持つ電荷（1.602×10^{-19} C）で，**電気素量**と呼ばれる。

$$\frac{e^2}{4\pi\varepsilon_0 r^2} = \frac{mv^2}{r} \quad (1.3)$$

$$E = T + V = \frac{1}{2}mv^2 - \frac{e^2}{4\pi\varepsilon_0 r} \quad (1.4)$$

電子は，水素の原子核を中心とした半径 r の軌道上を速度 v で等速円

> 誘電率 ε_0 は物質内で電荷とそれによって与えられる力との関係を示す係数で，電媒定数ともいう。各物質は固有の誘電率を持っている。真空中のMKSA単位系での誘電率の値は $8.85418782 \times 10^{-12}$ F m^{-1} である。

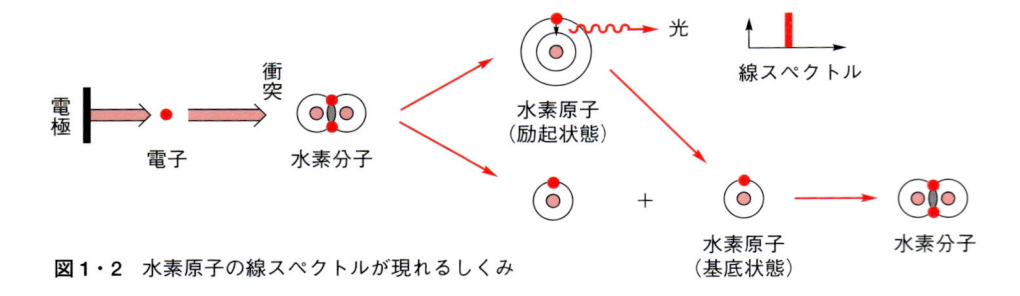

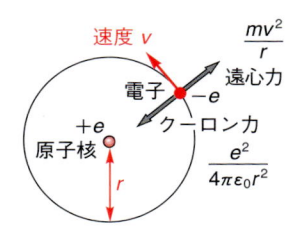

図 1・2 水素原子の線スペクトルが現れるしくみ

図 1・3 水素原子のモデル

位置エネルギー V
$= \dfrac{e^2}{4\pi\varepsilon_0}\displaystyle\int_r^\infty \dfrac{1}{r^2}dr$
$= \dfrac{e^2}{4\pi\varepsilon_0 r}$

運動していると考えると，クーロン力と**遠心力**がつり合わなければならない（図 1・3）。電子の全エネルギー E は，運動エネルギー T と位置エネルギー V の和で表され，式 (1.3) を変形すると式 (1.5) となるので，$V = -mv^2$ が得られる。これを式 (1.4) に代入すると式 (1.6) が求まり，E を式 (1.7) のように求めることができる。

$$\dfrac{e^2}{4\pi\varepsilon_0 r} = mv^2 \quad (1.5) \qquad T = -\dfrac{1}{2}V \quad (1.6)$$

$$E = T + V = \dfrac{1}{2}V = -\dfrac{e^2}{8\pi\varepsilon_0 r} \quad (1.7)$$

定常状態の仮説（$mvr = nh/2\pi$）を変形すると式 (1.8) となり，これを式 (1.3) に代入すると式 (1.9) が得られ，電子の回転する軌道の半径 r を求めることができる。これを式 (1.7) に代入すると，半径 r の円軌道を回転する電子の全エネルギー E が求められる（式 (1.10)）。

$$v = \dfrac{nh}{2\pi mr} \quad (1.8) \qquad r = \dfrac{n^2 h^2 \varepsilon_0}{\pi m e^2} \quad (1.9)$$

$$E = -\dfrac{e^2}{8\pi\varepsilon_0}\dfrac{\pi m e^2}{n^2 h^2 \varepsilon_0} = -\dfrac{me^4}{8h^2\varepsilon_0^2}\dfrac{1}{n^2} \quad (1.10)$$

式 (1.10) を用いると，水素原子の線スペクトルを算出できる。遷移仮説では，電子がエネルギーの高い軌道から低い軌道へ移るときにエネルギーを光として放出すると考える。今，エネルギーの高い軌道（$n = n_2$，$E = E_2$）からエネルギーの低い軌道（$n = n_1$，$E = E_1$，$n_1 < n_2$，$E_1 < E_2$）へ電子が移るとすると，波数 $(1/\lambda)$ は式 (1.13) のように求めることができ，この式はリュードベリの式 (1.1) と一致する。

$$E = E_2 - E_1 = h\nu \quad (1.11) \qquad \nu \text{は振動数}$$

$$\nu\lambda = c \quad (1.12) \qquad \lambda \text{は波長，} c \text{は光速}$$

$$\dfrac{1}{\lambda} = \dfrac{1}{ch}\left[-\dfrac{me^4}{8h^2\varepsilon_0^2}\dfrac{1}{n_2^2} - \left(-\dfrac{me^4}{8h^2\varepsilon_0^2}\dfrac{1}{n_1^2}\right)\right]$$

$$= \dfrac{me^4}{8ch^3\varepsilon_0^2}\left(\dfrac{1}{n_1^2} - \dfrac{1}{n_2^2}\right) = R_n\left(\dfrac{1}{n_1^2} - \dfrac{1}{n_2^2}\right) \quad (1.13)$$

図1・4の各系列は水素の原子スペクトルの名称で，紫外線領域から順にライマン，バルマー，パッシェン，ブラケット系列と呼ばれる。われわれが見ることができるのはバルマー系列の光である。

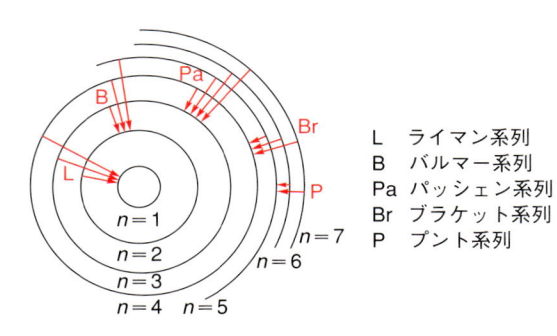

L　ライマン系列
B　バルマー系列
Pa　パッシェン系列
Br　ブラケット系列
P　プント系列

図1・4　水素原子のスペクトル系列

● 1・4・2　軌道と電子雲

ボーアの仮説によって水素原子の電子のエネルギーをうまく説明できたが，仮定の中でどうしてもうまく説明できないことがある。それは，定常状態の仮説である。荷電粒子が運動すると，エネルギーを光として放出するはずなのに，原子中の電子ではそのような現象は観測されていない。これを説明したのは，フランスの理論物理学者ド・ブロイであった。ド・ブロイは，電子のような極微小な粒子は，粒子としての性質と波動としての性質を併せ持つと考えた。

アインシュタインの相対性理論によると，質量 m の物体は mc^2 のエネルギーを持つ（c は光の速度）。これを**質量エネルギー**という。粒子が光子（波動）なら，そのエネルギーは $E = h\nu$ である。したがって，電子が**粒子性**と**波動性**という二重性を持つなら，次式が成り立つ。

$$E = mc^2 = h\nu = \frac{hc}{\lambda} \quad (1.14) \qquad mc = \frac{h}{\lambda} \quad (1.15)$$

mc は運動量に当たるので，速度 v で運動する電子などの粒子にも式 (1.15) が成り立つと仮定すると，式 (1.16) のように書き表せる。

$$運動量 \quad P = mv = \frac{h}{\lambda} \quad (1.16)$$

運動量 $P = mv$ である粒子は，$P = h/\lambda$ なので，波長 λ の波動に相当する。すなわち，この式は，「速度 v で運動している質量 m の粒子は波長 λ の波動としても振る舞う」というもので，物体の運動に伴う波動を**物質波**という。

電子が粒子性と波動性という二重性を持つということは，日常現象を扱う力学（古典力学という）では受け入れることができない考え方であったが，1927 年に米国のデビソンとジャマーによって，Ni 単結晶を用いた電子線の回折実験で電子の波動性が確認された。この電子の波動

$2\pi r = n\lambda$ ① （位相が合う条件）

$mv = \dfrac{h}{\lambda}$ ② （ド・ブロイの式）

$\lambda = \dfrac{h}{mv}$ ③

③を①に代入

$2\pi r = n\lambda = \dfrac{nh}{mv}$

∴ $mvr = \dfrac{nh}{2\pi}$ （ボーアの量子仮説）

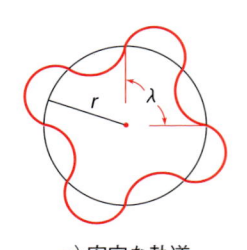

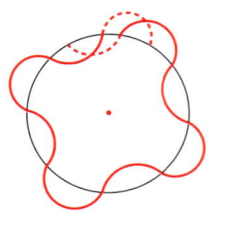

a) 安定な軌道
（定常波）
円周上を波長（λ）の整数倍
で1回転すると位相が合う

b) 不安定な軌道
1回転ごとに位相がズレる

図1・5 定常な物質波と非定常な物質波

性によって，荷電粒子である電子がエネルギーを放出せずに軌道上を回転できる条件が明らかにされた。すなわち，波動性を持つ電子が軌道上を運動するとき，1回転ごとの位相がズレなければ1回転しても同じ状態が再現されるので，エネルギーを放出せずに軌道上を回転できる。これにより，ボーアの定常状態の仮説が説明された（図1・5）。

電子の波動性が発見されたころ，ドイツのハイゼルベルグは，「電子のような極微小な質量の粒子は，その位置と運動量を同時に決定することはできない」という**不確定性原理**を提唱した。原子の中の電子については，原子内の位置を正確に知ることは不可能で，ある場所で発見される確率のみしか分からないということになる。これらを基に，オーストリアのシュレーディンガーは，電子の運動を波動を表すときに使うのとよく似た方程式（**波動方程式**という）で表し，その解である**波動関数**（ψ プサイ）で電子の状態を表すことができることを示した。電子が存在できる確率は$|\psi|^2$で与えられる。波動関数（電子に適用して得られる波動関数を，特に軌道関数または**軌道**（orbital）という）には，記号 n, l, m によって表される3種類の**量子数**といわれるパラメータが入ってくる。電子の状態，ひいては原子の性質はこれらの量子数によって決まる。これらの量子数は次のような意味を持っている。

① **主量子数**（$n = 1, 2, 3, \cdots$）

主量子数は，ボーアの原子モデルの量子数nに対応している。この量子数は，軌道の空間的広がり（原子核からの平均距離）を規定している。主量子数が小さい軌道にある電子ほど原子核付近に存在し，電子の持つエネルギーも小さい。同じ主量子数を持つ軌道の集まりを**電子殻**といい，エネルギーの低い順にK殻，L殻，M殻，N殻，O殻という。

② **方位量子数**（$l = 0, 1, 2, 3, \cdots$）

方位量子数は，1つの主量子数に対してn個（$n=2$なら$l=0$と1）あり，軌道の形を決めている。$l=0$の軌道はs軌道，$l=1$の軌道はp軌道，$l=2$の軌道はd軌道，$l=3$の軌道はf軌道といわれ，それぞれ特徴的な空間的広がり（形）をしている。

③ **磁気量子数**（$m=-l, -l+1, -l+2, \cdots, -2, -1, 0, 1, 2, \cdots, l-1, l$）

1つの方位量子数に対して$2l+1$個の磁気量子数がある。軌道の軸方向への広がり，すなわち，軌道の方向性を決めている量子数である。

④ **スピン量子数**（$s=\pm 1/2$）

これは，電子の自転に相当する量子数である。

電子の存在確率の大小を点描画のように点の数の多少で表すと，電子が存在する領域を図示することができ，これが雲のような図になるので，電子の存在確率を表したものを**電子雲**と呼んでいる。電子雲は，方位量子数と磁気量子数の組み合せにより特徴的な形を示す。s軌道は1個，p軌道は3個，d軌道は5個，f軌道は7個存在する。図1・6にs軌道からd軌道までの軌道の形を示した。

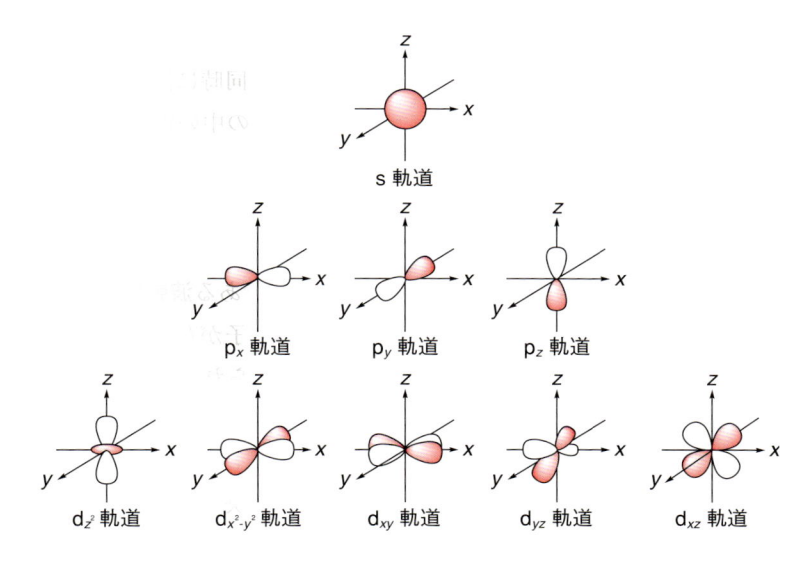

図1・6 軌道の形

1・5 電子配置

1925年にパウリは「同一原子中の異なる電子は，同じ4個の量子数の組み合わせを取ることはできない」という**パウリの排他原理**を示した。これは，「1つの軌道に電子は2個までしか入れない」ともいうことがで

きる。2個までというのは，スピンが逆になった（s が異なる）電子は同じ軌道に入ることができることを意味している。この規則に従うと，原子中の電子を軌道に配置することができる。電子を配置する仕方は幾通りもあるが，最もエネルギーの低い状態である基底状態の電子配置は，エネルギーの低い軌道から順に電子を入れていけばよい。基底状態以外の電子配置は，全て励起状態の電子配置となる。原子の電子配置を行うときは，次の方法で行う。

① **軌道のエネルギー準位**

軌道のエネルギー準位は，おおむね主量子数が小さい順となるが，3d 軌道に電子が満たされる前に 4s 軌道に電子が入るような軌道準位の逆転がある。軌道のエネルギー準位は下のようになる。

$1s < 2s < 2p < 3s < 3p < 4s < 3d < 4p < 5s < 4d < 5p < 6s < 4f < 5d < 6p < 7s$

② **フントの規則**

電子を軌道に入れるときは，できるだけスピンが平行になるようにする。

例　$C : (1s)^2, (2s)^2, (2p_x)^1, (2p_y)^1, (2p_z)^0$

スピン量子数を上向きと下向きの矢印で表すことがある（側注参照）。

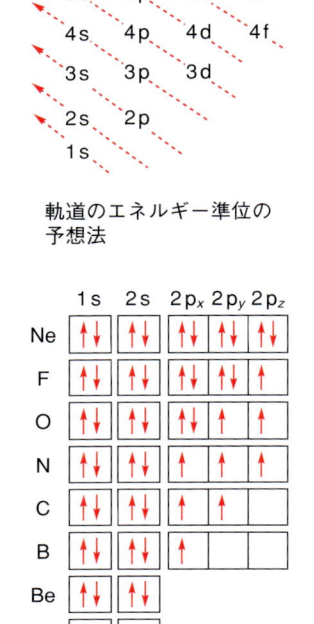

1・6　周期律

ドイツのマイヤーは 1864 年に原子量と物理的性質の関係に周期性があることを見つけ，ロシアのメンデレーエフは 1869 年に原子量と化学的性質の関係に周期性があることを見出し**周期表**を作成した。メンデレーエフは，当時未知であった 4 種の元素の存在とその性質を予測し，そのほとんどを的中させた。メンデレーエフが予測したエカケイ素（現在の名称はゲルマニウム）の値と実測値を表 1・1 に示した。

しかし，メンデレーエフの周期表には，化学的性質を優先させると原子量の順に並ばない元素があることや，希土類金属元素の位置等，説明できない点がいくつかあった。1913 年に英国のモーズレイは，電子を陽極に衝突させると，陽極金属に固有な振動数（$1/\lambda$）の X 線スペクトル

軌道のエネルギー準位の予想法

基底状態の原子の電子配置

表 1・1 メンデレーエフの予測したエカケイ素（現在のゲルマニウム）の特性

	原子量	比重	原子容/cm³	原子価	比熱/J	酸化物の比重	塩化物の沸点
予想値	72	5.5	13	4	0.31	4.7	100℃以下
実測値	72.64	5.47	13.22	4	0.32	4.703	86℃

コラム　フラーレン

炭素の同素体としては，ダイヤモンドと黒鉛（グラファイト）がよく知られているが，1985年に第3の同素体 C_{60} が発見された。C_{60} は20個の正六角形と12個の正五角形からなるサッカーボール状の構造をしている。C_{70}，C_{76} 等も知られており，このような物質を総称してフラーレンと呼んでいる。特殊な構造を利用して，美肌効果があるとされるフラーレン化粧品が開発されている。また，ヒト免疫不全ウイルス（HIV）の特効薬の合成への応用なども検討され，新しい化学が展開される可能性を秘めている。

C_{60}

（**特性X線**という）が得られ，振動数の平方根が原子番号に比例することを見出した。この結果から，原子番号が単なる順番ではなく原子の性質を決定づける重要な数であり，元素の周期律には原子番号が関係していることが明らかになり，当時，まだ見つかっていなかった元素（ハフニウム Hf，フランシウム Fr など）の存在を予測することもできた。

現在用いられている周期表を裏見返しに載せた。この表の列を**族**といい，1族から18族までに分類されている。周期表の行を**周期**という。周期表から，元素の物理的および化学的性質を予想することができる。例えば，同じ族では周期表の下に行くほど原子の大きさが大きくなり，同じ周期では右に行くほど小さくなる。また，真空中で気体の状態の原子から1個の電子を取り除くのに必要なエネルギー（**第1イオン化エネルギー**という；2・2・2項参照）は，同じ族では周期表の下方の元素ほど小さく，同じ周期では左側の元素ほど小さくなる傾向がある。

元素の性質は，最外殻電子の数と密接な関係があるが，これについては第2章で解説する。

原子半径/10^{-10} m

C	N	O	F
0.77	0.70	0.66	0.64
Si	P	S	Cl
1.17	1.10	1.04	0.99
Ge	As	Se	Br
1.22	1.21	1.17	1.14
Sn	Sb	Te	I
1.40	1.36	1.37	1.33
Pb	Bi		
1.46	1.46		

周期が大きくなるほど半径は大きくなる。

章末問題

1．ナフタレンと食塩の混合物から両者を分離する方法を説明せよ。
2．物質量について説明し，Nの原子量を14，Hの原子量を1として，39.1 g のアンモニア NH_3 の物質量を求めよ。
3．波長 450 nm の光のエネルギーを求めよ。
4．L殻に電子が遷移された水素原子が発する線スペクトルの波長を求めよ。

第 2 章　化学結合

　原子が様々な様式で結合することにより，多様な物質が形成される。この章では，オクテット則と軌道概念に基づいて，結合の様式，イオン結合と共有結合を形成する原因となる力，および，分極や分子間力等について学び，化学結合の考え方と，分子の形や物質の性質と電子構造の関係を理解する。

2・1　オクテット則

　周期表の一番右の列の He, Ne, Ar などの元素は，**希ガス**と呼ばれる（8・2節参照）。希ガスは不活性な気体で，**単原子分子**として存在できる唯一の元素のグループである。不活性ということは，逆にいうと，化学的に非常に安定ということである。希ガスの電子配置を見ると，最外殻電子数が2または8であるという特徴がある。希ガスの性質と電子配置の特徴から，最外殻電子数が2または8の状態が化学的に安定な状態であると考えられる。希ガス以外の原子は不安定で寿命が短く，生じてもすぐに分子に変化する。このように分子に変化するのは，最外殻電子数が2または8の安定な状態になろうとするためと考えることができる。イオンや分子を形成する原子の最外殻電子数が2になる場合は多くはなく，8になる場合がほとんどなので，「原子が結合する際には，最外殻電子数が8になる」ということができる。これを**オクテット則**（八隅子則）という。

2・2　イオン結合

● 2・2・1　イオン対の生成

　ナトリウムは最外殻であるM殻に電子を1個持ち，塩素は最外殻のM殻に電子を7個持っているので，オクテット則を満たすためには，Na はM殻の電子1個を放出し，塩素はM殻に電子を1個もらえばよい（図2・1）。これを表すのに，元素記号の周りに最外殻電子を点「・」で表す簡略法が用いられている。Na が電子を1個失い Na^+ となると，M殻の電子はなくなりL殻が最外殻となって，Ne と同じ電子配置となる。

図2・1　NaClのイオン結合

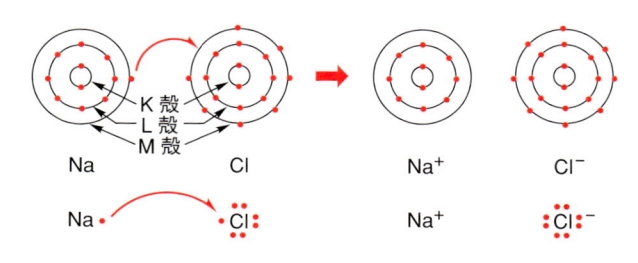

図2・2　NaClのイオン結晶の構造

最外殻電子数が8個となっていることを示すために，Na^+の周りにL殻の電子8個を書いてもよいが，書かないのが普通である。

Na^+とCl^-になると，これら正負のイオン間に**静電的引力（クーロン力）**が働くので互いに引き合い，結合ができる。このような結合を**イオン結合**という。1個の陽イオンに1個の陰イオンが近づくときには，三次元のどの方向からも近づくことができるので，1個の陽イオンは1個の陰イオンだけとではなく複数個の陰イオンと静電的に引き合う，すなわち，結合することができる。何個の陰イオンと結合するかは，正負のイオンの大きさによって決まる。NaClの場合には，1個のNa^+の周りを6個のCl^-が取り囲んでいるので，NaCl分子のような特定の粒子は存在しない（図2・2；3・6・2項参照）。ただし，1個のCl^-について見れば，6個のNa^+と結合しているので，全体としては$Na^+:Cl^-=1:1$となっている。NaClという式は，分子式ではなく，Na^+とCl^-が1:1の割合で構成されていることを示す式なので，**組成式**という。

2・2・2　イオン化エネルギー

電子は，クーロン力により原子核に引きつけられているため，原子やイオンから電子を取り去り陽イオンにするためにはエネルギーが必要で，そのエネルギーを**イオン化エネルギー（イオン化ポテンシャル）**という。陽イオンからさらに電子1個を取り去るのに必要なエネルギーもイオン化エネルギーというので，原子から電子1個を取り去るエネルギーを第1イオン化エネルギー，1価の陽イオンから電子1個を取り去るエネルギーを第2イオン化エネルギーと区別する場合もある。イオン化エネルギーは，原子軌道に入っている電子1個を原子核からの距離（r）が無限遠まで持っていくのに必要なエネルギーに当たる（図2・3）。イオン化エネルギーの値が小さいほど陽イオンになりやすい。原子番号と第1イオン化エネルギー（I_P）の関係をグラフ化すると，He, Ne, Arなど希ガスのところで極大となり，周期性が認められる（図2・4）。周期表の同一周期で比較すると，原子番号が増大に伴ってイオン化エネ

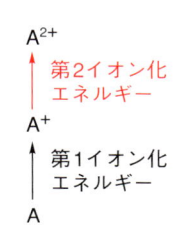

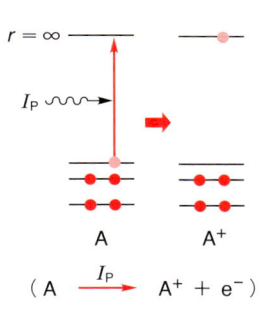

図2・3　イオン化エネルギー（I_P）

（A $\xrightarrow{I_P}$ $A^+ + e^-$）

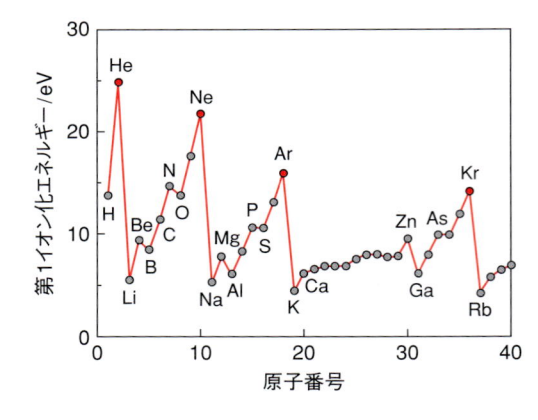

図2・4 原子の第1イオン化エネルギー
色丸は希ガス元素。

ルギーが増大する傾向が認められる。これは，原子番号が陽子数，すなわち，核の電荷の大きさを表しているので，原子番号が増すと原子核が電子を引きつける力が大きくなり，電子を取り去るのに大きなエネルギーが必要となるためである。

同一周期（例えば，$_3$Li から $_{10}$Ne）をよく見ると，イオン化エネルギーの大きさが逆転しているところ（例えば，Be と B）がある。この理由は，単純に電子殻だけを考えるボーアモデルでは説明できない。逆転現象を説明するためには，同一電子殻に属する s，p，d などの**軌道**（オービタル）のエネルギーレベルを考慮しなくてはならない。同一の殻に属する軌道でも s 軌道と p 軌道では軌道エネルギーが異なり，s 軌道の方が p 軌道より低い。Be の電子配置は $1s^22s^2$ で，B では $1s^22s^22p^1$ であり，イオン化により取り去られる電子は，Be では 2s 軌道に入った電子，B では 2p 軌道に入った電子であるため，B の方がイオン化エネルギーが小さくなり，逆転現象が起こることになる（1・5節参照）。

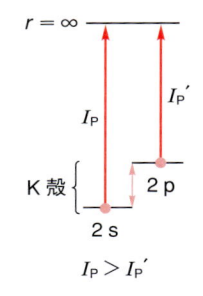

● 2・2・3 電子親和力

原子が電子1個を受け取るときに放出するエネルギーを**電子親和力**（E_A）という。電子を受け取るときにエネルギーを放出するのは，エネルギーを加えてイオン化するのと逆の過程であるためである。電子親和力は，陰イオンから電子1つを引き離す過程（原子・陽イオンのイオン化の過程と同様な電子を取り去る過程なので，これもイオン化といわれる）の逆の過程のエネルギーに相当する（**図2・5**）。

電子親和力が大きいほど電子を受け取りやすい，すなわち，陰イオンになりやすい。電子親和力を周期表に対応させてまとめると（**表2・1**），周期表の右上に位置する原子ほど電子親和力が大きくなる傾向がある。これは，同じ周期では右に行くほど原子核の電荷が大きくなり，同じ族

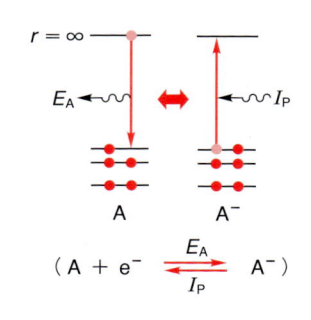

図2・5 原子の電子親和力と陰イオンのイオン化エネルギー（I_P）

2・3 共有結合（I）ルイス構造

表 2・1 電子親和力/eV

H 0.76						
Li 0.62	Be -	B 0.28	C 1.26	N -	O 1.46	F 3.40
Na 0.55	Mg -	Al 0.44	Si 1.39	P 0.75	S 2.08	Cl 3.61
K 0.50	Ca 0.02	Ga 0.30	Ge 1.23	As 0.81	Se 2.02	Br 3.36
Rb 0.49	Sr 0.05	In 0.32	Sn 1.11	Sb 1.05	Te 1.97	I 3.06

1 eV = 1.602×10^{-19} J

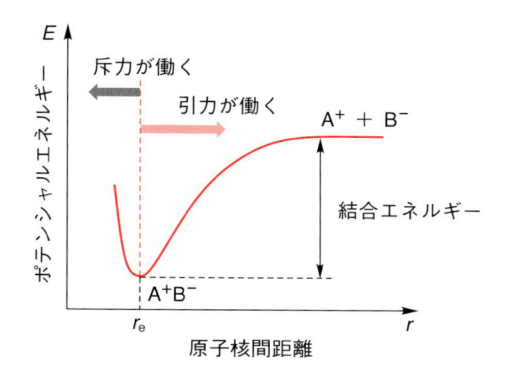

図 2・6 原子核間距離と安定化エネルギーの関係

では上に行くほど最外殻電子の軌道が原子核に近いため，周期表の右上に位置する原子ほど，原子核が電子を引きつける力が大きいためである。

陰イオンになると，原子核の電荷よりも電子の電荷の総和の方が大きくなるので，原子核が電子1個当たりを引きつける引力が弱くなり，陰イオンの方が中性の原子より粒子サイズが大きくなる。逆に，陽イオンの場合には，原子核が電子1個当たりを引きつける引力が強くなるので，陽イオンの方が中性の原子よりもサイズが小さくなる。

● 2・2・4 イオン間距離

陽イオン A^+ と陰イオン B^- の間には静電的引力が働くので両者は近づくが，ある一定の距離以上近づくと，A^+ と B^- の原子核間および電子間に働く斥力（反発力）が引力よりも大きくなるため，A^+ と B^- は離れ，両者の間の距離は大きくなる。引力と斥力がつり合ったところで安定な状態となり，エネルギーが最も低くなる。このときの A^+ と B^- の原子核の中心間の距離を**平衡（核間）距離**（r_e）といい，イオン結合の結合距離としている（図2・6）。この距離は，X線構造解析法により実験的に求めることができる。各種化合物のイオン間距離を実験的に求め，各イオンを球と見なして**イオン半径**が決定されている（表2・2）。イオン結合の距離は，構成イオンのイオン半径の和としておよその値を求めることができる。NaCl の Na^+ と Cl^- の間の距離は，$0.99 \times 10^{-10} + 1.81 \times 10^{-10} = 2.80 \times 10^{-10}$ m となる。

表 2・2 イオン半径/10^{-10} m

Li^+	0.59	F^-	1.33
Na^+	0.99	Cl^-	1.81
K^+	1.37	Br^-	1.96
Mg^{2+}	0.57	I^-	2.20
Ca^{2+}	1.00		

2・3 共有結合（I）ルイス構造

● 2・3・1 電子対結合

イオン結合では，オクテット則を満たすように電子のやり取りをして

16　第2章　化学結合

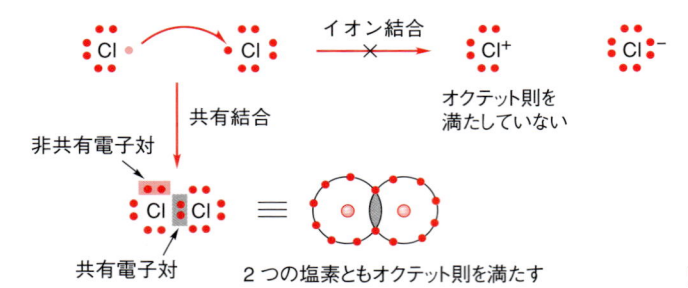

図2・7　塩素分子の結合

生じた正負の電荷を持つイオンが，静電的引力で結合する。水素分子や酸素分子や塩素分子のような**等核二原子分子**を，このようなイオン結合の様式で結合させようとしても，オクテット則を満足させることができない。塩素原子をイオン結合の様式で結合させて塩素分子にするために，一方の塩素原子から他方の塩素原子に電子を移すと，電子をもらった塩素原子は最外殻電子数が8となってオクテット則を満たすが，電子を出した塩素原子の最外殻電子数は6となってしまいオクテット則を満たさない（図2・7上）。

　電子のやり取りでは，2個の塩素がオクテット則を満たすようにはできないので，別の方法が考えられた。2個の塩素原子が電子を1個ずつ出し合って電子対を形成し，この電子対を2個の原子が共有することによって結合が形成されると考えると，オクテット則を満たすことができる。この**電子対結合**は，1916年に米国のルイスとラングミュアーによって提唱された初期の化学結合の理論である。電子対結合のために出し合った電子は，2個とも両方の塩素原子に属すとして二重に数えれば，両方の塩素原子ともオクテット則を満たすようにすることができる（図2・7下）。このように電子を共有することによって結合する結合様式を**共有結合**という。最外殻の電子を点「・」で表した構造式をルイスの**電子式**といい，「：」で表した電子対のうち共有結合に関係するものを**共有電子対**，共有結合に関係しないものを**非共有電子対**という。1組の共有電子対を1本の線で表す表示法が，有機化合物の構造を表すのに一般的に用いられている。この結合を表す線を**価標**という。非共有電子対も1本の線で表す場合もある。

●2・3・2　多重結合

　酸素分子の場合には，最外殻電子数が6なので，2組の電子対を共有するようにしないとオクテット則は満たされない。2組の共有電子対で結合した結合を**二重結合**という。また，窒素分子の場合には3組の共有電子対で結合されるので，**三重結合**という。1本の価標で表される結合

原子価
ある原子がほかの原子何個と結合するかを表す数で，水素の原子価を1と基準にしている。

Cl —— Cl

|Cl —— Cl|

価標を用いた構造式

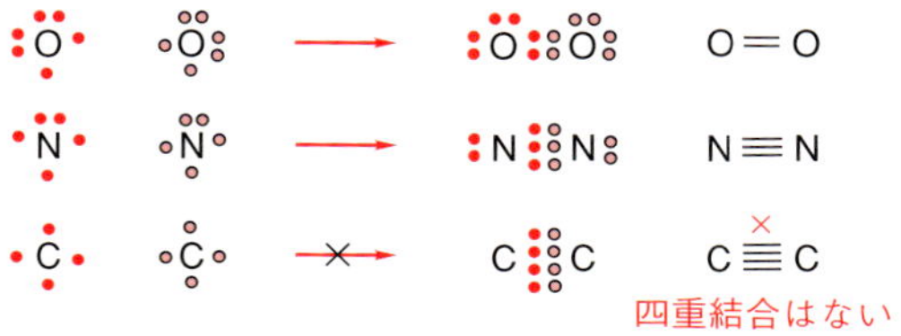

2・4 共有結合（Ⅱ）軌道表示　17

図2・8　酸素分子と窒素分子の結合

四重結合はない

を**単結合**といい，二重結合と三重結合を**多重結合**という（図2・8）。

　炭素の場合を考えると，最外殻電子数が4なので，酸素分子や窒素分子のときに考えたように，4組の共有電子対を作れば四重結合となる。しかし，C_2 という分子は知られておらず，四重結合を作ることはできない。この理由は，オクテット則に基づいた結合の作り方では説明できない。オクテット則で説明できないのは，その元になっているボーアモデルが精巧な原子モデルではないためである。また，イオン結合の場合には，正負のイオンが結合する理由は正負の電荷の間に働く静電的引力として合理的に説明できるが，共有電子対ができるとなぜ原子が互いに引き寄せられて結合ができるかについてや，分子の立体構造についてもボーアモデルでは説明できない。これも，ボーアモデルが精巧なモデルではなく，限界があることを示している。しかしながら，オクテット則に基づく結合の作り方は簡単で，有機化合物の構造を表したり，反応の説明にルイスの電子式が用いられたりされており，ボーアモデルは有用な原子モデルである。

2・4　共有結合（Ⅱ）軌道表示

2・4・1　電子雲の重なり（1）単結合

　1・4節で，日常的現象を扱う力学が基になっているボーアの考え方とは異なった，電子が粒子性と波動性を合わせ持つという考え方に基づいて波動方程式が立てられ，その解である波動関数により電子の状態を表すことができることを解説した。波動関数は**軌道**（オービタル，orbital）とも呼ばれ，波動関数の絶対値の二乗は電子の存在確率を表し，それを図示したものが**電子雲**である（図1・6参照）。

　電子は負電荷を持っており，電子雲は電子の存在確率を表しているから，電子雲が重なるとその領域には重なる前よりも電子が存在する確率が高まり，存在確率が増えた分だけ負の**電荷密度**が高くなる。水素原子の1s軌道の電子雲同士が重なると，2個の水素原子核の中間に負の電荷密度の高い領域ができ，2個の水素の原子核は引き寄せられる（図2・9）。その結果，2個の水素原子が近づき，水素分子が形成される。この静

ボーアモデルでも「軌道」という用語を使うが，ボーアモデルの軌道は英語では orbit として区別している。

表2・3　共有結合半径

元素	共有結合半径/10^{-10} m		
	単結合	二重結合	三重結合
H	0.30		
C	0.77	0.67	0.60
N	0.70	0.60	0.55
O	0.66	0.55	
Si	1.17		
S	1.04	0.94	
F	0.64		
Cl	0.99		
Br	1.14		
I	1.33		

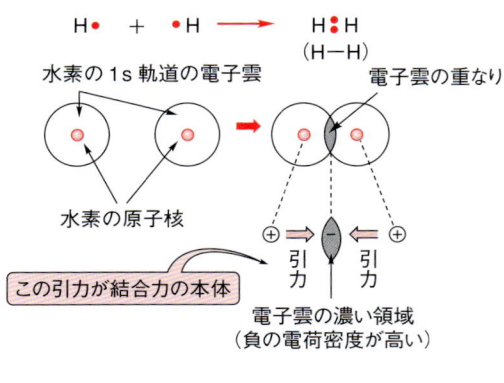

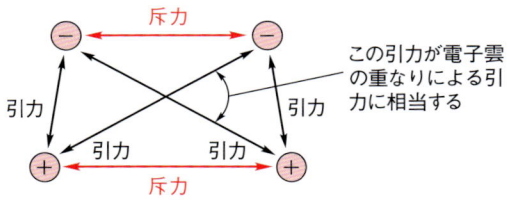

図2・9　電子雲の重なりによる水素分子の形成

電的引力が，共有結合の結合力の本質である。このように，2個の原子核を通る軸上の電子雲の重なりにより2個の原子を結びつける結合を**σ結合**という。原子が近づきすぎると，原子核間の斥力が大きくなるので，図2・6と同様に平衡距離のところでエネルギーが最も低くなる。この平衡距離を**共有結合距離**といい，水素分子の共有結合距離の1/2が水素の**共有結合半径**となる（表2・3）。

> 結合の方向性とは，共有結合をする際の原子が，結合相手の原子に近づく三次元的な方向の制限をいう。

　s軌道同士が結合する場合には，軌道が球形のため**結合の方向性**は問題にならないが，p軌道が関係したσ結合では方向性が問題になる。水は酸素原子1個と水素原子2個からなり，結合には酸素原子の2p軌道が関係している。酸素の電子配置はO ($1s^2 2s^2 2p_x^2 2p_y^1 2p_z^1$) で，水の形成に関わる酸素の軌道は $2p_y$ と $2p_z$ であり，この2個のp軌道に水素の1s軌道が重なる（図2・10）。**位相**（ψ の正負）を問題にしないときは，軌道と電子雲とを区別しなくてもよいが，重なりが有効か否かを考えるときには位相が問題になるので，電子雲ではなく軌道を考える必要がある（図2・11）。特に，p軌道の場合には8の字形の軌道の上下で位相が異なっているので，注意が必要である。軌道には波の性質がある（1・4・2項参照）ので，位相が異なると軌道が重なっても電子の存在確率が高くならない（図2・12）。**軌道の重なり**を考えると，水の**結合角** ∠HOH は90°と予想されるが，実際には104.5°である。これは，2・6・1項で述べるが，結合が分極しているためである。

2・4 共有結合（Ⅱ）軌道表示　19

図 2・10　水の構造

図 2・11　軌道と電子雲

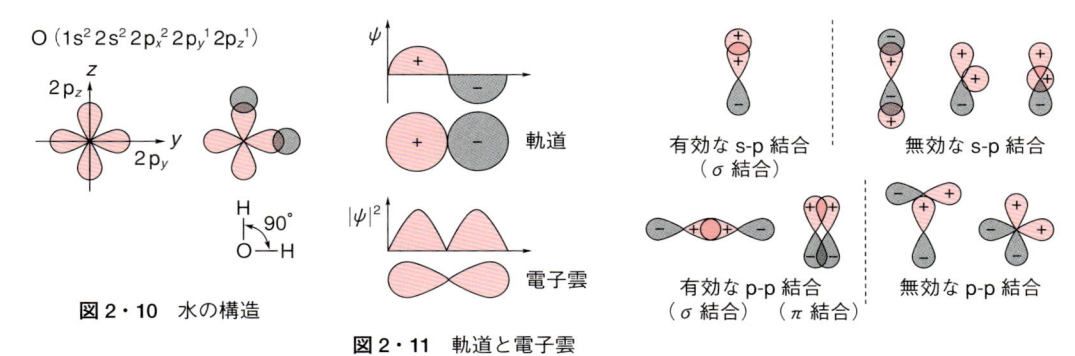

図 2・12　軌道の重なり

● 2・4・2　電子雲の重なり（2）多重結合

p 軌道は，平行に存在しても位相が合った重なりをすることが可能である（図 2・12）。窒素原子の場合には，電子が 1 個入った $2p_x$, $2p_y$, $2p_z$ の 3 個の軌道が結合に関係する。窒素分子とするために，2 個の窒素原子の $2p_x$ 軌道を重ねると σ 結合が形成される。残りの窒素の $2p_y$ 軌道同士と $2p_z$ 軌道同士は平行に存在するので，ここにも軌道の重なりができる。この軌道の重なり方は σ 結合と異なり，π 結合という。窒素分子の結合は，σ 結合 1，π 結合 2 からなる三重結合である（図 2・13）。

図 2・11 の電子雲の形も 2 つの球からなる軌道の形に近いが，結合を考えるときはこのように描いた方が見やすいので，軌道を細長く描くことが多い。

● 2・4・3　共有結合のイオン性

H_2 や O_2 のような**等核二原子分子**には，**結合電子**に偏りはないが，HCl のような**異核二原子分子**では，H と Cl が結合電子を引きつける力が異なるために**結合電子の偏り**が起こる。

塩素原子の核には 17 個の陽子があるが，核の周りにある 17 個の電子のうち，K 殻と L 殻の 10 個の電子は外側の M 殻の電子（7 個）を核が引きつける力を弱める（**遮蔽効果**）。そのため，M 殻の電子は，+7 の力で

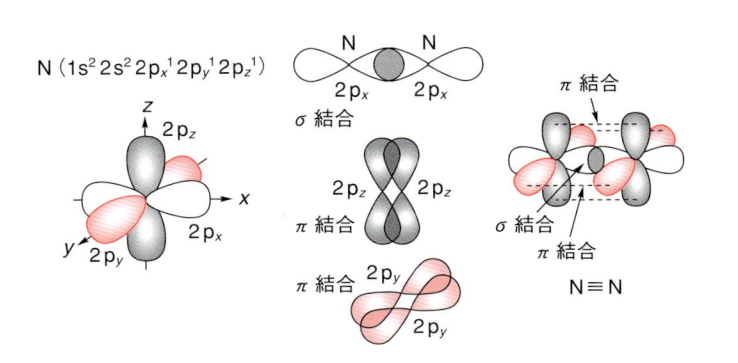

結合に関与した電子を結合電子という。

図 2・13　窒素分子の結合

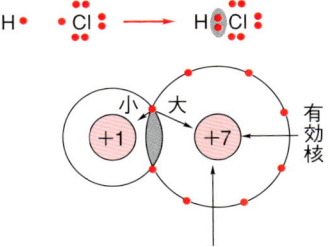

図 2・14　結合電子を引きつける能力

Cl の原子核の陽子 17 個分の正電荷から K 殻の 2 個と L 殻の 8 個の電子による遮蔽効果を除いた電荷（17 − 2 − 8 = 7）

A—A, B—B, A—B の結合エネルギーをそれぞれ D(A—A), D(B—B), D(A—B) kcal mol⁻¹ とし，A, B の電気陰性度を χ_A, χ_B とすると，次の関係がある。

$$D(A-B) = \frac{1}{2}\{D(A-A) + D(B-B)\} + 23(\chi_A - \chi_B)^2$$

表2・4 電気陰性度

H						
2.1						
Li	Be	B	C	N	O	F
1.0	1.5	2.0	2.5	3.0	3.5	4.0
Na	Mg	Al	Si	P	S	Cl
0.9	1.2	1.5	1.8	2.1	2.5	3.0
K	Ca	Ga	Ge	As	Se	Br
0.8	1.0	1.4	1.7	2.0	2.4	2.8
Rb	Sr	In	Sn	Sb	Te	I
0.8	1.0	1.4	1.7	1.8	2.1	2.5

引きつけられていると見なせる。原子核と内殻の電子を一体化したものを**有効核**という。HClにおける共有結合電子対は塩素原子のM殻に属するので，この電子対は+7の力で塩素の原子核に引きつけられていると考えられる（図2・14）。水素の原子核の電荷は+1なので，結合電子対は塩素側に偏ることになる。完全に偏ってしまえばH⁺Cl⁻とイオンになるが，そこまでは偏っていない。このような結合電子の偏りを**分極**という。結合電子を引きつける能力を表したものが**電気陰性度**（表2・4）であり，電気陰性度が大きいほど結合電子を強く引きつける。共有結合の**イオン性パーセント**は，次式で見積もることができる。イオン性が50%を超えると，イオン結合に分類される。

$$\text{イオン性パーセント} = 16|\chi_A - \chi_B| + 3.5|\chi_A - \chi_B|^2$$

χ_A, χ_B は原子A, Bの電気陰性度

結合のイオン性パーセント
イオン結合度ともいう。異種の原子からなる化学結合ABのうち，イオン性結合がどれだけの割合を占めているかを表す経験式。

2・5 金属結合

　金属が**電気伝導性**や**熱伝導性**，それに**金属光沢**など，特有の性質を示すことは日常生活で経験するが，この金属の性質はイオン結合や共有結合では説明できない。電気が流れるのには電子が関係しており，金属の電気伝導性が高いことから，金属では電子が原子の周りに局在化しておらず動きやすくなっていると考えられる。また，固体物質の中で金属の熱伝導性がよいことにも電子が関係している。

　共有結合やイオン結合で結合している固体物質を加熱すると，分子やイオン等の粒子の運動が激しくなる。金属を加熱すると，局在化していない電子は原子や分子に比べて非常に軽く小さいので，激しく物質内を動き回ることができると考えれば，金属の熱伝導性が高いことが説明できる。金属では，最外殻電子がはずれた陽イオンが規則正しく並び，その間を原子からはずれた負電荷を持った電子が自由に動き回り，動き回ることによって金属陽イオンを結びつけている。このような電子を**自由**

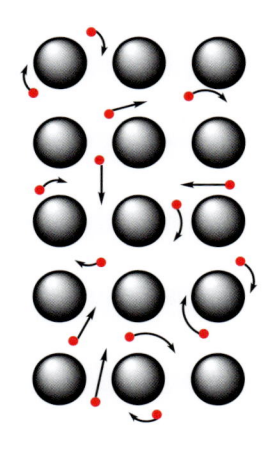

金属結合のモデル
● 金属陽イオン
・ 電子

電子という。

2・6 分子間力

● 2・6・1 水素結合

2・4・1項で述べたように，水の結合角は，酸素がp軌道を使って水素と結合しているとすると90°と予想されるが，実際には104.5°である。これは，水素と酸素の電気陰性度（表2・4）が2.1と3.5と異なるため，H－O結合が分極し，いくぶんプラス（$\delta+$）となった水素間に斥力が働くためである。また，H－O結合が分極しているため，他の水分子とO－H…O型の結合をすることができる。このH…O結合を**水素結合**という。H_2Sの沸点が-60.7℃なのに，これよりも分子量の小さな水の沸点が100℃なのは，水素結合が存在するためである。水が水素結合しなかったら，地球上で生命が誕生することはなかっただろう。

電子が偏り，$\delta+$と$\delta-$の部分を生じることを分極という（2・4・3項参照）。

水素結合

● 2・6・2 ファンデルワールス力

水素結合以外にも，分子間に働く力がある。電気的に中性な原子，分子中にも，正電荷を帯びた原子核とその周りを回転している負電荷を帯

> **コラム** 　　　　　　　　**結合性軌道と反結合性軌道**
>
> 電子は粒子であるが，波動としての性質を持っているので，結合は波の重ね合わせと見ることができる。波の重ね合わせには，山と山（谷と谷），山と谷がある。原子軌道の重ね合わせでも，これが問題になる。山と山の重ね合わせでは，軌道が重なったところの電子の存在確率が増大し，山と谷の重ね合わせでは存在確率が減少する（図2・11，2・12参照）。
>
> 前者からできる分子の軌道を結合性軌道，後者を反結合性軌道といい，前者ではエネルギーが低下し，この安定化が，分子が形成される原因となる。分子に光を当てると，結合性軌道に入った電子が反結合性軌道に遷移し（これを励起という），原子核間の斥力が増大するため結合が切れる。

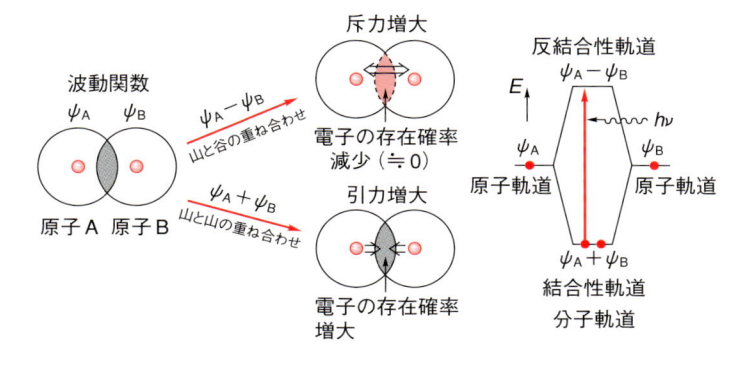

びた電子が存在しているので、瞬間的には分極した状態となっている。このような**瞬間的な分極**が原因で分子間に働く引力を**ファンデルワールス力**という。単原子分子として存在する希ガス間でも、1つの原子の原子核と別の原子の電子との間に引力が生じる。このため、希ガスも冷却すると液体になる。

章末問題

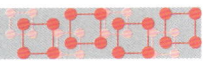

1. 次の分子をルイス構造式（電子式）で示せ。
   (a) H_2O　(b) NH_3　(c) CO_2　(d) Cl_2

2. 酸素分子の結合を、軌道を用いて説明せよ。

3. HCl の原子間距離を r、分極により生じた電荷（$\delta+$, $\delta-$ の値）を q としたとき、$\mu = q \cdot r$ を双極子モーメントという。HCl が完全にイオンに分かれていれば電荷 q は 1.602×10^{-19} C となる。HCl の双極子モーメントを測定したところ、3.4×10^{-30} C m であった。HCl の結合距離は 1.3×10^{-10} m である。HCl のイオン性パーセントを求めよ。（注：1 C（クーロン）は 1 A の電流が 1 秒間に運ぶ電気量）

4. HCl のイオン性パーセントを電気陰性度の差より計算によって求め、問題3で求めた値と比較せよ。

5. 次の化合物のうち、極性分子はどれか。
   (a) H_2　(b) H_2O　(c) NH_3　(d) CH_4　(e) CO_2　(f) HF

6. 右の図は、2つの He 原子からなる He_2 分子の分子軌道のエネルギーと電子配置の模式図である。He_2^+ イオンの電子配置を書いて、He_2 と He_2^+ のどちらの結合が強いか説明せよ。

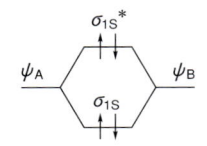

第3章　物質の状態と気体の性質

　液体の水が0℃で固体の氷に変化し100℃で気体の水蒸気に変化するように，物質は温度や圧力によって状態が変化する。この章では，状態図，理想気体と実在気体，気体分子運動論等について学び，物質の状態変化を原子や分子などの粒子の熱運動に関連づけて理解する。

3・1　物質の状態

　物質は，気体（gas），液体（liquid），固体（solid）のいずれかの状態で存在している。状態の違いは，物質の構成粒子である原子・分子・イオンの集合状態の違いである。粒子間の**凝集力**が最も大きいのが固体である。イオン結晶や金属などの固体は，強い力で粒子同士が結合しているが，**分子結晶**は分子間力で結合しているため結合力が弱く，融点・沸点が低い。粒子が凝集すると，物質の集合状態が安定化し，このときエネルギーが外部に放出される。氷によってものを冷やすことができるのは，固体が液体になるときに周囲から熱を奪って吸収するためである。

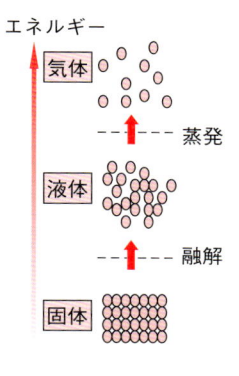

物質の状態変化

凝集している粒子を離すためにはエネルギーが必要である。逆にいえば，凝集すると，そのエネルギー分安定化する。

分子結晶
分子が分子間力で凝集してできた結晶のことをいい，水素結合で凝集した氷や，ファンデルワールス力で凝集したナフタレンなどがある。

3・2　熱運動と熱平衡

　1827年にブラウンが，水中に浮遊した花粉を顕微鏡で観察中に，花粉から飛び出した微粒子が不規則な永久運動（**ブラウン運動**）をすることを発見し，物質の構成粒子が絶えず運動していることを示した。この運動を**熱運動**という。熱運動のエネルギーの尺度になるのが温度である。

　高温の物質を放置すると，物質の温度は時間とともに低下し，周囲と同じ温度に達し一定となる。この状態では，物質から周囲に放出される熱と，周囲から物質に与えられる熱とが等しくなり，見かけ上，熱が移動しない。この状態を**熱平衡**という。

3・3　状態の変化

　温度や圧力を変化させると，物質の状態は，固体・液体・気体の間で

変化する．3つの状態間の変化であるので，これを**三態変化**という．同じ物質で比較すると，3つの状態の中で，構成粒子の持つ運動エネルギーが最も小さいのは固体状態で，最も大きいのは気体状態である．状態変化をするときには，その変化をするためのエネルギーの授受が起こる．

状態変化は，**相変化**とも呼ばれる．**相**とは，物理的および化学的性質が均一で，ほかの部分とはっきりした境界で区別される部分をいう．気体・液体・固体からなる相を，それぞれ**気相・液相・固相**という．成分の数が2種以上であっても，均一になっていれば，1相である．気体は，成分が複数でも，どのような割合でも混じり合うので，常に1相である．液体の水とメタノールも，どのような割合でも混じり合うので1相である．しかし，水と油はどちらも液体であるが，混じり合わず水相と油相に分かれるので，2相となる．複数の相が共存する場合を**不均一系**，1つの相からなる場合を**均一系**という．

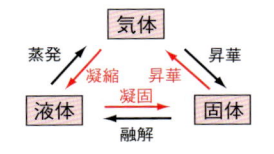

● 3・3・1 液体と固体間の状態変化

固体を加熱しエネルギーを与えると液体に変化する．この現象を**融解**といい，融解に必要な熱を**融解熱**という．逆に，冷却することにより熱エネルギーが奪われ固体となる現象を**凝固**といい，このとき放出される熱を**凝固熱**という．

● 3・3・2 気体と液体間の状態変化

液体を加熱すると，エネルギーを得た分子が液体の表面から飛び出して気体に変化する．この現象を**蒸発**，あるいは**気化**という．逆に，気体が液体になる現象を**凝縮**あるいは**液化**という．蒸発の際に液体が周囲から吸収する熱を**蒸発熱**，凝縮の際に液体が周囲に放出する熱を**凝縮熱**という．

● 3・3・3 固体と気体間の状態変化

気体から固体，あるいは，固体から気体に直接変化する現象を**昇華**という．昇華は，分子結晶など比較的弱い分子間力で結合している物質に見られる．ドライアイス（二酸化炭素の固体），ヨウ素などが，昇華する物質の代表的な例である．ドライアイスは，−78.5℃で昇華して二酸化炭素の気体（炭酸ガス）となる．**昇華熱**が大きく，気体になるときに周囲から多くの熱を奪い，また昇華するときに濡れない（水を出さない）ため，**寒剤**として用いられている．

洗濯物を乾かすには，できるだけ風通しの良いところに干すとよい．洗濯物の表面付近では，水分の蒸発により蒸気圧が少し大きくなっていて，水分がさらに蒸発するのを妨げている．しかし，風が吹くと，表面付近の蒸気が飛ばされて蒸気圧が下がり，洗濯物に含まれる水分が蒸発しやすくなる．

3・4 蒸気圧

蒸発，すなわち，液体が気体になるには，液体を構成する分子が，分子間結合を切るだけのエネルギーを周囲からもらって，液体の表面から飛び出す必要がある。気体の分子が増えると，気相から液相へ分子が移動する凝縮の**速度**が大きくなる。蒸発と凝縮の速度がつり合っていると，見かけ上は蒸発も凝縮も起こらない状態になる。これが**気液平衡**である。気液平衡状態のときに蒸気（気体）が示す圧力を**飽和蒸気圧**という。温度と飽和蒸気圧との関係を示した曲線を**蒸気圧曲線**（図3・1）といい，この曲線上では，液体と気体が平衡状態になっている。一般に，液体の飽和蒸気圧は温度とともに上昇する。液体の飽和蒸気圧が，大気圧に等しくなる温度が沸点である。

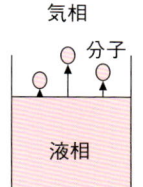

3・5 状態図

温度や圧力と物質の状態との関係をまとめたものを，**状態図**あるいは**相図**という。物質の状態図が与えられると，例えば，一定の圧力下で温度を変えたときに，どのような相が出現するかが予測できる。図3・2は水の状態図である。この図で，固体，液体，気体は氷，水，水蒸気の状態にあることを示し，ある温度と圧力の下で，どの状態となるかが分かる。また，互いの相を区切る曲線から，2相あるいは3相が平衡状態を保って共存できる温度や圧力の条件も分かる。

蒸気圧曲線上では，水と水蒸気が共存する。曲線の端点Cは**臨界点**と呼ばれ，臨界点より高温，高圧側では水と水蒸気との区別がつかない。**融解曲線**上では，氷と水が共存する。融解曲線がやや左に傾いている（図

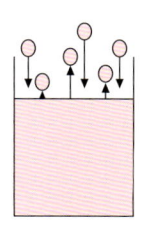

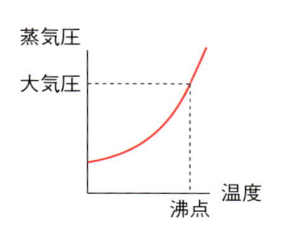

図3・1 蒸気圧曲線

気相－液相間の相転移が起こる温度および圧力の範囲の限界を示す状態図上の点を臨界点という。圧力－温度図では，この点で液相と気相の平衡曲線がなくなり，気体を圧縮しても凝縮が起こらなくなる。

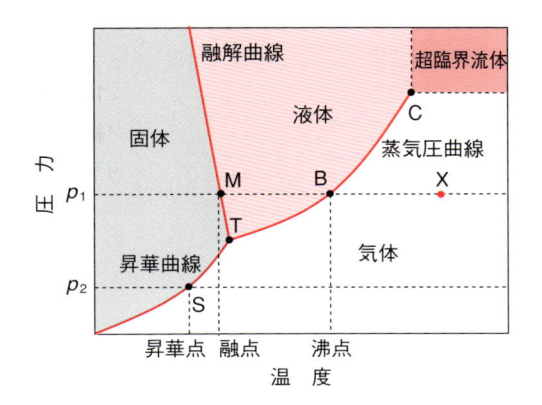

図3.2の点Xは湿った空気に相当する。ここから，圧力 p_1 の直線に沿って温度を下げていき，点Bに達すると液体が現れる。これが露である。さらに温度を下げて点Mになると，固体が現れる。これが霜である。

図3・2 水の状態図

26　第3章　物質の状態と気体の性質

融解曲線の傾き (dP/dT) は次の式で与えられる。

$$\frac{dP}{dT} = \frac{\Delta H}{T\Delta V}$$

ΔH：融解熱
ΔV：融解の際の体積変化

一般に，液相のモル体積は固相のモル体積より大きいため（固体は液体に沈む）$\Delta V > 0$ となり，融解曲線は右に傾く。水は例外で，氷は水に浮かぶため $\Delta V < 0$ であり，融解曲線はわずかに左に傾く。

では強調してある）が，これは水の特徴であり，多くの物質の融解曲線は右に傾く。**昇華曲線**は，氷と水蒸気が共存する条件を示している。**三重点** T では，氷，水，水蒸気の 3 相が共存できる。三重点より低圧側では，氷が水蒸気に昇華できる。三重点の温度と圧力は物質に固有であり，水の場合，圧力 610 Pa（0.0623 気圧），温度 273.16 K（0.01 ℃）である。

$p_1 = 1$（1 気圧 $= 101.32$ kPa）の直線と，融解曲線および蒸気圧曲線との交点 M，B が，それぞれ水の（標準）**融点**と（標準）**沸点**である。

3・6　固体の状態

● 3・6・1　最密充填構造

固体は物質の三態のうちで，熱振動が最も小さい状態であり，構成する原子や分子の並び方により，**結晶質**と**非結晶質**に分けられる。結晶質の代表例は金属である（2・5 節参照）。金属結晶の多くは，同じ大きさの陽イオンが密に詰まった**最密充填構造**をしている。最密充填構造は，同じ大きさの球を最も密に詰めて，隙間の部分の体積を最小にした構造である。この構造には，**六方最密格子**（図 3・3a）と**面心立方格子**（図 3・3b）と呼ばれる 2 種類の構造があり，いずれも空隙率 25.9 %である。

結晶質とは構成粒子の配列が三次元の周期性を持つもので，周期性が欠けているものを非結晶質（非晶質）という。

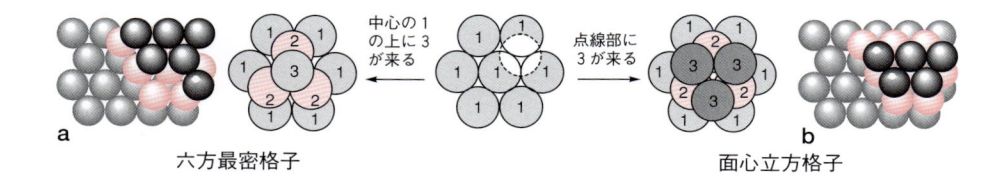

a　六方最密格子　　　b　面心立方格子

図 3・3　最密充填構造

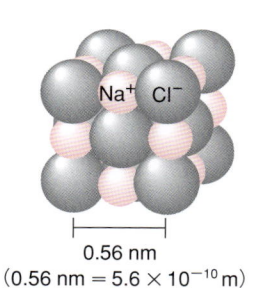

● 3・6・2　イオン結晶

塩化ナトリウムは面心立方格子の結晶で，1 個の Na^+ を 6 個の Cl^- が，また 1 個の Cl^- を 6 個の Na^+ が取り囲んで，互いに電気的に引き合って強く結合している（図 3・4）。このため，塩化ナトリウムは硬い結晶で，融点は 801 ℃ である。塩化ナトリウムのように，正負のイオンが静電的引力で結合して形成される結晶を**イオン結晶**という。結合の方向性がないので，NaCl の形の分子は存在しない。

0.56 nm
(0.56 nm $= 5.6 \times 10^{-10}$ m)

図 3・4　NaCl の結晶

● 3・6・3　共有結合結晶

ダイヤモンド（図 3・5）や石英（二酸化ケイ素 SiO_2 の結晶）は，原子が共有結合しており，結晶全体を 1 つの**巨大分子**と見なすことができる。共有結合は一般的に強い結合で，そのため結晶は硬く，融点が高い。

● 3・6・4 分子結晶

分子が分子間力によって結合した結晶で，結合力が弱いため，分子結晶は軟らかい。また，融点は低く，昇華しやすい。結晶構造は最密充填構造に近いものが多い。ホウ酸 H_3BO_3 (図3・6) やヨウ素やドライアイスなどが分子結晶の例で，ナフタレンやショウノウなど有機化合物の例も多い。

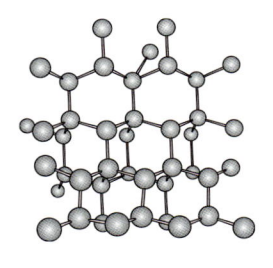

図3・5 ダイヤモンドの構造

3・7 液体の状態

気体は，低温高圧下で凝縮して液体になる。液体の状態では，原子や分子の運動は，近くの原子や分子の引力によって，気体の状態に比べてはるかに制限を受けている。極めて近傍の原子や分子の配列には規則性が見られるが，固体の結晶のような規則正しい配列ではなく，比較的無秩序で流動性がある。原子や分子の運動エネルギーと分子間引力が適度につり合って，固体と気体の中間の性質を持つ。液体は，自由に形を変えるが体積はほぼ一定で圧縮率が非常に小さい。また，気体に比べて密度が大きく拡散速度が小さいが，互いに溶解する液体同士は拡散して一様に混ざり合う。

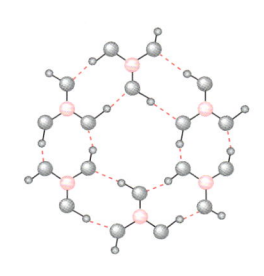

図3・6 ホウ酸の分子結晶構造

水の結合角は 104.5° であるが (2・6・1 項参照)，氷の場合には，水分子が水素結合で結合し，メタン (10・2・1 項参照) の構造に近い四面体構造をしている。このため，液体の水に比べて隙間の多い構造となり，密度が小さくなり，氷は水に浮く。水の密度は，4 °C のとき最大である。

3・8 気体の状態

● 3・8・1 気体の性質

気体では，分子の熱運動が分子間力を上回り，液体よりも原子または分子がより自由に，不規則に飛び回っている。このため，固体や液体より粒子間の距離がはるかに大きく，密度は最も小さい。気体の占める体積に対し，気体原子や分子そのものが占める体積は，標準状態で 0.03 % 程度である。このため，気体の性質は，物質の種類を問わずに，共通点が多い。

● 3・8・2 理想気体と気体の法則

気体の一般的性質を理解するために用いられるのが，**理想気体**のモデルである。**理想気体では，分子間力や気体分子の大きさを無視する**。

1662 年にイギリスのボイルが，一定の温度の下では圧力 (P) と体積 (V) の積 $PV =$ 一定 (**ボイルの法則**) (式(3.1)) が成り立つことを見出した。また，1787 年にフランスのシャルルにより，一定圧力の下では $V/T =$ 一定 (**シャルルの法則**。T は絶対温度) (式(3.2)) が成り立つことが見出された。$PV = a$ と置くと $V = a/P$，$V/T = b$ と置くと $V =$

$$P_1 V_1 = P_2 V_2 = 一定$$
（ボイルの法則）
(3.1)

$$\frac{V_1}{T_1} = \frac{V_2}{T_2} = 一定$$
（シャルルの法則）
(3.2)

理想気体の状態方程式はエネルギーの式である（式(3.17)参照）。

気体定数
1モルの理想気体では，ボイル–シャルルの法則より PV/T は一定に保たれる。この定数を気体定数 R という。また気体定数 R は，ボルツマン定数 k_B のアボガドロ定数（N_A）倍に等しい。

bT となるので，V は P に反比例し，T に比例するから，$V \propto T/P$ となり，$PV = cT$ と表せる。比例定数 c を nR とすれば，理想気体の**状態方程式** $PV = nRT$ を導くことができる（n は物質量，R は気体定数）。

理想気体の場合，その**混合気体**はドルトンの**分圧の法則**に従う。j 種類の理想気体が，それぞれ $n_1, n_2, \cdots, n_j$ モル混合しているとき，全モル数を n とすると，気体 i の割合は $x_i = n_i/n$ となる。この x_i を**モル分率**という。

$$n = n_1 + n_2 + \cdots + n_j \tag{3.3}$$

全圧を P として，モル分率を用いると，混合気体中の気体 i が示す圧力 P_i（分圧）は $P_i = x_i P$ で，全圧 P は各気体の分圧の合計に等しい。

$$P = P_1 + P_2 + \cdots + P_j \tag{3.4}$$

● 3・8・3　実在気体の状態方程式

理想気体の性質を示す気体は，極めて限られた条件下でしか見られない。1873年にオランダのファンデルワールスは，理想気体の状態方程式をもとに，実在する気体の分子の占める体積と分子間力を考慮して，**実在気体の状態方程式**を導いた。

図3・7a，bに示したように，半径 r の2個の気体分子は，中心間の距離が $2r$ のときに最も接近し，それ以上近づくことはできない。このことは，分子が互いに半径 $2r$ の球の体積（$(4/3)\pi(2r)^3$）の内側に来ることはできず，この球の体積は気体分子が運動できる空間にはならないことを示している（図3・7c，d）。そこで，分子が移動できる空間の体積は，この体積を気体全体の体積 V から除く必要がある。これは，分子に大きさがあるために，気体の全体積から除く体積なので，**排除体積**と呼ばれる。ここでは，気体分子の密度は極めて小さいので，3分子以上が同時に衝突することはないと仮定している。半径 $2r$ の球の体積には2個の分子が関係しているので，気体分子1個が占める空間の体積は，その1/2となる。気体の総分子数を N 個とすると，排除すべき総体積は式(3.5)で表される。

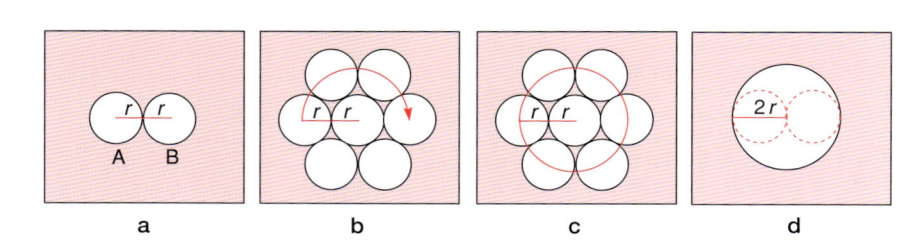

図3・7　気体分子の排除体積

$$N \text{個の気体分子の排除体積} = \frac{4}{3}\pi(2r)^3 \frac{1}{2}N \quad (3.5)$$

ここで，分子数 N は気体の物質量に比例するから，物質量を n とし，b（分子の種類によって r は決まり，上記の式の N を除いた部分は一定の数になるので，この部分も含む）を定数とすると，排除体積 V_e を nb とすることができる．したがって，気体分子の大きさ（体積）を考慮した状態方程式は，式 (3.6) で表される．この式では，まだ，気体分子間に働く引力の影響が考慮されていない．

$$P(V - V_e) = P(V - nb) = nRT \quad (3.6)$$

気体分子間に引力が働けば，気体分子の運動の速度が減速される．気体の圧力は，気体分子が容器の壁に衝突したときに，壁に及ぼす単位面積当たりの力と解釈できる．このため，気体分子の速度が低下すると，単位時間当たりの衝突回数も減少することになるので，圧力が低下する．この壁に衝突する分子の数は濃度 n/V に比例する．分子間に引力が働くと，分子が壁に及ぼす力が弱くなる．この引力の強さは分子間距離に依存するため，分子間力の強さも周囲の分子の濃度に比例する．そのため，減少する圧力は $(n/V)^2$ に比例することになる．減少分 P_i は，比例定数を a とすると，$P_i = a(n/V)^2$ と表すことができ，実在気体の圧力 P は，理想気体の圧力 P_o に比べ，P_i だけ小さくなる．

$$P_o = P + P_i = P + a\frac{n^2}{V^2} \quad (3.7)$$

以上より，実在気体の状態方程式は，式 (3.8) で表すことができる．

$$\left(P + a\frac{n^2}{V^2}\right)(V - nb) = nRT \quad (3.8)$$

この状態方程式の a および b は気体の種類によって決まる定数で，a は分子間力，b は分子の大きさに比例する定数である（表 3・1）．この方程式は，**ファンデルワールスの状態方程式**とも呼ばれる．

実在気体は，体積が大きく，圧力が小さいほど，理想気体に近づく．実在気体の状態方程式より求めた CO_2 の PV 曲線を図 3・8 に示す．体積が小さくなると分子間力が大きくなり，31℃ 以下では，一部の CO_2 が液化して圧力が低下し，気体と液体の両方が同時に存在している．また，0℃ のときの PV 曲線は三次曲線となり，圧力 50 atm 以下では，ある圧力に対して 3 つの異なった体積の値を取ることが可能となる領域が存在する．このように実在気体は非常に複雑な挙動を示す．実在気体の理想気体からのずれを**圧縮因子（Z 因子）**といい，式 (3.9) のように定義している．理想気体の場合は $Z = 1$ である．Z 因子と圧力の関係を図 3・9 に示した．

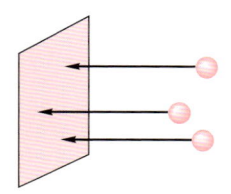

気体分子が壁に及ぼす力は，運動の速度が大であるほど，また，単位時間内に衝突する分子数が多いほど大きい．

表 3・1 ファンデルワールス定数

気体	a L^2 atm mol^{-2}	b L mol^{-1}
He	0.0341	0.0237
Ar	1.35	0.0322
H_2	0.244	0.0266
N_2	1.39	0.0391
CO	1.49	0.0399
O_2	1.36	0.0318
C_2H_4	4.47	0.0571
C_2H_2	4.39	0.0514
CO_2	3.59	0.0427
NH_3	4.17	0.0371
H_2O	5.46	0.0305

$$Z = \frac{PV}{nRT} \quad (3.9)$$

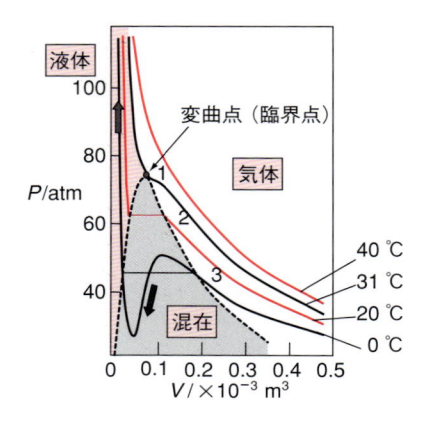

図3・8 実在気体の状態方程式より求めた PV 曲線（CO_2）

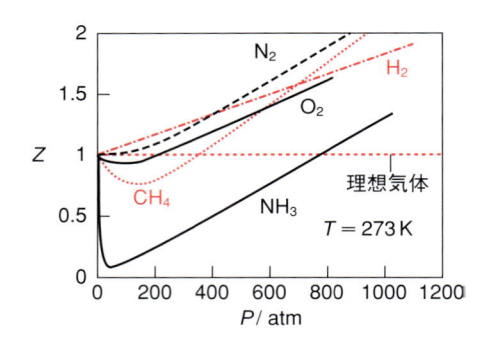

図3・9 気体の圧力と Z 因子の関係 $Z = \dfrac{PV}{nRT}$

図より明らかなように、一般に、圧力が大きくなると理想気体からのずれが大きくなる。これは、分子間距離が近くなるので、気体分子の大きさと分子間の相互作用の影響が大きくなるためである。なお、図のアンモニアやメタンの線が大きく下がっているのは、圧力の増加によって液化するためである。水素は、沸点が低く、液化しにくいため、直線に近い。これは、水素分子間での相互作用が小さいことを示している。

● 3・8・4　気体分子運動論

分子が、あらゆる方向に様々な速度で空間を飛び回っているというモデルを使って、気体の性質を説明する理論を**気体分子運動論**という。このモデルでは、気体を理想気体と考えるので、気体分子の大きさを無視し、分子間力も働かないと考えている。また、気体分子は剛体球で、直線運動をし、分子が壁やほかの分子と衝突するときは、**完全弾性衝突**すると考え、圧力は、容器に閉じこめた気体分子が容器の内壁に衝突したときに、壁の単位面積当たりに及ぼす力であると考える。

質量 m の気体分子 N 個が一辺の長さ L の立方体の容器に入っていて、平均速度 v で飛び回り、容器の内壁に衝突しているとする。完全弾性衝突するとしているから、衝突して方向が変わっても v の大きさに変わらない。三次元での運動を考えるために、三次元座標を考え、速度 v を各座標上の成分 v_x, v_y, v_z に分ける。気体分子の持つ運動エネルギーは $(1/2) mv^2$ で表される。一方、**運動量**（mv）の変化量は、衝突すると進行方向が逆になり v が $-v$ に変わるため、衝突の前後で $mv - (-mv) = 2mv$ だけ変化する。この変化量が壁に与えられた運動量の変化量にもなる。$2mv = 2mat = 2Ft$ なので、単位時間当たり（$t = 1$）の運動量

剛体球とは、力が加わっても変形しない理想的球体をいう。

完全弾性衝突とは、エネルギーの消失がない衝突をいう。

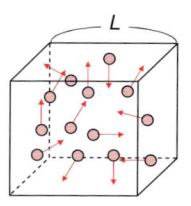

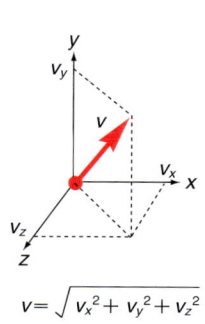

$v = \sqrt{v_x^2 + v_y^2 + v_z^2}$

の変化量が壁を押す力，すなわち圧力となる。

ここでは，単純化して考えるために，x 方向の運動だけを考え，x 方向の速度を v_x とすると，単位時間に x 方向へ気体分子が進む距離は v_x となる。立方体の向かい合っている壁 a, b の間の距離は L なので，単位時間に L だけ進むと，いずれかの壁に 1 回衝突する。したがって，気体分子は a, b いずれかの壁に，単位時間当たり v_x/L 回衝突することになる。このため，単位時間当たりに壁が受ける運動量の変化量（力）は，式 (3.10) で表される。これは，向かい合っている壁 a と b が単位時間に受ける力の合計である。

$$2mv_x \frac{v_x}{L} = \frac{2m}{L} v_x^2 \tag{3.10}$$

ここまでは x 方向のみを考えてきたが，y 方向と z 方向についても上と同じ関係が成り立つ（式 (3.11)）。

$$\frac{2m}{L} v_x^2 + \frac{2m}{L} v_y^2 + \frac{2m}{L} v_z^2 = \frac{2m}{L} v^2 \tag{3.11}$$

容器に含まれる全分子数は N なので，単位時間当たりに容器全体で $(2mN/L)v^2$ だけ運動量が変化し，器壁はその分の力を受ける。壁は全部で 6 面あるので，1 つの壁（面積 L^2）が単位時間に受ける圧力 P（単位面積当たりの力）は，式 (3.12) で表される。

$$P = \frac{1}{6L^2} \frac{2mN}{L} v^2 = \frac{1}{3} \frac{mN}{L^3} v^2 \tag{3.12}$$

容器の体積を $V(=L^3)$ とし，L^3 の代わりに V を用いれば，式 (3.13)，(3.14) のように表される。

容器内に存在する N 個の分子の物質量が n であるとし，アボガドロ定数 N_A を用いると，$N = nN_A$ となる。そこで，上記の式は式 (3.15) のように変形できる。

この式と理想気体の状態方程式 $PV = nRT$ を比較すると，式 (3.16)，(3.17) が得られる。

$$PV = \frac{1}{3} mnN_A v^2 = \frac{2}{3} \left(\frac{1}{2} mv^2\right) nN_A = nRT \tag{3.16}$$

$$\frac{1}{2} mv^2 = \frac{3RT}{2N_A} = \frac{3}{2} k_B T \tag{3.17} \quad \left(k_B = \frac{R}{N_A} \quad \text{ボルツマン定数}\right)$$

式 (3.17) は，理想気体の分子の運動エネルギーが温度に比例することを示している。逆に考えると，温度は分子の運動の激しさを表す尺度といえ，$T = 0$（絶対零度）になると，分子の並進運動が止まることを示している。

α（加速度）$= \dfrac{dv}{dt}$

$v = \alpha t$

$F = m\alpha$（力の定義）

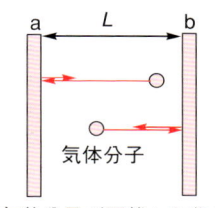

気体分子が距離 L を進むと壁 a または b のいずれかと 1 回衝突する。

実在気体の熱運動による平均速度 (288 K)

分子	分子量	$\sqrt{\bar{v}^2}$ m s^{-1}
O_2	32	4.7×10^2
N_2	28	5.1×10^2
Ne	20	6.0×10^2
He	4	1.3×10^3
H_2	2	1.9×10^3

気体分子の平均速度 $\bar{v}$ は，温度 T と分子量 M の関数で表される。

$$\bar{v} = \sqrt{\bar{v}^2} = \sqrt{\frac{3RT}{M \times 10^{-3}}}$$

$$P = \frac{1}{3} \frac{mN}{V} v^2 \quad (3.13)$$

$$PV = \frac{1}{3} mNv^2 \quad (3.14)$$

$$PV = \frac{1}{3} mnN_A v^2 \quad (3.15)$$

ボルツマン定数 k_B
分子 1 個が持つエネルギーと温度を結びつける物理定数。気体定数 R はボルツマン定数をアボガドロ定数倍したものである。

> ### 液 晶 (liquid crystal)
>
> 液晶は，液体と固体の両方の性質を合わせ持ち，液体のように流動性があり自由に形を変えることができるとともに，構造上固体の結晶のような規則性があり，見る方向によって見え方が変わる光学的な異方性を示す。液晶は，電圧をかけると，結晶類似の配列をしている分子の向きを変える性質があり，これを利用して，最近では，薄型テレビ，パソコンのモニターや携帯電話など，広く表示装置に応用されている。液晶パネルの前面には，モニター等の色を表示するために，光の三原色である赤 (R)，青 (B)，緑 (G) のカラーフィルターが用いられている。液晶そのものは発光しないので，バックライトなどの光源により発せられた光を，液晶によって部分的に遮ったり透過させたりすることによって光度を調節し，映像を表示する仕組みになっている。

章 末 問 題

1. 1) 図 3・4 中の Cl^- イオンの中心間の距離 5.6×10^{-10} m は，NaCl 結晶の単位格子（結晶は三次元の周期性を持ち，その周期単位となる平行六面体）の一辺の長さである。単位格子中に含まれる Na^+ イオンと Cl^- イオンの数を求めよ。

   2) 塩化ナトリウム結晶の単位格子の一辺の長さは 5.6×10^{-10} m である。図 3・4 の構造を参考に，塩化ナトリウムの結晶の密度 ρ (g cm^{-3}) を，Na の原子量を 23.0，Cl の原子量を 35.5 として計算せよ。

2. 20 ℃ での水の飽和蒸気圧は 2.34 kPa である。20 ℃，0.10 MPa の大気中に最大で含まれる水蒸気の割合 (%) を求めよ。

3. 容積 20 L の容器に窒素が入っている。温度が 280 K，圧力が 4.15 MPa のとき，理想気体と仮定して容器内の窒素の質量を求めよ。（ヒント：圧力に Pa を用いると気体定数は 8.31 Pa L K^{-1} mol^{-1}）

4. 500 K，100 kPa で 200 mL 占める理想気体 A と，400 K，120 kPa で 300 mL 占める理想気体 B を，600 mL の容器中に入れて混合して温度を 300 K にしたときの各気体の分圧 P_A，P_B と全圧 $P_全$ を計算せよ。

5. Ar 原子の半径を 1.8×10^{-10} m として 1 mol の Ar 原子自身が占める体積を求め，表 3・1 のファンデルワールス定数 b の値 (0.0322 L mol^{-1}) と比較せよ。

6. 404 K での窒素分子の平均速度を求めよ。

第 4 章　反応速度

　化学反応式には時間の要素が含まれていないが，化学反応は時間の経過と共に進行し，反応の速さは濃度や温度に依存する。この章では，反応速度に影響する因子，反応速度の表し方，遷移状態と活性化エネルギー，触媒等について学び，化学反応を反応速度という観点から理解する。

4・1　化学反応式

　化学反応式は，反応に関わる物質の化学式と記号（＋，→，数字など）を用いて化学反応を表した式である。化学反応は，物質がそれ自身あるいは他の物質と作用して別の物質へ変化することをいうが，ミクロな視点から見ると，物質を構成する原子の組み換えの過程と捉えることができる。この変化の前後で，元素の種類と総数は変わらない。水素と酸素との反応では，H−H 結合と O＝O 結合が切れて O−H 結合が形成されるが，反応式の左辺と右辺の H と O の数は同じである。

$$H_2 + \frac{1}{2}O_2 \longrightarrow H_2O$$

$$H-H + \frac{1}{2}O=O \longrightarrow H-O-H$$

　化学反応式は，**化学量論**的に書かれ，反応物（出発物質，原料ともいう）と生成物を示しているだけでなく，反応に関与する物質の量的関係も示している。水の生成反応では，水素 1 mol と酸素 (1/2) mol が反応して，水 1 mol が生成することが反応式から分かる。しかし，化学反応式には反応の進行が速いか遅いかという時間の要素が含まれていない。

化学量論
化学反応にあずかる物質の量的関係を取り扱うことを化学量論 (stoichiometry) という。語源はギリシャ語の stoicheion（元素）と merton（量る）が組み合わさったものである。

4・2　化学反応の速度

　化学反応には，燃焼のように進行が速いものと，鉄が錆びるように遅いものがある。化学反応の進行する速さを**反応速度**といい，単位時間当たりの反応物の減少量や生成物の生成量で表す。反応物や生成物の量としては，濃度あるいは物質量が用いられている。例えば，過酸化水素の

$H_2O_2 \longrightarrow H_2O + \frac{1}{2}O_2$

$CH_3COOC_2H_5 + H_2O$
$\longrightarrow$
$CH_3COOH + C_2H_5OH$

分解反応の場合には，気体である酸素が生成するので，生成した酸素の体積を測定し物質量を求めれば，分解速度を決定することができる．また，酢酸エチルの加水分解の場合には，酸である酢酸が生成するので，これを中和滴定（6・6節参照）により定量すれば，加水分解速度を求めることができる．

4・3 反応速度の表し方

A から B を生成する反応（A → B）では，物質 A の減少分だけ物質 B が増加するので，A と B の変化量は正負の符号が逆であるが，その大きさ（絶対値）は等しい．時刻 t_1 から t_2 の間（$\Delta t = t_2 - t_1 > 0$）に反応物 A の濃度が $[A]_1$ から $[A]_2$ に減少（$\Delta [A] = [A]_2 - [A]_1 < 0$）したとすると，反応の速度 v は式（4.1）で表される．

$$v = -\frac{\text{反応物 A の減少量}}{\text{時間変化}} = -\frac{\Delta [A]}{\Delta t} \qquad (4.1)$$

生成物 B の生成量を用いれば，反応の速度が次式で表される．反応物の減少量と生成物の生成量は等しいので，反応速度も等しくなる．

$$v = \frac{\text{生成物 B の生成量}}{\text{時間変化}} = \frac{\Delta [B]}{\Delta t} = -\frac{\Delta [A]}{\Delta t} \qquad (4.2)$$

> Δ は差を表す記号として用いられ，終わりの値からはじめの値を引いた値で示す．[ ] は濃度 mol L^{-1} を表す．$\frac{\Delta [A]}{\Delta t}$ の前に − を付けるのは減少の速度を表しているためで，− を付けないと，$[A]_2 - [A]_1 < 0$ なので，濃度の単位時間当たりの変化を示している反応速度が負の値というおかしな結果になってしまう．B の生成速度を表す $\Delta [B]/\Delta t$ の前に ＋ は付けない．

この反応における反応物の濃度と反応時間の関係をグラフ化すると減衰曲線が得られる（図 4・1）．同じ時間（Δt）でも反応物の減少量，すなわち**反応速度は，時刻によって変化する**．例えば，時刻 t_{a1} と，t_{a1} から Δt 経った t_{a2}（$t_{a1} + \Delta t$）の間の反応物の変化量は $\Delta [A]_a$ であるが，同じ時間 Δt であっても，t_{b1} と t_{b2}（$t_{b1} + \Delta t$）の間での反応物の変化量は $\Delta [A]_b$ で，$\Delta [A]_a > \Delta [A]_b$ となるので，反応速度（$-\Delta [A]/\Delta t$）も t_a のときの方が t_b のときよりも大きくなっている．この反応速度は，Δt 時間内の**平均の反応速度**である．

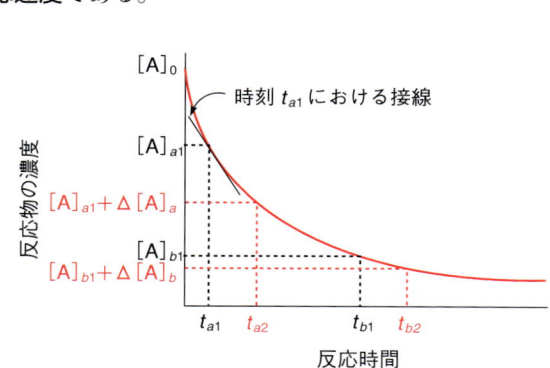

図 4・1 反応時間と反応物の濃度との関係

Δt を限りなく小さくすれば，ある時刻 t における真の反応速度を求めることができる。$d[A]/dt$ は，時刻 t における接線の傾きに当たる。

$$v = \lim_{\Delta t \to 0}\left(-\frac{\Delta[A]}{\Delta t}\right) = -\frac{d[A]}{dt} = \frac{d[B]}{dt} \tag{4.3}$$

4・4 反応速度式

反応速度は，反応物の濃度によって変化し，反応物の濃度が高いほど一般に大きい。このことから，反応は反応物が**衝突**して起こると考えることができ，反応速度は濃度に比例するという形の式で表される（式 (4.4)）。比例定数 k を**反応速度定数**といい，式 (4.5) のように反応速度を反応系内の物質の濃度で表した式を**反応速度式**という。

$$v = -\frac{d[A]}{dt} \propto [A] \tag{4.4}$$

$$v = -\frac{d[A]}{dt} = k[A] = \frac{d[B]}{dt} \tag{4.5}$$

一般に，反応速度は反応温度によって変化し，反応温度が上昇すると大きくなる。これは，反応速度定数は反応温度によって異なった値になることを示している（4・8 節参照）。

A＋B→C の反応では，A の粒子と B の粒子が各 1 個反応して C の粒子 1 個を生成すると考えることができる。A と B が反応するためには，A と B が近づかなくてはならないので，A と B の粒子が衝突して反応すると考えることができる。衝突回数は，A の濃度に比例するとともに，B の濃度にも比例するから，反応速度は式 (4.6)，(4.7) のように表される。

$$A + B \longrightarrow C$$
$$v = \frac{d[C]}{dt} = k[A][B] \tag{4.6}$$

$$2A \longrightarrow C$$
$$v = \frac{d[C]}{dt} = k[A][A] = k[A]^2 \tag{4.7}$$

この 2 式のように，反応速度が 2 種の反応物の濃度の積，あるいは濃度の二乗で表される式を**二次反応速度式**といい，式 (4.5) は**一次反応速度式**と呼ばれる。一次，二次のような次数を，**反応次数**という。二次反応の例を示す。

$$2HI \longrightarrow H_2 + I_2 \quad v = -\frac{d[HI]}{dt} = k[HI]^2 \tag{4.8}$$

> 触媒などの固体表面上で起こる反応では，反応物の濃度領域によっては反応速度の濃度依存性がなくなることや，反応物の濃度が高くなると反応速度が低下することもある。

> 多くの反応では，反応温度が 10 ℃ 上がると反応速度は約 2 倍になる。

k の実験による決定法

酢酸エチルの加水分解を例とする。この反応は二次反応（$v=k$[酢酸エチル][水]）であるが，水は溶媒として多量にあり反応中濃度の変化はないと見なせる。そこで，酢酸エチルの濃度を x mol L^{-1} とすると，速度式は以下のようになる。

$$-\frac{dx}{dt} = kx$$

これを積分すると，

$$\ln x = -kt + C$$

（C は積分定数）

酢酸エチルの初濃度を a_0 とすると，

$$\ln x = -kt + \ln a_0$$

中和滴定により実験的に時刻 t における濃度 x を決定し，グラフ化すると直線の傾きより k を決定することができる。

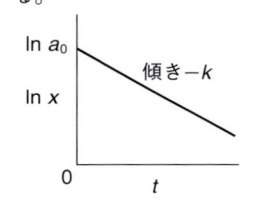

反応温度を変えて k を求め，アレニウスプロット（図 4・3）を行えば，E_a が決定できる。

$$H_2 + I_2 \longrightarrow 2HI \quad v = -\frac{d[H_2]}{dt} = -\frac{d[I_2]}{dt} = k[H_2][I_2] \tag{4.9}$$

また，A が分子で，反応 A→B のように反応物 A 自身が変化するような反応を**単分子反応**といい，反応 A＋B→C のように 2 つの分子 A と B が関係する反応を**二分子反応**という。

自動車の排気ガスに含まれる一酸化窒素は，大気中のオゾンと反応して二酸化窒素になる（式 (4.10)）。この反応の速度は式 (4.11) で表され，一酸化窒素あるいはオゾンの濃度が 2 倍になると，反応速度は 2 倍になる。

$$NO + O_3 \longrightarrow NO_2 + O_2 \tag{4.10}$$

$$v = k[NO][O_3] \tag{4.11}$$

一酸化窒素が酸素分子により酸化される反応の速度式は三次式である（式 (4.13)）。酸素の濃度が 2 倍になると反応速度は 2 倍になり，一酸化窒素の濃度が 2 倍になると反応速度は 4 倍になる。

$$2NO + O_2 \longrightarrow 2NO_2 \tag{4.12}$$

$$v = k[NO]^2[O_2] \tag{4.13}$$

4・5 素反応と律速段階

一酸化窒素の酸化反応の速度式では，化学反応式の係数から予想される反応次数と実験的に求めた反応次数が一致しているが，一致しない反応も知られている。$FeCl_3$ と KI の反応は，化学反応式の係数からは八次反応（$FeCl_3$ について 2 次，KI について 6 次の計 8 次）と予想されるが，実際には三次反応である。

$$2FeCl_3 + 6KI \longrightarrow 2FeI_2 + 6KCl + I_2 \tag{4.14}$$

$$v = \frac{d[I_2]}{dt} = k[FeCl_3][KI]^2 \tag{4.15}$$

反応式の係数と反応速度式の次数が一致しない場合があるのは，化学式で表した反応が一段階で進むのではなく，何段階かの反応を経て，反応物から生成物に変化する場合があるためである。各段階で起こる反応を**素反応**という。

五酸化二窒素の分解反応は，化学反応式から単分子反応と考えることができるので，反応速度式は一次反応式と予想され，実際にも式 (4.17) となり，反応式の係数と反応速度式の次数が一致している。

$$N_2O_5 \longrightarrow 2NO_2 + \frac{1}{2}O_2 \tag{4.16}$$

$$v = -\frac{\mathrm{d}[\mathrm{N_2O_5}]}{\mathrm{d}t} = k[\mathrm{N_2O_5}] \tag{4.17}$$

しかし，実際に起こっている反応は，次のような素反応から成り立っている。

$$\mathrm{N_2O_5} \rightleftarrows \mathrm{NO_2} + \mathrm{NO_3} \tag{4.18}$$

$$\mathrm{NO_2} + \mathrm{NO_3} \longrightarrow \mathrm{NO_2} + \mathrm{NO} + \mathrm{O_2} \tag{4.19}$$

$$\mathrm{NO} + \mathrm{NO_3} \longrightarrow 2\mathrm{NO_2} \tag{4.20}$$

何段階かの素反応を経て化学反応が起こるとき，ある一つの素反応の反応速度が非常に遅いと，反応全体の速度はこの最も遅い素反応によって決まることになる。この最も遅い素反応を**律速段階**という。式 (4.12) の反応は，2つの素反応 (式 (4.21), (4.22)) からなっており，式 (4.22) の反応が律速段階である。律速段階であることを示すために，矢印に逆 V 字を書くことがある。

$$2\mathrm{NO} \xrightleftharpoons{K} (\mathrm{NO})_2 \tag{4.21}$$

$$(\mathrm{NO})_2 + \mathrm{O_2} \xrightarrow{k_2} 2\mathrm{NO_2} \tag{4.22}$$

$$K = \frac{[(\mathrm{NO})_2]}{[\mathrm{NO}]^2}$$

$$-\frac{\mathrm{d}[\mathrm{NO}]}{\mathrm{d}t} = \frac{\mathrm{d}[\mathrm{NO_2}]}{\mathrm{d}t} = k_2[(\mathrm{NO})_2][\mathrm{O_2}] = Kk_2[\mathrm{NO}]^2[\mathrm{O_2}] \tag{4.23}$$

4・6 遷移状態と活性化エネルギー

化学反応が起こるためには，反応に関わる分子や原子が衝突する必要がある。しかし，反応が起こるためには分子中の反応に関係する部位 (**反応点**) にほかの分子の反応点が適切に近づかなくてはならないから，衝突した分子がすべて反応するとは限らない。分子の反応に有効な衝突かどうかは，衝突する際の分子の向きと，衝突した際に分子が持つエネルギーによって決まる。エネルギーが関係するのは，反応を起こすためには分子の結合を切らなくてはならないからで，衝突によって結合を切るのに十分な大きさのエネルギーが分子に与えられなくてはならない。そこで，反応物が生成物に変化するには，反応経路の途中でエネルギーの高い状態を経由しなければならないと考えることができる (図 4・2)。これを**遷移状態理論**といい，反応経路途中にあるエネルギーの高い状態を**遷移状態**という。遷移状態では，反応物の結合が切れ始めると同時に，生成物の結合ができ始めている。ここで形成されている**中間体**を**活性錯合体**という。活性錯合体は，エネルギーが高く不安定で短寿命であるため，単離や検出は困難である。

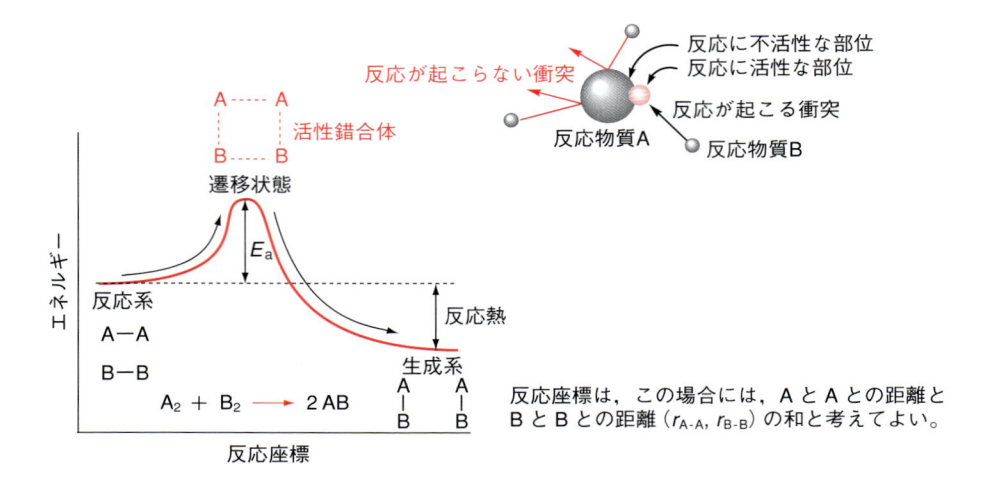

図4・2 遷移状態

反応物を基底状態から遷移状態に活性化するのに必要な最小のエネルギーを**活性化エネルギー**(E_a)という。加熱すると反応が起こりやすくなるのは，反応物が熱エネルギーを得，遷移状態を容易に乗り越えて生成物に移ることができるようになる，すなわち，反応速度が大きくなるためである。

4・7 触　媒

反応速度を大きくする一つの方法は，加熱することであるが，別の方法もある。それは，活性化エネルギーを低くすることである。活性化エネルギーを低くするために用いられるのが，**触媒**である（4・8節参照）。触媒は，化学反応を促進（反応速度を増大）させ，それ自身は変化しない物質であり，化学量論式には現れない。触媒には，反応物質と相が同じである**均一系触媒**と，相が異なる**不均一系触媒**がある。均一系触媒の例には，エステル合成の酸触媒として用いられる硫酸があり，窒素と水素からアンモニアを合成する反応に用いられる**固体触媒**は，不均一系触媒である。触媒を反応式に示す必要がある場合には，式 (4.24) のように，矢印の上または下に示す。

$$N_2 + 3H_2 \xrightarrow{Fe_3O_4\text{-}Al_2O_3\text{-}K_2O} 2NH_3 \qquad (4.24)$$

この反応は，触媒を用いないと，窒素と水素の1：3混合気体を高圧反応容器に入れて，数日間，圧力200 atm で 200 ℃ にしても，反応が極めて遅くほとんどアンモニアが得られないが，触媒を用いると効率よく反

応が進行しアンモニアが得られるようになる。この窒素と水素から触媒反応でアンモニアを直接合成する方法は，1907年にドイツのハーバーが反応の基礎を作り，1913年にドイツのボッシュの協力を得て，高圧装置の技術的問題を解決し工業化したことから，**ハーバー-ボッシュ法**と呼ばれている。反応は，200～350 atm，500℃で行われ，触媒はFe_3O_4を主成分とし，Al_2O_3とK_2Oを加えたものが用いられている。Al_2O_3とK_2Oは，Fe_3O_4の触媒作用を強めるために加えられており，**助触媒**といわれる。このような触媒系を見つけるのに，6500回以上の実験が行われたという。ハーバーは，**アンモニア合成法確立の功績**により1918年にノーベル化学賞を受賞した。ボッシュも，高圧化学の研究と開発の功績により，1931年にノーベル化学賞を受賞した。

触媒は，肥料の合成，繊維の製造等に使う高分子の合成，石油精製など，広く化学工業において用いられている。身近で使われている触媒としては，ガソリン自動車用触媒がある。自動車の排気ガス中には，有害な窒素酸化物（NOx）が含まれている。NOxは，水と反応してHNO_3等の酸を生じ，**酸性雨**の原因となる（14・4節参照）。自動車用触媒は白金，パラジウム，ロジウムを成分とした触媒で，**三元触媒**と呼ばれている。この触媒は，排気ガス中に含まれるNOxを，未燃焼の燃料炭化水素（HC）や一酸化炭素を還元剤として反応させ，無害な窒素分子にすることができる。効率よくNOxを還元するために，ガソリンと空気が完全燃焼し，かつ，酸素が余らない**理論空燃比**（燃料と空気中の酸素とが過不足なく反応するときの，燃料に対する空気の質量比）近傍の条件であることが必要であり，このため排気ガス中の酸素濃度を酸素センサー等により測定して，燃料噴射量をコントロールしている。触媒は，化学工業のみならず環境負荷低減のためにも広く利用されている。

4・8 反応速度の温度変化と活性化エネルギー

反応速度は温度が高くなるほど速くなる。1889年にスウェーデンのアレニウスは，反応温度Tと速度定数kの間に式（4.25）の関係があることを示した。この式は，**アレニウスの式**と呼ばれている。Aは**頻度因子**と呼ばれる定数である。式（4.25）の両辺の対数を取ると式（4.26）となるので，反応温度の逆数に対して反応速度定数の対数をプロットし，その傾きから活性化エネルギーE_aを求めることができる。これを**アレニウスプロット**という（図4・3）。

触媒反応の仕組みは反応によって異なるので，一概にいうことはできないが，素反応過程でその過程の反応物と触媒とが相互作用し，反応に

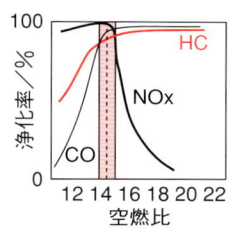

ガソリン自動車排ガスの空燃比と浄化率

空燃比が14以下では，NOxはほとんど還元されるが未反応の還元剤が残る。一方，空燃比が15以上では，COや炭化水素は全て酸化されるが，NOxが全ては還元されずに残る。わずかな空燃比領域でNOx，CO，炭化水素の除去が可能である。

$$k = A\exp\left(-\frac{E_a}{RT}\right) \quad (4.25)$$

$$\ln k = \ln A - \frac{E_a}{RT} \quad (4.26)$$

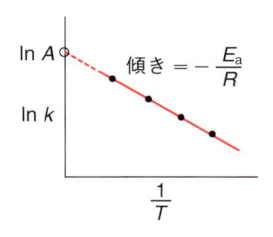

図4・3 アレニウスプロット

関係する結合を切れやすくして反応の活性化エネルギーを下げ，反応速度を大きくしている（図4・4）。図4・5の点線が触媒反応で，$E_{a\text{-cat}}$ は触媒反応の活性化エネルギーを表している。触媒反応の遷移状態が2つの山になっているのは，図4・4のBとCに相当する。

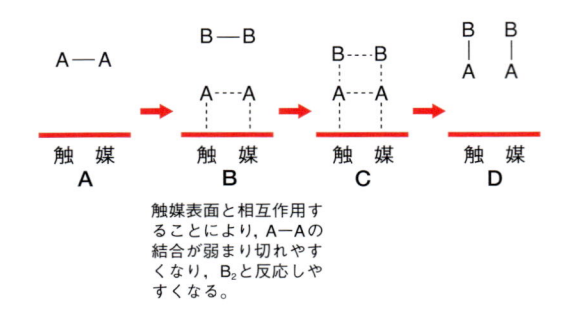

図4・4 触媒反応のモデル

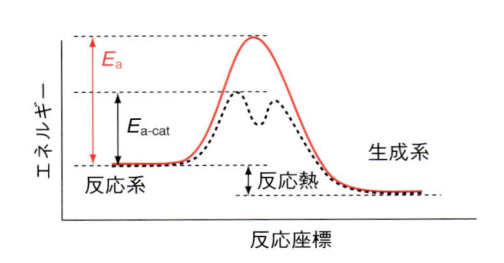

図4・5 触媒による活性化エネルギーの変化

4・9 酵　素

　生体は，生命を維持するために，体内の化学反応により生体構成物質を合成し，また，化学反応の反応熱をエネルギーとしている。生体によって作られた触媒を**酵素**という。生体内の化学反応は，常温・常圧・中性の温和な条件下で，酵素による触媒作用を受けており，酵素なしでは反応が進まない。**酵素反応**は一般に速く，酵素がないときの10万〜100万倍の速さで進む。

　生体内の各種反応に対して，異なった酵素が触媒として用いられており，特定の酵素は特定の反応にしか触媒作用を示さない。これを，**反応特異性**という。酵素の骨格の主体はタンパク質で，小さなものでも分子量が1万程度で，大きなものは100万ほどの分子量を持っている。触媒作用に関係しているのは酵素中の一部分で，その部分を**活性中心**といい，

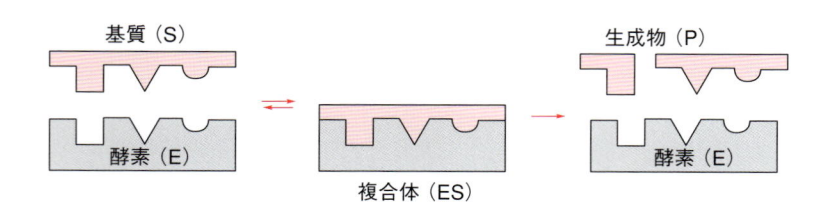

図4・6 酵素反応のモデル

酵素による触媒作用を受ける反応物質を**基質**という。酵素反応は，基質に対しても選択性があり，特定の酵素は特定の基質のみに触媒作用を示す。これを**基質特異性**という。酵素反応は，酵素Eと基質Sが結合した複合体ESを経て進行する。

$$E + S \rightleftarrows ES \longrightarrow E + P(生成物)$$

酵素反応に基質特異性があることは，鍵と鍵穴のようなモデルを使って説明されている（**図4・6**）。

コラム　化学カイロ

使い捨ての化学カイロは，鉄が酸化する際の反応熱を利用している。鉄の酸化反応は複雑で，

$$4Fe + 2H_2O + 3O_2 \rightarrow 4FeOOH$$

の反応で生じるオキシ水酸化物をはじめ，酸化物や水酸化物などを生じる。一般に，化学カイロには，鉄粉のほかに，酸化（錆び）を促進するための塩化ナトリウムなどの塩や水，保水するためのバーミキュライトや，酸素をうまく取り込み供給するための活性炭が入っている。酸素供給量や水分量を調整することにより，比較的緩やかな反応速度で鉄の酸化反応が進行し，長時間にわたり適度な発熱が持続するように工夫されている。本来，鉄の酸化反応は激しい反応で，水素で還元した酸化鉄を空気中にさらすと，火花を散らして燃える。使い捨てカイロは，自治体にもよるが，一般に，燃えないゴミに分類されている。これは，鉄が燃えた後だからもう燃えないということではなく，鉄が焼却炉によくないためのようである。

使い捨ての化学カイロが普及する前は，白金の触媒作用を利用してベンジンをゆっくりと酸化し，発熱させるカイロが一般的であった。白金は，酸化還元反応を促進する触媒となる金属であり，白金（プラチナ）の指輪などを過酸化水素の水溶液に入れると，指輪の表面に，過酸化水素が分解して生じた酸素の気泡がつくのが確認できる。このとき白金は触媒として働いているので，溶けることを心配する必要はない。

章 末 問 題

1. 次の化学反応式に正しい係数をつけよ．
   (1) $KI + Cl_2 \longrightarrow KCl + I_2$
   (2) $Cu + H_2SO_4 \longrightarrow CuSO_4 + SO_2 + H_2O$
   (3) $C_2H_5OH + O_2 \longrightarrow CO_2 + H_2O$

2. 図 4・1 で，$[A]_{a1} = 5 \text{ mol L}^{-1}$，$[A]_{a1} + \Delta[A]_a = 2 \text{ mol L}^{-1}$，$t_{a1} = 10 \text{ s}$（秒），$t_{a2} = 70 \text{ s}$ とした場合，この間の平均の反応速度はいくらか．

3. 水素とヨウ素の反応（$H_2 + I_2 \to 2\,HI$）で，$[H_2] = 0.2 \text{ mol L}^{-1}$，$[I_2] = 0.3 \text{ mol L}^{-1}$ のとき，反応速度とその単位を求めよ．ただし，この反応の速度定数 k は $1.3 \times 10^{-3} \text{ L mol}^{-1} \text{ s}^{-1}$ である．

4. ある反応で反応物 A の濃度 $[A]$ を様々に変えて反応速度 v を測定したところ，次の表のような結果が得られた．反応次数と速度定数を求めよ．（ヒント：グラフ化して考える）

$[A]$ /mol L^{-1}	v /mol L^{-1} s^{-1}
0.1	0.026
0.2	0.052
0.3	0.078
0.4	0.104

5. 化合物 A と B を反応物とするある反応で，それぞれの濃度 $[A]$ と $[B]$ を様々に変えて測定したところ，次の表のような結果が得られた．反応次数を求め反応速度式を書け．

$[A]$ /mol L^{-1}	$[B]$ /mol L^{-1}	v /mol L^{-1} s^{-1}
0.1	0.1	0.034
0.2	0.1	0.136
0.3	0.1	0.306
0.2	0.2	0.272
0.2	0.3	0.408

6. ある化学反応の反応温度を 300 K から 310 K に上げたとき，速度定数が 2 倍になった．この反応の活性化エネルギーを求めよ．（$\ln \dfrac{A}{B} = \ln A - \ln B$，$\ln(\exp A) = A$，$\ln 2 = 0.69$，$R = 8.314 \text{ J mol}^{-1} \text{ K}^{-1}$）

7. 一般の触媒反応には見られない，酵素反応に特徴的な性質を挙げよ．

第5章　化学熱力学と平衡

物質の状態は，温度，圧力などの外的条件によって変化し，状態変化が起こる際には，エネルギーの授受を伴う（第3章参照）。この章では，物質の状態変化を熱と仕事という観点から学び，状態関数，内部エネルギー，エンタルピー，エントロピー等の基礎的事項と，反応の方向性を含む物質の巨視的な性質を理解する。

5・1　化学熱力学

物質の三態変化や化学変化が起こるときには，エネルギーの出入りを伴う。このエネルギーは，エネルギーの一形態である熱として出入りする。このため物質の性質について詳しく理解するためには，物質の変化と熱（エネルギー）との関係を理解する必要がある。物質を構成粒子の集合体と捉えて，熱の関与する現象を説明する学問体系を**熱力学**といい，これを化学変化に応用したものを**化学熱力学**という。化学熱力学に基づいて化学反応を考えると，反応が**自発的**に起こるかどうかを予測することや，平衡に達したときの物質の量的関係を知ることができる。

エネルギーは，外部に対して仕事をする能力を表す物理量と定義される。エネルギーには，熱のほかに，運動エネルギー，ポテンシャルエネルギー，光エネルギー，電気エネルギー，化学エネルギー等，多くの形態がある。これらのエネルギーは相互に変換できる。太陽光電池では，光エネルギーを電気エネルギーへ変換している。

> ラザフォードは，砲身を削り穴を開ける際の仕事量が，発生した熱量とほぼ等しいことに気づいた。また，ジュールは，羽根車で水を撹拌して熱を発生させる実験を行い，温度変化を調べ，エネルギーと熱が同じであることを見出し，4.184 J の仕事量が 1 cal の熱量を生み出すことを明らかにした。

5・2　系と外界

熱の関与する現象を説明するために，現象や性質が明瞭になるように自然界を境界によって分け，分けられた一部分を**系**と呼んでいる。現象を理論的に説明するときには，条件を簡略化して非現実的な状態（例えば，重さはあるが大きさがない粒子，これを**質点**という）を考えることがしばしば行われる。系は，このような実現不可能な仮想的部分でもよい。**境界**は，系の範囲を決める実在あるいは仮想的な面（二次元で考えるなら線）となる。系の外側を**外界**という。外界は系と境界で仕切られ，

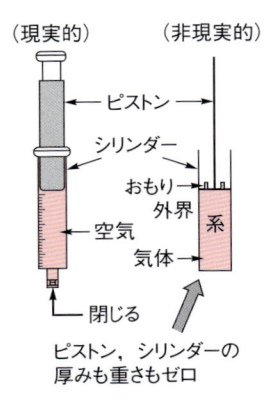

系が膨張すればその分減少するような相互作用をすることができる。

先を閉じた注射器に空気を入れて，ピストンを押し込むと圧力を感じ，気体の存在を実験的に知ることができる。これを熱力学で考えるときには，注射器の形状を簡略化して，自由に動くピストンが付いた円筒容器（シリンダー）とするが，それだけでなく，非現実的ではあるが，容器の厚みは 0，重さも 0 で，熱の吸収や放出もしないとする。すなわち，容器は単なる内と外を分ける境界である。この非現実的な容器を大気中に置くときは，これも非現実的であるが，大気以外のほかの影響がない条件にするため，浮かせて置くと考える。このように考えて，系を気体の部分とすれば，境界は厚みと重さのないシリンダーの壁とピストンで，外界は大気となる。ピストン上におもりを乗せたとき，ピストンが動かなくなれば，系内の圧力はピストンを押す力と等しい。

5・3 状態関数

系の変化を起こす力（系内の圧力とピストンを押す力）がつり合えば，系と外界には見かけ上何の変化も起こらない。これを**平衡状態**という。常に系の力と外界の力（**外力**）がつり合い，平衡状態を保ちながら極めてゆっくり起こる理想的変化を**可逆変化**という。可逆変化では，平衡状態が保たれているので，いずれの方向にも変化できる。

状態とは物質の存在の仕方のことで，状態を特徴付けるのは，密度や温度や圧力などである。同じ気体でも，温度や圧力が異なれば異なった状態となる。系の状態だけで一意的に決まる量を**状態量**という。温度，圧力，体積などは状態量である。状態量は状態変化に伴って変化するので，ほかの状態量の関数である。そこで，状態量を変数として扱うときには，その状態量を**状態変数**といい，状態変数の関数となっている状態量を**状態関数**という。

図 5・1 のように，ある決まった温度・圧力下にある気体の状態を A として，状態変数である圧力を P_1，温度を T_1，物質量を n_1 とすると，状態 B は圧力 P_2，温度 T_1，物質量 n_1 で表すことができる。これらの値が与えられれば，いつでもその状態が決まり，状態関数（ここでは体積 $V = f(n, P, T)$）が決まる。状態 A と B ではピストンの位置が異なるが，温度と物質量は一定であるから，状態 A から B への変化は，圧力と体積の関係に注目すればよい。圧力と体積の関係は，**図 5・2** の曲線 AB で表される。状態 $A(V_1, P_1)$ から状態 $B(V_2, P_2)$ へは，この曲線に沿って移行できるが，A→C→B の経路でも移行できる。

状態量 { 状態関数 / 状態変数

$V = \dfrac{nRT}{P} = f(n, P, T)$

V は状態関数
P, T は状態変数

$P = \dfrac{nRT}{V} = f(n, V, T)$

P は状態関数
V, T は状態変数

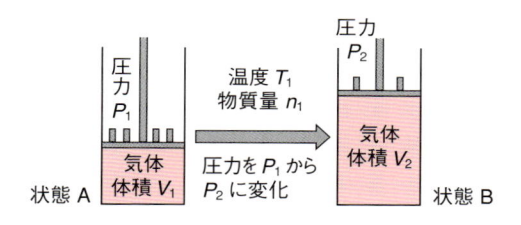

図5・1 気体の状態変化

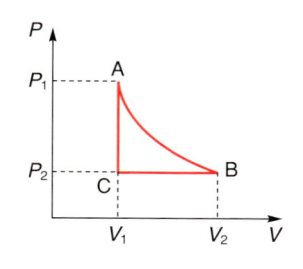

図5・2 気体の圧力と体積の関係（状態図）

① 経路 A→C→B

ピストンのおもりを素早く取り除くと，圧力は P_1 から P_2 へただちに変化するが，体積はすぐには変化しない。このときの変化は，A→C の変化に当たる。C ではまだ外界と平衡状態に達していないので，C に達するとすぐに膨張し始め，最終的には B に達する。C から B に膨張している間は系が外界と平衡状態になることはないので，この過程は可逆過程ではなく**不可逆過程**（非可逆過程）である。

② 経路 A→B

ピストンのおもりを微細にして，それをごく少しずつ取り除くと，ピストンにかかる圧力は極めてゆっくり減少し（仮想的に1回ごとの減少量は無限に0に近い），常に系と外界は平衡を保ちながら膨張する。この過程は，A と B を結ぶ曲線で表され，常に平衡状態になっているので，**可逆過程**である。

状態 A では $V = V_1$，状態 B では $V = V_2$ で，A から B への移行に伴う体積変化は $\Delta V = V_2 - V_1$ となり，不可逆過程 A→C→B を経ても，可逆過程 A→B を経ても体積変化は等しい。このように，状態関数の変化量は，系の最初と最後の状態により決まり，変化の経路にはよらない。

5・4 閉じた系と開いた系

系と外界との間でエネルギーの出入りはできるが物質の出入りができない系を，閉じた系（**閉鎖系**）という。例えば，高圧容器中に気体を密閉した系がこれに当たる。これに対し，系と外界との間でエネルギーだけでなく物質の出入りもできる系を開いた系（**開放系**）といい，フラスコやビーカーの中に液体を入れた系がこれに当たる。ビーカー中の液体は，時間とともに蒸発し，系から外界へ物質が出て行く。系と外界との間でエネルギーも物質も出入りできない系を**孤立系**という。純粋な孤立系は全宇宙であるが，断熱密閉容器に物質が入った系も孤立系と見なすこと

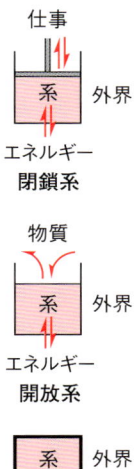

5・5 熱力学第一法則

物体の**運動エネルギー**と**位置エネルギー**（ポテンシャルエネルギー）の和である**全エネルギー**は保存されている。エネルギーは変換可能で形態を変えるが，変換されても全エネルギーは保存される。この**エネルギー保存則**が，熱力学第一法則である。

5・6 内部エネルギー

熱力学では，個々の原子や分子等を扱うのではなく，物質を構成粒子の集合体と捉えて，その集合状態を扱う。このため，**系のエネルギー**を考えるときも，エネルギーが分子の運動エネルギーか位置エネルギーかは問題にせず，それらの和である全エネルギーを問題とする。

系が全体として動いている場合には，この運動のためのエネルギーが系全体のエネルギーに含まれるから，系の持つ全エネルギーからこの系全体としての運動エネルギーを引いたものを**内部エネルギー**（U）という。系が静止している場合には，系全体の運動エネルギーは0であるので，系全体のエネルギーが内部エネルギーとなる。内部エネルギーは，その系に含まれる物質の運動エネルギーと位置エネルギーの和ということができる。化学では，普通は，系が静止している場合を考えるので，系の持つ全エネルギーが内部エネルギーであると考えてよい。系のエネルギーには，分子等の粒子の運動エネルギー，結合エネルギー，原子核の周りの電子が持つエネルギーおよび原子核の持つエネルギーなどが含まれ，この合計が内部エネルギーである。

系に**熱**（q）の出入りがあり，系の収縮あるいは膨張に伴って**仕事**（w）をしたとすると，熱と仕事の和が内部エネルギーの変化量となる。系が外界から仕事をされると系の内部エネルギーは増加し，逆に外界へ仕事をすると系の内部エネルギーは減少する。$\Delta U = q + w$ は熱力学第一法則の数学的表現であり，エネルギーが保存されることを示している。内部エネルギーも温度や圧力と同様に状態量である。

5・7 エンタルピー

系の状態の変化の仕方には，圧力一定の下で行う**定圧変化**，体積一定の下で行う**定容変化**，温度一定の下で行う**等温変化**，系と外界との間で

内部エネルギー（U）
　＝ 運動エネルギー
　　　＋ 位置エネルギー

仕事
力学では，力 F を加えられた質点が力の方向に dr だけ動いたとき，仕事（dw）は $dw = Fdr$ で表される。三次元の変化の場合には dr が体積変化 dV となり，F は圧力 P となる。

熱力学第一法則
　$\Delta U = q + w$

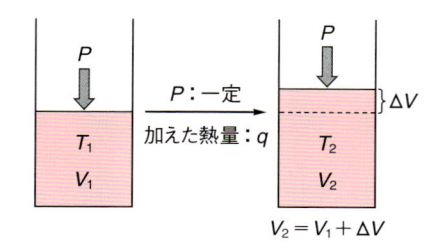

図5・3 定圧変化

熱の出入りがない**断熱変化**等がある。

定圧変化では，加熱すると，圧力一定 (P) の下で気体が膨張する（図5・3）。このとき，物質の温度を上げる（内部エネルギーの増加に当たる）のに熱が使われるだけでなく，膨張し外界へ仕事（$w = -P\Delta V$）をすることになるので，その仕事をするためにも熱が使われる。**定容変化**では体積の変化がない（$\Delta V = 0$）ので，加えられた熱量は全て内部エネルギーの増大に用いられる。同じ物質を，同じ熱量を加えて定容変化と定圧変化させた場合，定圧変化の方が外界に仕事をする分だけ内部エネルギーの増加量は小さい。

$$\Delta U = q + w = q - P\Delta V \quad (5.1) \qquad q = \Delta U + P\Delta V \quad (5.2)$$

定圧変化での体積変化に伴う仕事と内部エネルギーの変化量が微小であるとすると，微分の形で表すことができる。

$$\mathrm{d}q = \mathrm{d}U + P\mathrm{d}V \qquad (5.3)$$

定圧変化では，P は一定で $\mathrm{d}P = 0$ なので，$\mathrm{d}q = \mathrm{d}(U+PV)$ となる。U, P および V は状態量なので，$U+PV$ も状態量である。$U+PV$ を**エンタルピー**（H）という。定圧変化では $\mathrm{d}q = \mathrm{d}H$ なので，定圧の条件下で系が吸収した熱量は，エンタルピーの増加量に等しい。多くの化学反応は，大気圧の下，すなわち，定圧下で行われている。反応に伴う熱の出入り量は，内部エネルギーの変化量と状態変化に伴う仕事量によって決まるので，エンタルピー変化（ΔH）は，化学反応に伴う熱量を表す。熱は外界からもらうときを正としているので，$\Delta H < 0$ の場合が**発熱反応**で，$\Delta H > 0$ の場合が**吸熱反応**となる。

$$\Delta H = H_2 - H_1 = \Delta(U+PV) = \Delta U + P\Delta V = q \quad (5.4)$$

$P\Delta V$ は仕事？
[Pa] [m^3]
= [kg m^{-1} s^{-2}] [m^3]
= [N m^{-2}] [m^3]
= [J m^{-3}] [m^3]
= [J]

系が外界に仕事をする（膨張する）ときの w にはマイナスの符号を付す。

$\mathrm{d}H = \mathrm{d}(U+PV)$
  $= \mathrm{d}U + V\mathrm{d}P + P\mathrm{d}V$
$\mathrm{d}P = 0$ ならば
$\mathrm{d}H = \mathrm{d}(U+PV)$
  $= \mathrm{d}U + P\mathrm{d}V = \mathrm{d}q$

5・8 反応熱

化学反応が起こるときには，熱の放出または吸収を伴う。この熱を**反応熱**という。上述のように，定温定圧下での反応熱は，エンタルピーの変化量に等しい。標準状態（25 ℃，1 atm = 1.013×10^5 Pa）における反

標準生成エンタルピー

物質	ΔH_f°/kJ mol^{-1}
H_2(g)	0
O_2(g)	0
CO(g)	−110.5
CO_2(g)	−393.5
H_2O(s)	−241.8
H_2O(l)	−285.8
H_2O_2(l)	−187.8
HCl(g)	−92.3
CH_4(g)	−74.6
MeOH(g)	−201.0
MeOH(l)	−239.1
EtOH(g)	−234.8
EtOH(l)	−277.6

注: (g) は気体, (l) は液体, (s) は固体を意味する。

応熱を**標準エンタルピー変化**(ΔH°)で表す。また，標準状態にある元素から，標準状態にある化合物 1 mol を生成する反応の ΔH° を**標準生成エンタルピー**(**標準生成熱**)といい ΔH_f° で表す。

気体の水素と酸素から液体の水 1 mol ができる反応 (H_2(g) + 1/2 O_2(g) → H_2O(l)) は，標準状態で 285.8 kJ の熱を発生する。したがって，H_2O(l) の ΔH_f° は −285.8 kJ mol^{-1} となる。

化学反応とそれに伴う熱の出入りを示すために，化学反応式の左辺と右辺を等号で結び，右辺に反応熱を書き加えたものを**熱化学方程式**という。**熱化学方程式では，発熱を +，吸熱を − で表す。この符号がエンタルピー変化 ΔH_f° と逆になっていることに注意**が必要である。

$$H_2(g) + \frac{1}{2} O_2(g) = H_2O(l) + 285.8 \text{ kJ}$$

エンタルピーは状態関数なので，ΔH の値は反応のはじめの状態と終わりの状態によって決まり，途中の経路によらない。これを**ヘスの法則**という。

$$\Delta H^\circ = (\text{生成物の標準エンタルピーの和})$$
$$- (\text{反応物の標準エンタルピーの和}) \quad (5.5)$$

5・9 熱力学第二法則

熱力学第一法則はエネルギー保存則であるが，変化の方向性，すなわち，化学変化の起こる方向は示していない。40 ℃ の金属と 100 ℃ の金属を接触させると，いずれ 2 つの金属は同じ温度になり，40 ℃ の金属が 40 ℃ 以下になり，100 ℃ の金属が 100 ℃ 以上になることはあり得ない。しかし，熱力学第一法則では，エネルギーが保存されていればよく，変化が起こるかどうかについては何もいえない。熱は，自発的には高温部から低温部にだけ移動し，その逆の方向に自然に移動することはない。自発的変化が不可逆であることを**熱力学第二法則**という。

自然な変化を自発変化という。自発変化は，不可逆で，一方向にだけ進み，同じ条件下で逆方向に進むことはない。

5・10 可逆変化と不可逆変化

状態変化には，5・3 節で述べたように，可逆変化と不可逆変化がある。気体を状態 A から状態 B まで定温で膨張させるとき，5・3 節と同様に，外界の圧力を急激に下げて圧力 P_2 にすると，圧力 P_2 の下で体積は V_1 から V_2 に定圧変化する。このとき系が外界に対してした仕事 w は，

$$-w = P_2(V_2 - V_1) \quad (5.6)$$

となる。

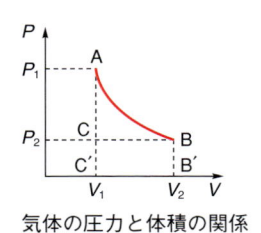

気体の圧力と体積の関係

次に，圧力の減少量を無限に小さくして，常に系と外界が平衡を保つようにして変化させ（このような変化を**準静的変化**という），状態 A から状態 B に移行させる。この変化は**可逆変化**である。このような無限小の変化は実現できないが，状態変化の方向性を理論的に考えるために必要な考え方である。系のなす仕事は無限小の変化の積み重ねであるので，式 (5.7) で表される。この式は，ABB′C′ で囲まれた面積に相当する。不可逆な定圧変化での仕事 $P_2(V_2-V_1)$ は，四角形 BB′C′C の面積に相当するので，系が外界にする仕事は不可逆変化に比べて大きくなる。

$$-w = \int_{V_1}^{V_2} P\,dV \tag{5.7}$$

$$= nRT \int_{V_1}^{V_2} \frac{1}{V}\,dV$$

$$= nRT \ln \frac{V_2}{V_1} \tag{5.8}$$

5・11 エントロピー

状態変化の方向，すなわち，**反応の方向**を知るために，絶対温度 T での可逆変化における熱量変化 dq を用いて**エントロピー**を dS = dq/T と定義する。系が状態 1 から状態 2 へ変化するとき，ΔS は式 (5.9) のように表される。エントロピーは状態量であるので，ΔS は最初と最後の状態のエントロピーで決まる。単一成分からなる物質が絶対零度で完全に規則正しい状態（完全結晶）にあるときのエントロピーは 0 である。これが**熱力学第三法則**である。熱力学第三法則はエントロピーに基準を与えているので，S_1 を絶対零度におけるエントロピーとすれば，任意の温度におけるエントロピーを決定できる。また，完全結晶のエントロピーを 0 としているので，エントロピーは乱雑さの程度を表すということができ，孤立系で自発的変化が起こる場合には，必ずエントロピーが増大することになる。これを**エントロピー増大の法則**という。この法則は，熱力学第二法則の別の表現である。

標準状態で，物質 1 mol が持つエントロピーを**標準エントロピー** ($S°$) という（次頁側注参照）。$S°$ を用いると，**標準反応エントロピー** $\Delta S°$ を求めることができる。

$\Delta S°$ =（生成物の標準エントロピーの和）
　　　－（反応物の標準エントロピーの和） (5.10)

例えば，H_2 の燃焼反応の 25 ℃ における標準反応エントロピーは式 (5.11) のように求めることができる。

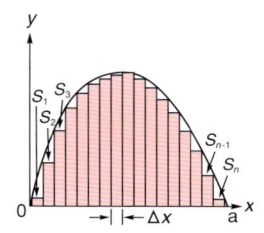

上の図の曲線と x 軸で囲まれた部分の面積 S は長方形の面積の和で近似的に求められる。

$S = S_1 + S_2 + \cdots + S_{n-1} + S_n$

長方形の幅 Δx をどんどん小さくしていくと，近似の精度は高まる。幅を無限小にすると和は S に等しくなり，積分で表される。

$$S = \int_0^a y\,dx$$

積分の公式
$$\int \frac{1}{V}\,dV = \ln V + C$$
C は積分定数

$$\Delta S = S_2 - S_1 = \frac{\Delta q}{T} \tag{5.9}$$

熱力学第一法則
　エネルギー保存則
熱力学第二法則
　エントロピー増大の法則
熱力学第三法則
　エントロピー基準

絶対零度のエントロピーを S_1 とすれば，絶対零度より低い温度は存在しないから，ある温度 T にしたときの Δq は必ず正になる。したがって，$\Delta S = S_2 - S_1$ も常に正，すなわちエントロピーは増大する。

標準エントロピー

物質	$S°$/J mol^{-1} K^{-1}
H_2(g)	130.7
O_2(g)	205.1
H_2O(g)	188.3
H_2O(l)	69.9
CO(g)	197.7
CO_2(g)	213.8
CH_4(g)	186.3

標準エントロピーは絶対零度の完全結晶のエントロピーをゼロとして求められる。

$$H_2(g) + \frac{1}{2}O_2(g) \longrightarrow H_2O(l)$$

$$\Delta S° = 69.9 - \left(130.7 + \frac{1}{2} \times 205.1\right) = -163.4 \text{ J mol}^{-1}\text{ K}^{-1} \quad (5.11)$$

この反応の $\Delta S°$ は負になるが,H_2O(l) の標準生成エンタルピー $\Delta H_f°$ は -285.8 kJ である (5・8 節参照) ので,外界がこの熱を受け取る。したがって,周囲 (周囲を含めて孤立系と考える) のエントロピー変化 ΔS は 958.6 J mol^{-1} K^{-1} となり,**周囲を含めた反応系のエントロピー変化は正となるので,水素の燃焼反応は進行することになる。**

$$\Delta S = \frac{\Delta q}{T} = -\frac{\Delta H}{T} = -\frac{-285.8}{273.15 + 25} \times 10^3 = 958.6 \text{ J mol}^{-1}\text{ K}^{-1} \quad (5.12)$$

5・12 ギブズ自由エネルギー

エントロピーの変化量から,孤立系における変化の方向を知ることができるが,化学反応は通常**開放系**で行われており,エネルギーとエントロピーのいずれかが一定に保たれて一方だけが変化することはほとんどない。**開放系における変化の方向を知るために用いられているのがギブズ自由エネルギー** (G) である。自由エネルギーは,仕事に利用できるエネルギーに当たる。ギブズ自由エネルギーは,エンタルピーとエントロピーを用いて式 (5.13) のように定義される。H,T および S は状態量なので,G も状態量である。この式を全微分すると式 (5.14) が得られる。

$$G = H - TS \quad (5.13)$$

全微分の公式
f を x,y の関数とすると
$$df = \frac{\partial f}{\partial x}dx + \frac{\partial f}{\partial y}dy$$
を全微分という。
$\frac{\partial f}{\partial x}$ は y を定数と見なして f を x で微分することを表し,偏微分という。

$$dG = dH - TdS - SdT \quad (5.14)$$

化学反応が定温定圧下で行われれば,温度の変化はない。したがって,$dT = 0$ で $dS = dq/T$ であるから,dG は式 (5.15) のようになる。

$$dG = dH - TdS = dH - dq \quad (5.15)$$

化学反応が定圧条件下での**可逆反応**であれば,$dH = dq$ なので $dG = 0$ となり,はじめと終わりの状態が平衡となる。不可逆反応であれば,$dq_{不可逆反応} < dq_{可逆反応}$ なので,$dG < 0$ となる。すなわち,定温定圧下で不可逆な自発的変化が起こるためには,$dG < 0$ でなければならない。$dG > 0$ ならば,その反応は起こらずに,逆反応が自発的に起こる。化学反応の**標準自由エネルギー**の変化量 $\Delta G°$ は,式 (5.16) から求めることができる。

自発的変化 $dG < 0$
可逆変化 $dG = 0$
自発的には起こらない変化
            $dG > 0$

$$\Delta G° = (生成物の \Delta G_f° の和) - (反応物の \Delta G_f° の和) \quad (5.16)$$

標準状態で,ある物質 1 mol がその成分元素の単体から生成する反応に伴うギブズ自由エネルギーの変化量を,**標準生成ギブズ自由エネルギー**

ΔG_f° という。

　NH_3 の酸化反応が自発的に起こるかを ΔG° に基づいて考えてみる。

$$NH_3 + \frac{7}{4}O_2 \longrightarrow NO_2 + \frac{3}{2}H_2O$$

ΔG°

$= \Delta G_f^\circ(NO_2(g)) + \frac{3}{2}\Delta G_f^\circ(H_2O(g)) - \Delta G_f^\circ(NH_3(g)) - \frac{7}{4}\Delta G_f^\circ(O_2(g))$

$= 51.3 + \frac{3}{2}(-229.5) - (-16.4) - \frac{7}{4} \times 0 = -65.8 \text{ kJ mol}^{-1}$

(5.17)

標準生成ギブズ自由エネルギー

物質	G_f°/kJ mol^{-1}
$H_2(g)$	0
$O_2(g)$	0
$H_2O(g)$	-229.5
$H_2O(l)$	-237.2
$NH_3(g)$	-16.4
$CO(g)$	-137.2
$CO_2(g)$	-394.0
$NO(g)$	86.8
$NO_2(g)$	51.3

$\Delta G < 0$ なので，この反応は自発的に起こると予測できる。

5・13 化学平衡

● 5・13・1 ギブズ自由エネルギーと化学平衡

次の可逆反応が，定温定圧で**平衡状態**にあれば，反応系と生成系のギブズ自由エネルギーの差 ΔG は 0 である。

$$A + B \rightleftharpoons C + D$$

$$\Delta G = (\Delta G_{f,C} + \Delta G_{f,D}) - (\Delta G_{f,A} + \Delta G_{f,B}) = 0 \quad (5.18)$$

また，各物質の生成ギブズ自由エネルギーは，理想気体の場合には**分圧** χ_i，実在気体と溶液の場合には**活量** a_i を用いて，式 (5.19)，(5.20) で表される（注参照）ので，ΔG° は式 (5.22) のようになる。ΔG° が大きな

$\Delta G_{f,i} = \Delta G_f^\circ + RT \ln \chi_i$
（理想気体の場合）
(5.19)

$\Delta G_{f,i} = \Delta G_f^\circ + RT \ln a_i$
（実在気体と溶液の場合）
(5.20)

注)
$G = H - TS = U + PV - TS$
全微分すると，$dG = dU + PdV + VdP - TdS - SdT$
$dU = dq + dw = dq - PdV = TdS - PdV$ だから，$dG = VdP - SdT$
理想気体 1 mol を定温 ($dT = 0$) で変化させるとすると，$dG = VdP$
圧力を P_1 から P_2 に変化させると，

$$\Delta G = G_2 - G_1 = \Delta G_{f,2} - \Delta G_{f,1} = \int_{P_1}^{P_2} VdP = RT \int_{P_1}^{P_2} \frac{dP}{P} = RT \ln \frac{P_2}{P_1}$$

$P_1 = 1$ atm とすると，$\Delta G_{f,1} = \Delta G_f^\circ$ なので，任意の圧力 P におけるギブズ自由エネルギー変化は，$\Delta G_{f,i} = \Delta G_f^\circ + RT \ln P_i$
n 個の成分からなる混合気体を考え，全圧を 1 atm とすると，
　$N = n_1 + n_2 + \cdots + n_n = 1$ mol　　$P = P_1 + P_2 + \cdots + P_n = 1$ atm
このときの各気体のモル分率を χ_i とすると，

$$P_i = \frac{P_i}{P_1 + P_2 + \cdots + P_n} P = \chi_i \cdot P = \chi_i$$

したがって，$\Delta G_{f,i} = \Delta G_f^\circ + RT \ln \chi_i$
この関係は理想気体の場合に成立するが，実在気体の場合には，分子間引力が働くので，χ_i の代わりに活量 a_i を用いる（$a_i = \gamma_i \cdot \chi_i$，$\gamma_i$ は活量係数，$0 < \gamma_i \leqq 1$）。
ゆえに，$\Delta G_{f,i} = \Delta G_f^\circ + RT \ln a_i$

負の値となれば，**平衡定数** K が大きな正の値となり，平衡は反応式の右側に傾くことになる。

$$\Delta G = (\Delta G_{f,C}° + RT\ln a_C + \Delta G_{f,D}° + RT\ln a_D)$$
$$- (\Delta G_{f,A}° + RT\ln a_A + \Delta G_{f,B}° + RT\ln a_B)$$
$$= (\Delta G_{f,C}° + \Delta G_{f,D}° - \Delta G_{f,A}° - \Delta G_{f,B}°)$$
$$- RT(\ln a_C + \ln a_D - \ln a_A - \ln a_B)$$
$$= \Delta G° + RT\ln\frac{a_C \cdot a_D}{a_A \cdot a_B} = 0 \tag{5.21}$$

$$\Delta G° = -RT\ln\frac{a_C \cdot a_D}{a_A \cdot a_B} = -RT\ln K \tag{5.22}$$

$$\left(\begin{array}{l} \text{ここで,} \\ a_A = \gamma_A[A],\ K = \dfrac{a_C \cdot a_D}{a_A \cdot a_B} = \dfrac{\gamma_C \cdot \gamma_D}{\gamma_A \cdot \gamma_B} \cdot \dfrac{[C][D]}{[A][B]} \end{array}\right)$$

●5・13・2　反応速度と化学平衡

反応速度は，反応する粒子の衝突回数に比例すると考えることができるので，反応物質の濃度に比例し，その比例定数を**反応速度定数**という（4・4節参照）。式 (5.23) の平衡反応の正反応の速度定数を k_1，逆反応の速度定数を k_{-1} とすると，両反応の反応速度は式 (5.24)，(5.25) のように表される。

$$A + B \underset{k_{-1}}{\overset{k_1}{\rightleftarrows}} C + D \tag{5.23}$$

$$\text{正反応}\quad v_1 = k_1[A][B] \tag{5.24}$$

$$\text{逆反応}\quad v_{-1} = k_{-1}[C][D] \tag{5.25}$$

可逆反応が平衡状態にあれば，$\Delta G° = 0$ となり，見かけ上変化が起こらなくなる。これを反応速度の立場から見ると，正反応と逆反応がつり合っていることになる（式 (5.26)）。したがって，平衡定数は式 (5.27) のように表される。

$$v_1 = k_1[A][B] = k_{-1}[C][D] \tag{5.26}$$

$$\frac{k_1}{k_{-1}} = \frac{[C][D]}{[A][B]} = K \tag{5.27}$$

まとめ

$\Delta U = q + w = q - P\Delta V$

$H = U + PV$

$G = H - TS$

$w = -nRT\ln\dfrac{V_2}{V_1}$
　　　（可逆変化）

$\Delta H = H_2 - H_1$
　　$= \Delta(U + pV)$
　　$= \Delta U + p\Delta V$
　　$= q$（定圧変化のとき）

$\Delta S = S_2 - S_1 = \dfrac{\Delta q}{T}$

$\Delta G_{f,i} = \Delta G_f° + RT\ln x_i$
　　（理想気体のとき）

$\Delta G_{f,i} = \Delta G_f° + RT\ln a_i$
　　（実在気体と溶液のとき）

コラム　絶対零度

気体の体積と圧力の関係は下図のような状態図で表すことができる。それぞれの曲線は，温度一定の条件でのP-V曲線なので，等温線である。これを利用すると，圧力を一定にしてある気体の体積を調べれば，温度を決めることができる。

0℃と100℃のときのある気体の体積V_mとV_bを求めれば，その気体の体積がVであるときの温度tを決めることができる。これは，0℃のときのある気体の体積V_mと100℃のときの体積V_bとの差を100としたとき，Vのときにtがいくらになるかを決められるようにしたもので，tは摂氏温度となる。

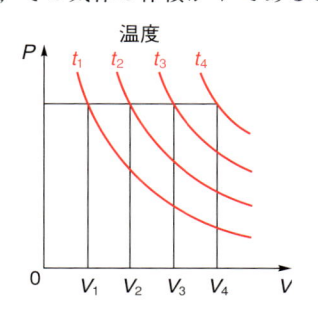

しかし，実在気体の場合には，分子間力が働くのと分子に大きさがあるため，これを考慮する必要がある。そこで，気体の圧力Pを0に近づけた下の式で摂氏温度を定義する。

$$t = \lim_{P \to 0}\left(100 \cdot \frac{V - V_\mathrm{m}}{V_\mathrm{b} - V_\mathrm{m}}\right)$$

体積が0になる（式中の$V=0$）ときの温度は，実験結果より$t_0 = -273.15$℃と求められており，これを絶対零度という。Vは負の値を取ることはできないから，絶対零度より低い温度は実在しない。

章末問題

1. ある反応のギブズ自由エネルギーが標準状態で515 J mol^{-1}であった。この反応の平衡定数（K）を求めよ。（$A = \ln B$ ならば $B = \exp A$）

2. 300 Kの気体1 molを1 atmの定圧条件下で加熱したところ体積が20 L増加した。このとき気体が外界に対して行った仕事量を求めよ。なお，1 atm $= 1.013 \times 10^5$ N m^{-2}である。

3. 2 molの理想気体を298 Kで10 Lから2 Lに圧縮したとき，外界から系がなされた仕事量を求めよ。

4. 1 atm，100℃の水（液体）1 molが水蒸気になるときの膨張による仕事のエネルギーと内部エネルギーの増加量を求めよ。なお，水は膨張すると体積は1671倍になり，水1 molの蒸発熱は40.66 kJ mol^{-1}である。

5. 25℃，1気圧で8 gのメタンを完全燃焼させた。この反応が一定体積の容器内で起こったときの反応熱はいくらか。（標準生成エンタルピーは5・8節の表参照）

6. 次の反応の25℃における標準反応エントロピーを求めよ。（標準エントロピーは5・11節の表参照）

$$CO_2(g) + 4H_2(g) \longrightarrow CH_4(g) + 2H_2O(l)$$

第6章　酸と塩基

　酸塩基は古くから知られており，紀元前5000年にはすでに，穀物を発酵させて酢が作られていた。化学が自然科学として発展してきた中で，早くから酸塩基に関する研究が行われ，理論的解釈もなされてきた。この章では，酸塩基の強弱，解離，中和，緩衝作用等を学び，化学の基礎となる事項と酸塩基に関わる定量的取扱いを理解する。

6・1　酸と塩基の定義

　紀元前5000年には，酢が調味料として使われていたことがバビロニアの古文書にみられ，紀元前3000年には植物を燃やした後の木灰を利用して石鹸もつくられていたようである。木灰を入れた水の上澄みから得た，**酸の働きを弱める物質**を総称して**アルカリ**と呼んでいた。この物質を強熱すると，さらに強いアルカリ性物質が残ることも知られており，この加熱後に残る物質を元の灰よりも基本的な物質であると考え，**塩基**と呼んだ。塩基の方がアルカリよりも広い定義である。水に溶けやすい無機塩基を，現在も，アルカリと呼んでいる。

　1833年にイギリスのファラデーが電気分解の法則を発見し，1887年にスウェーデンのアレニウスが，水に溶かしたとき電気を通す物質は，水中で陽イオンと陰イオンに分かれているという**電離説**を提唱した。水に溶かしたとき電離する物質のことを**電解質**という。電解質溶液に電流が流れるのは，電圧を掛けるとイオンが電極に移動するとして説明できた。しかし，なぜ，電解質が水中で簡単に正負のイオンに分かれ，しかも，強いクーロン力によって引き合う正負のイオンが分かれて存在できるのかは説明できなかった。その後，電解質溶液の凝固点降下や沸点上昇の異常性が電離説でうまく説明できたことなどから，電離説が支持されるようになった。

　アレニウスは，この電離説を酸塩基に適用し，酸は水溶液中で**水素イオン**（H^+）を出す物質，塩基は水溶液中で**水酸化物イオン**（OH^-）を出す物質であるとした。これが，**アレニウスの酸塩基**の定義である。

　木灰から得たアルカリ（塩基）が酸の働きを弱めることは古くから知られていた。酸と塩基がその性質を打ち消し合う過程を**中和**というが，

塩基性とアルカリ性
「アルカリ性」は，もともとはアルカリ金属の水酸化物あるいは炭酸塩が示す塩基としての性質を指していたが，「塩基性」と同じ意味で用いられることが多い。

電解質はイオン性の結晶で，この中の陽イオンと陰イオンが解離するときに必要なエネルギーが格子エネルギーである。格子エネルギーは非常に大きいため，電解質を水に溶かすだけで陽イオンと陰イオンに解離するとは考えられなかった。イオンは水溶液中で水和イオンとなり溶解していることが明らかになった。これを生成するエネルギーが水和エネルギーで，格子エネルギーよりも大きなエネルギーである。水和エネルギーを生じるため電解質が水の中で解離できる。

電解質が陽イオンと陰イオンに分かれることを電離といい，電離した割合を電離度という。電離度の大小で強電解質と弱電解質に分類する。
強電解質：ほとんどの塩類，
　　　　　強酸，強塩基
弱電解質：弱酸，弱塩基

アレニウスの酸（HA）と塩基（BOH）の定義を用いると，酸と塩基が反応して水を生成する過程が中和となる。

$$HA \rightleftarrows H^+ + A^- \quad (6.1)$$

$$BOH \rightleftarrows B^+ + OH^- \quad (6.2)$$

$$H^+ + OH^- \longrightarrow H_2O \quad (6.3)$$

アンモニアを溶解した水溶液も塩基性を示すが，アンモニアはOH^-を出す基を持たないので，アレニウスの定義した酸と塩基には当てはまらない。1923年に，デンマークのブレンステッドは定義をさらに拡張して，H^+イオン（プロトン）を放出する物質を酸，H^+イオンを受け取る物質を塩基と定義した（式 (6.4)，(6.5)）。**ブレンステッドの酸塩基**の定義に従うと，アンモニアも塩基となる。ブレンステッドの定義はアレニウスの定義よりも広い酸塩基の定義といえ，水溶液中だけでなく有機溶媒中の反応にも拡張することができる。ブレンステッドがこの定義を発表したのとほぼ同時に，イギリスのローリーも同じ定義を発表したので，**ブレンステッド-ローリーの酸塩基**の定義とも呼ばれている。

溶液中の酸がその性質を示すためには塩基が必要であり，塩基がその性質を示すためには酸が必要である。酸 HA が H^+ を失って生じた塩基 A^- を酸 HA の **共役塩基**という。逆に，塩基 A^- にプロトンを付加した酸 HA を塩基 A^- の **共役酸**という。このように，酸は水素イオンを塩基に渡した後は塩基となり，水素イオンを受け取った塩基は酸となる。

$$\underset{\text{酸}}{HA} + \underset{\text{塩基}}{B} \rightleftarrows \underset{\text{塩基}}{A^-} + \underset{\text{酸}}{HB^+} \quad (6.6)$$

共役の関係

塩酸とアンモニアの場合には，HA が HCl，B が NH_3，A^- が Cl^-，HB^+ が NH_4^+ となる。

$$HCl + NH_3 \longrightarrow Cl^- + NH_4^+ \quad (6.7)$$

水は，水より強い酸がある場合には塩基として働き，強い塩基がある場合には酸として働く**両性物質**である。

$$\underset{\text{酸}}{HCl} + \underset{\text{塩基}}{H_2O} \rightleftarrows \underset{\text{塩基}}{Cl^-} + \underset{\text{酸}}{H_3O^+} \quad (6.8) \qquad \underset{\text{酸}}{H_2O} + \underset{\text{塩基}}{NH_3} \rightleftarrows \underset{\text{塩基}}{OH^-} + \underset{\text{酸}}{NH_4^+} \quad (6.9)$$

ドイツのコールラウシュは，42回真空蒸留を繰り返して得た**純水の電気伝導度**を調べ，水が**自己解離反応**して自身で酸としても塩基としても働くことを明らかにし，純水中の水素イオンと水酸化物イオン濃度（$[H^+]$ と $[OH^-]$）を求めた。

$$\underset{\text{酸}}{HA} \rightleftarrows H^+ + A^- \quad (6.4)$$

$$\underset{\text{塩基}}{B} + H^+ \rightleftarrows HB^+ \quad (6.5)$$

H_3O^+ と H^+ の表記
酸 HA は解離して H^+ を生じるが，H^+ は不安定なため水溶液中で単独で存在することができず，実際は H_2O と結合して H_3O^+ となっている。したがって，H^+ も H_3O^+ も同じものを指していると考えて差し支えない。本書では，酸塩基平衡でブレンステッドの定義に従って記述する必要がある際は H_3O^+ と表記した。

硬い酸塩基と軟らかい酸塩基
硬い酸は硬い塩基と反応しやすく，軟らかい酸は軟らかい塩基と反応しやすいという規則がある。
<硬い酸>
H^+, Li^+, Mg^{2+}
サイズが小さい，酸化状態が高い，還元されにくい
<硬い塩基>
F^-, OH^-, H_2O
分極されにくい，電気陰性度が大きい
<軟らかい酸>
Ag^+, Cu^+, Hg^{2+}
サイズが大きい，酸化状態が低い，還元されやすい
<軟らかい塩基>
I^-, H^-, S^{2-}
分極されやすい，電気陰性度が小さい

$$H_2O + H_2O \rightleftarrows OH^- + H_3O^+ \quad (6.10)$$
$$K_w = [H^+][OH^-] \quad K_w = 1.01 \times 10^{-14} \text{ mol}^2\text{L}^{-2} \quad (6.11)$$
（K_w は水の自己解離定数）

ブレンステッドとローリーが酸塩基の定義を発表した年に，アメリカのルイスは非共有電子対の授受に注目し，酸とは**電子対受容体**，塩基とは**電子対供与体**と定義した。これを**ルイスの酸塩基**の定義という。電子対の授受により共有結合が形成されるため，酸塩基反応はそれ以外の反応にまで広範囲に拡張できるようになった。

$$A + :B \rightleftarrows A:B \quad (6.12)$$
$$\text{酸} \quad \text{塩基}$$

6・2 水素イオン指数 (pH)

溶液の酸性，塩基性の強さは**水素イオン指数** (pH) で表される。1909年にセーレンセンにより提案されたもので，溶液 1 L 中に含まれる水素イオンの物質量 (mol) の逆数の常用対数として定義された（pH $= -\log[H^+]$）。熱力学的には $[H^+]$ の代わりに水素イオン活量が用いられる（pH $= -\log a_H$）が，希薄溶液では $a_H = [H^+]$ と見なせるので，通常，水素イオン指数は pH $= -\log[H^+]$ で表される。水の**自己解離定数** K_w は 1.01×10^{-14} mol^{2}L^{-2} で，自己解離では $[H^+] = [OH^-]$ なので，pH $= 7$ のとき中性で，pH < 7 で酸性，pH > 7 で塩基性となる。

pH $= -\log[H^+]$
pH > 7 塩基性
pH $= 7$ 中性
pH < 7 酸性

6・3 pK_a と pK_b

酸 HA が水溶液中で解離するとき（式 (6.13)）の**平衡定数** K_a' は式 (6.14) のように書くことができる。希薄溶液の場合には $[H_2O]$ は一定と見なせるので，積 $K_a'[H_2O]$ も一定で定数 K_a で表すことができ，これを**酸解離定数**という。水素イオン指数と同様に，**酸解離指数** pK_a を $-\log K_a$ と定義し（式 (6.15)），通常，酸の強さは pK_a を用いて表す。

HA が弱酸なら HA の解離度は小さく，K_a の値は小さく pK_a の値は大きくなる。一方，HA が強酸なら HA の大部分が解離しており，K_a の値は大きく pK_a の値は小さくなる（**表6・1**）。

塩基 B の場合も，**塩基解離定数**を K_b として，塩基解離指数 pK_b を定義する。塩基が強塩基なら，K_b の値は大きく pK_b の値は小さくなる。

$$HA + H_2O \rightleftarrows H_3O^+ + A^- \quad (6.13)$$

$$K_a' = \frac{[H_3O^+][A^-]}{[HA][H_2O]} \quad (6.14)$$

$$K_a = \frac{[H_3O^+][A^-]}{[HA]}$$
$$= K_a'[H_2O]$$
$$pK_a = -\log K_a \quad (6.15)$$

$$B + H_2O \rightleftarrows HB^+ + OH^- \quad (6.16)$$

$$pK_b = -\log K_b = -\log K_b'[H_2O] = -\log \frac{[HB^+][OH^-]}{[B]} \quad (6.17)$$

表 6・1　pK_a 値

化合物	段階	pK_a	化合物	段階	pK_a
H_3BO_4	1	9.27	H_3PO_3	1	1.3
H_2CO_3	1	6.35		2	6.7
	2	10.33	H_2SO_4	2	1.99
HClO		7.40	H_2SO_3	1	1.85
HNO_2		3.25		2	7.2
H_3PO_4	1	2.16	HCOOH		3.75
	2	7.21	CH_3COOH		4.76
	3	12.32			

多塩基酸の解離で，水素イオンが1個解離する場合を1段階目の解離といい，2個目の水素イオンが解離する場合を2段階目の解離という。

6・4　水の解離定数と酸塩基の解離定数の関係

HB^+ は B の共役酸であり，HB^+ について酸解離定数を考えることができる（式 (6.19)）。この酸解離定数 K_a と HB^+ の共役塩基である B の塩基解離定数 K_b とを掛けてから式を整理すると，pK_a，pK_b と pK_w との関係式が求まる（式 (6.23)）。この関係式から，ある酸の解離定数が分かれば，その共役塩基の解離定数が求められる。

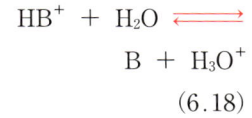

$$HB^+ + H_2O \rightleftharpoons B + H_3O^+ \quad (6.18)$$

$$K_a = \frac{[H_3O^+][B]}{[HB^+]} \quad (6.19)$$

$$K_a \times K_b = \frac{[H_3O^+][B]}{[HB^+]} \frac{[HB^+][OH^-]}{[B]} \quad (6.20)$$

$$= [H_3O^+][OH^-] = K_w \quad (6.21)$$

$$\log K_w = \log(K_a \times K_b) = \log K_a + \log K_b \quad (6.22)$$

$$pK_w = pK_a + pK_b \quad (6.23)$$

6・5　pH と pK_a の関係

水溶液中での弱酸 HA の解離の式は，$[H_2O]$ は一定と見なせるので，H_2O を省いて表すことができる。HA の初濃度を c mol L^{-1}，**電離度**を α とすると，溶液中の化学種の平衡時の濃度は $[HA] = c(1-\alpha)$，$[H^+] = [A^-] = c\alpha$ となる。

$$\begin{array}{ccc} HA & \rightleftharpoons & H^+ + A^- \\ c(1-\alpha) & & c\alpha \quad c\alpha \end{array} \quad (6.24)$$

$$K_a = \frac{[H^+][A^-]}{[HA]} = \frac{c\alpha \cdot c\alpha}{c(1-\alpha)} = \frac{c\alpha^2}{1-\alpha} \quad (6.25)$$

HA は弱酸なので，α は小さく，1に比べて無視できる。

$$1-\alpha \fallingdotseq 1 \quad \therefore K_a = c\alpha^2 \quad \alpha = \sqrt{\frac{K_a}{c}} \quad (6.26)$$

$$[H^+] = c\alpha = c\sqrt{\frac{K_a}{c}} = (K_a \cdot c)^{\frac{1}{2}} \quad (6.27)$$

$$\mathrm{pH} = -\log[\mathrm{H}^+] = -\log(K_\mathrm{a} \cdot c)^{\frac{1}{2}}$$
$$= -\frac{1}{2}(\log K_\mathrm{a} + \log c) = \frac{1}{2}(\mathrm{p}K_\mathrm{a} - \log c) \quad (6.28)$$

この関係から，弱酸のpHはpK_aと濃度cが分かれば決定でき，pK_aは濃度が分かっている溶液のpHを測定すれば決定できる。

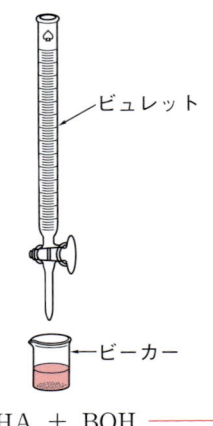

6・6 中和滴定

中和滴定は，**容量分析**という手法の一つで，酸塩基の**中和反応**を利用している。未知の濃度の酸（あるいは塩基）の一定量をビーカーに入れ，濃度が正確に分かっている塩基（あるいは酸）を**標準溶液**としてビュレットに入れて，これを滴下する。中和反応が完結したことを何らかの方法で検知し，そこまでに費やした標準溶液の体積を求める。これを**滴定**という。中和に要した標準溶液の体積から物質量を求め，未知試料の濃度を決定する。中和滴定では，反応の進行に伴う溶液のpH変化を利用している。

強酸HAを，強塩基BOHを標準溶液として滴定すると，**塩BA**を生じる（式(6.29)）。塩BAは強酸と強塩基から生成した塩であるため，この塩を水に溶かしても中性なので，BAを生じても（実際には，水溶液中ではB$^+$とA$^-$として存在）溶液のpHに影響を及ぼすことはない。したがって，**当量点**（**中和点**）までのこの溶液のpHは溶液中に残っているHAの濃度に依存する。

滴定の過程における溶液のpH変化を，滴定開始前，当量点前，当量点および当量点後に分けて考える。ここでは，強酸を同じ濃度の強塩基で滴定することを考える。滴定開始前の酸と塩基の濃度を$c\ \mathrm{mol\ L^{-1}}$とする。

HAの量をV_1 Lとし，これにBOHをV_2 L加えると，溶液の体積は(V_1+V_2) Lになる。中和されていない酸HAの濃度をc_HA，生成した塩BAの濃度をc_BA，および過剰に添加したときのBOHの濃度をc_BOHとすると，滴定開始前のpHは，酸HAの初濃度から求めることができる。当量点までのpHは，塩基BOHを加えた量に伴って増加する。BOHをV_2 L加えると，HAの物質量は$V_1c - V_2c$になり，全体の体積は(V_1+V_2) Lとなるので，水素イオン濃度を求めることができる。水素イオン濃度が求まれば，その値からpHを計算することができる。

$$[\mathrm{H}^+] = c_\mathrm{HA} = \frac{V_1c - V_2c}{V_1 + V_2} \quad (6.30)$$

当量点では，酸が塩基により中和され，過剰の塩基も存在せずに，塩

ビュレット

ビーカー

HA + BOH ⟶
　　　BA + H$_2$O
　　　　　　　(6.29)

塩の加水分解
強酸と弱塩基，あるいは弱酸と強塩基からなる塩が，水溶液中で水と反応してほかのイオンまたは分子となることを加水分解という。水溶液中に水素イオンまたは水酸化物イオンを生じるので，溶液は酸性または塩基性を示す。

当量点
中和の過程で酸と塩基を当量（過不足なく反応が起こる量）加えた点を当量点あるいは中和点という。

AB だけの水溶液となっている．したがって，水素イオンの濃度は水の自己解離だけを考えればよい（式 (6.31)）．

当量点後の pH は，HA が消費されているので，BOH の物質量が $V_2c - V_1c$ だけ増える．全体の体積は $V_1 + V_2$ であるので，これらから，水素イオン濃度を求めることができる．

$$K_\mathrm{w} = [\mathrm{H}^+][\mathrm{OH}^-]$$

$$[\mathrm{H}^+] = \frac{K_\mathrm{w}}{[\mathrm{OH}^-]} = \frac{K_\mathrm{w}}{\dfrac{V_2c - V_1c}{V_1 + V_2}} = \frac{(V_1 + V_2)K_\mathrm{w}}{V_2c - V_1c} \quad (6.32)$$

$$[\mathrm{H}^+] = [\mathrm{OH}^-]$$
$$= 1 \times 10^{-7}\,\mathrm{mol\,L^{-1}} \quad (6.31)$$

以上から，**図 6・1** のような pH と標準溶液の滴下量の関係が得られる．これを**滴定曲線**という．中和点付近では pH の大きな変化が見られ，これを **pH 飛躍**という．

多塩基酸を滴定する場合，例えば，硫酸を水酸化ナトリウムで滴定すると，pH 飛躍が 2 個所で認められる**図 6・2** のような滴定曲線が得られる．

硫酸やシュウ酸（HOOC－COOH）のような**二塩基酸**は，水溶液中で二段階の解離をする．

$$\mathrm{H_2A} \xrightleftharpoons{K_{a1}} \mathrm{H^+ + HA^-} \xrightleftharpoons{K_{a2}} 2\mathrm{H^+ + A^{2-}} \quad (6.33)$$

滴定前（図 6・2 の ①）の pH は $K_{a1} \gg K_{a2}$ なので，試料の pH は第一解離の平衡で決まる，すなわち，定数 K_{a1} の大きさによって決まる（6・5 節参照）．第一当量点まで（②），**第一当量点**（③），第一当量点から第二

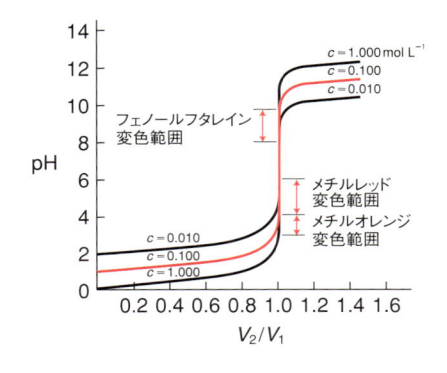

図 6・1 強酸と強塩基の滴定曲線

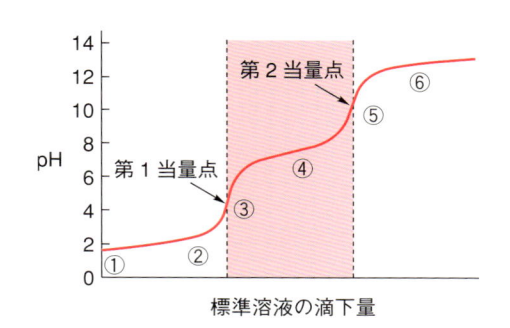

図 6・2 多塩基酸の滴定曲線

当量点まで（④），**第二当量点**（⑤），第二当量点以降（⑥）の pH をグラフ化すると，図 6・2 のようなグラフが求められる。

初濃度 c mol L^{-1} の弱酸 H_2A の V_1 L に，濃度 c mol L^{-1} の塩基 BOH を V_2 L 滴下したときの pH は式 (6.34) ～ (6.39) で表すことができる。

① $\quad \mathrm{pH} = \dfrac{1}{2}(\mathrm{p}K_{a1} - \log c)$ \hfill (6.34)

② $\quad \mathrm{pH} = \mathrm{p}K_{a1} + \log \dfrac{V_2}{V_1 - V_2}$ \hfill (6.35)

③ $\quad \mathrm{pH} = \dfrac{1}{2}(\mathrm{p}K_{a1} + \mathrm{p}K_{a2})$ \hfill (6.36)

④ $\quad \mathrm{pH} = \mathrm{p}K_{a2} + \log \dfrac{V_2 - V_1}{2V_1 - V_2}$ \hfill (6.37)

⑤ $\quad \mathrm{pH} = \dfrac{1}{2}\left(\mathrm{p}K_w + \mathrm{p}K_{a2} + \log c + \log \dfrac{V_1}{V_1 + V_2}\right)$ \hfill (6.38)

⑥ $\quad \mathrm{pH} = \mathrm{p}K_w + \log c + \log \dfrac{V_2 - 2V_1}{V_1 + V_2}$ \hfill (6.39)

> ①～⑥ の式の導出は以下の文献を参照されたい。
> 熊丸尚宏 他著『基礎からの分析化学』(朝倉書店, 2007)
>
> **②, ④ 式のヒント**
> 酸 H_2A が中和されるとき，解離定数の差が大きいときは，中和反応の最初から第一当量点までは
> $H_2A \rightleftarrows H^+ + HA^-$
> の解離だけ，第一当量点から第二当量点までは
> $HA^- \rightleftarrows H^+ + A^{2-}$
> の解離だけ考えるとよい。つまり，1 種類の酸だけが溶けている溶液と見なして，式 (6.42) を参考に計算する。
>
> **③ 式のヒント**
> 第一当量点では溶液中に HA^- が存在し，これが解離して H^+ を出す。この H^+ は通常は弱塩基の水と反応して H_3O^+ となるが，溶液中に水より強い塩基の HA^- が存在するため，解離した H^+ は水ではなく HA^- と反応し H_2A となる。したがってこの溶液では $[H_2A] = [A^{2-}]$ の関係が成立し，それぞれの解離定数から式が得られる。
>
> **⑤ 式のヒント**
> BOH で中和された塩が加水分解することで
> $A^{2-} + H_2O \rightleftarrows HA^- + OH^-$
> の反応が起こる。

6・7　当量点と指示薬

実際に中和滴定を行うときには，中和が完結したところで滴定を終了しなくてはならないので，当量点近傍の pH の急激な変化に注意する必要がある。当量点を決めるための方法はいくつかあるが，普通は，溶液の pH の変化に伴って可逆的に変色する**酸塩基指示薬**（**pH 指示薬**）を用いて，目視により当量点を確認している。酸塩基指示薬には，弱塩基性領域 (pH 8.2～9.8) で変色する**酸性指示薬**と呼ばれるフェノールフタレイン，弱酸性領域 (pH 3.1～4.4) で変色する**塩基性指示薬**と呼ばれるメチルオレンジ等がある（図 6・3）。

中和滴定の当量点付近では pH が極めて急激に変化し (pH 4～10)，この大きな pH の変化を色の変化で検出する。指示薬は水素イオン濃度によって，分子中の H を H^+ として解離または分子内のプロトン受容部への移動によって構造を変化させ，その結果，長波長の光を吸収するようになり，可視部の光が吸収されて色が変化する。指示薬の色が変わる pH 領域（**変色域**という；図 6・4）が指示薬によって異なるため，あらかじめ滴定曲線を予測して，その中和点前後の pH 変化で変色する指示薬を選択する必要がある。中和では，pH 飛躍があるので，指示薬の変色域が pH 飛躍内に入っている指示薬を用いなくてはならない。

a フェノールフタレイン

酸型, H_2In
無色

塩基型, In^{2-}
赤紫色

塩基型, In^{3-}
無色

b メチルオレンジ

塩基型, In
オレンジ色

酸型, HIn^+
赤色

図6・3 酸塩基指示薬

In は indicator の略で指示薬を意味する。解離する水素イオンの数によって H_2In または HIn^+ などと表す。

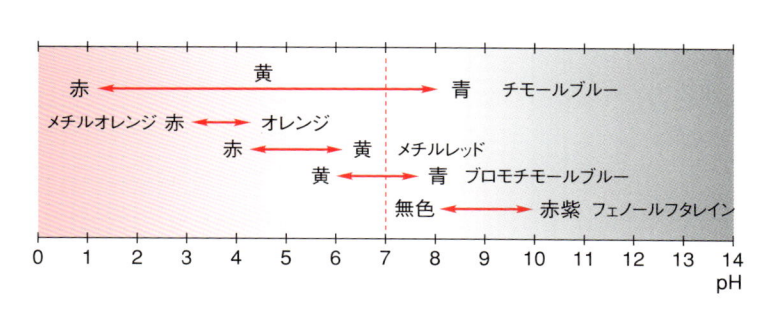

図6・4 指示薬の変色域

6・8 緩衝作用

ある pH の水溶液に少量の酸塩基を加えたり, 溶液を希釈したりすると, 普通, pH が大きく変化する。化学反応の中には, pH に大きく依存する反応がある。このような反応では, 反応の間中 pH の変化を小さくすることが必要となる。pH の変化を小さくする目的で使用される物質を**緩衝剤**といい, 弱酸とその共役塩基の混合物または, 弱塩基とその共役酸の混合物が用いられている。緩衝液を調製する際には, 目的の pH 領域を緩衝する試薬を選ばなければならない。弱酸とその塩を含む溶液の pH は酸の pK_a 値が分かれば見積もることができるので, 酸の pK_a 値から緩衝液を選ぶ。

$$HA \rightleftarrows H^+ + A^- \quad K_a = \frac{[H^+][A^-]}{[HA]} \quad (6.40)$$

酸 ([HA]) とその共役塩基 ([A^-]) の濃度とその溶液の pH は, 以下の関係がある。

$pH = pK_a + \log \dfrac{[A^-]}{[HA]}$

(ヘンダーソン-ハッセルバルヒの式)

緩衝液を作る際は酸とその共役塩基を用いるので, この式が適用される。したがって, 緩衝液の pH は, 用いる酸の pK_a によって決まる。たとえば pH が 5 付近の緩衝液を作りたいときは pK_a が 5 付近の弱酸を選択することとなり, この条件に適した酢酸 ($pK_a = 4.7$) が用いられる。

$$pK_a = -\log K_a = -\log \frac{[H^+][A^-]}{[HA]}$$

$$= -\log[H^+] - \log\frac{[A^-]}{[HA]} = pH - \log\frac{[A^-]}{[HA]} \quad (6.41)$$

$$pH = pK_a + \log\frac{[A^-]}{[HA]} \quad (6.42)$$

生体の体液には緩衝作用がある．生体は，代謝があるので常に酸の生成や消費を伴う複雑な系であるが，血液の pH は一定に保たれている．これは，血液中に緩衝作用に寄与する化学物質が存在するためである．無機物質としてリン酸と炭酸，有機物質としてタンパク質が緩衝作用に寄与する．

6・9 溶解度積

難溶性の塩 (A_mB_n とする) は水に溶けにくいが，一部溶けて，量は少なくてもそれ以上溶けない量の塩が溶液中に溶け出している状態となる．この状態を**飽和状態**という．難溶性の塩が飽和溶液と接しているときには，固体の難溶性塩と飽和溶液の間で**平衡状態**になる．このように固相と液相とが共存しているような，異なった相が共存している系を**不均一系**という．不均一系の平衡定数 K は，均一系の平衡反応と同じように書き表すことができるが，$[A_mB_n]$ の値は，溶媒の量が一定で，温度が一定なら一定である．そこで，一定温度における塩を構成する正負のイオンの飽和濃度の積 $K_{sp} = [A^{n+}]^m[B^{m-}]^n$ を**溶解度積**という (**表 6・2**)．

$$\underset{\text{固相}}{A_mB_n} \rightleftarrows \underset{\text{液相}}{m A^{n+} + n B^{m-}} \quad (6.43)$$

$$K = \frac{[A^{n+}]^m[B^{m-}]^n}{[A_mB_n]} \quad (6.44)$$

$$[A^{n+}]^m[B^{m-}]^n = K[A_mB_n] = K_{sp} = \text{一定} \quad (6.45)$$
$$K_{sp} = [A^{n+}]^m[B^{m-}]^n$$

表 6・2　溶解度積 K_{sp} (18～25 ℃)

化合物	溶解度積	化合物	溶解度積
AgCl	1.77×10^{-10}	$CaSO_4$	4.93×10^{-5}
AgBr	5.35×10^{-13}	$BaCO_3$	2.58×10^{-9}
AgI	8.52×10^{-17}	$BaSO_4$	1.08×10^{-10}
Hg_2Cl_2	1.43×10^{-18}	$Fe(OH)_2$	4.87×10^{-17}
$CaCO_3$	2.8×10^{-9}	$Fe(OH)_3$	2.79×10^{-39}

溶解度積から，純水に対する難溶塩の**溶解度**を求めることができる。純水に対する難溶塩の飽和濃度を S [mol L^{-1}] とし，溶解している塩は全て電離しているとすると，溶解平衡の式（式 (6.43)）より，A^{n+} と B^{m-} の濃度は [A^{n+}] = mS，[B^{m-}] = nS となるので，溶解度積と S との間には，式 (6.46) の関係が成り立つ。

$$K_{sp} = [A^{n+}]^m [B^{m-}]^n = (mS)^m (nS)^n \quad (6.46)$$

AgCl の溶解度は次のようにして求めることができる。水に対する AgCl の飽和濃度 S は，K_{sp} が 1.77×10^{-10} なので，1.33×10^{-5} mol L^{-1} と求まる（式 (6.47)）。固体の**溶解度**は，通常，一定温度において溶媒 100 g に溶ける溶質の質量 [g]，または飽和溶液 100 g に溶けている溶質の質量 [g] で表している。AgCl の式量は 143 であり，これを S に掛けると溶液 1 L 中に溶けている AgCl の質量が求まるので，これを 100 mL 中とすると，AgCl の溶解度が求まる。

$$143 \times 1.33 \times 10^{-5} \times \frac{100}{1000} = 0.00019 \text{ g/100 mL}$$

$$\begin{aligned}K_{sp} &= [\text{Ag}^+][\text{Cl}^-] \\ &= S^2 \\ &= 1.77 \times 10^{-10} \\ S &= 1.33 \times 10^{-5} \text{ mol L}^{-1}\end{aligned} \quad (6.47)$$

コラム　　　　　　　　**pH メーターの動作原理**

正確な pH を測定する必要がある大学や企業の研究や開発では，電極法を原理とした pH メーターが使われる。最も多く用いられているのは検出部にガラス電極を使ったもので（図），電位の平衡時間が速く（応答が速い），再現性がよいことや，幅広い範囲の水素イオン濃度に適応できるなどの特徴がある。ガラス電極法は，ガラス電極と比較電極の2本の電極から構成され，この2つの電極の間に生じた電位差から溶液の pH を測定する。ガラス電極は，ケイ素とリチウムを主成分とし，性能向上のため，そのほかにいくつかの元素を含んでいる。ガラス電極の薄膜の部分（電極膜）を挟んで接する2つの溶液の pH が異なると，電極膜部分に pH の差に比例した起電力が生じる。溶液が 25°C の場合，電極膜の内と外の溶液の pH が 1 違うと，59 mV の起電力が生じる。通常，ガラス電極の内部には塩化カリウムと緩衝液（pH 7）が満たされており，電極膜に生じた起電力を測定すれば，試料溶液（電極膜の外側）の pH を知ることができる。比較電極はこの起電力を測定するためのもので，先端部に液絡部と呼ばれるセラミックなどによる微細な穴（塩橋の役割：71 ページ参照）が開いており，試料溶液と電気的に接し，常に一定の起電力を発生する仕組みとなっている。

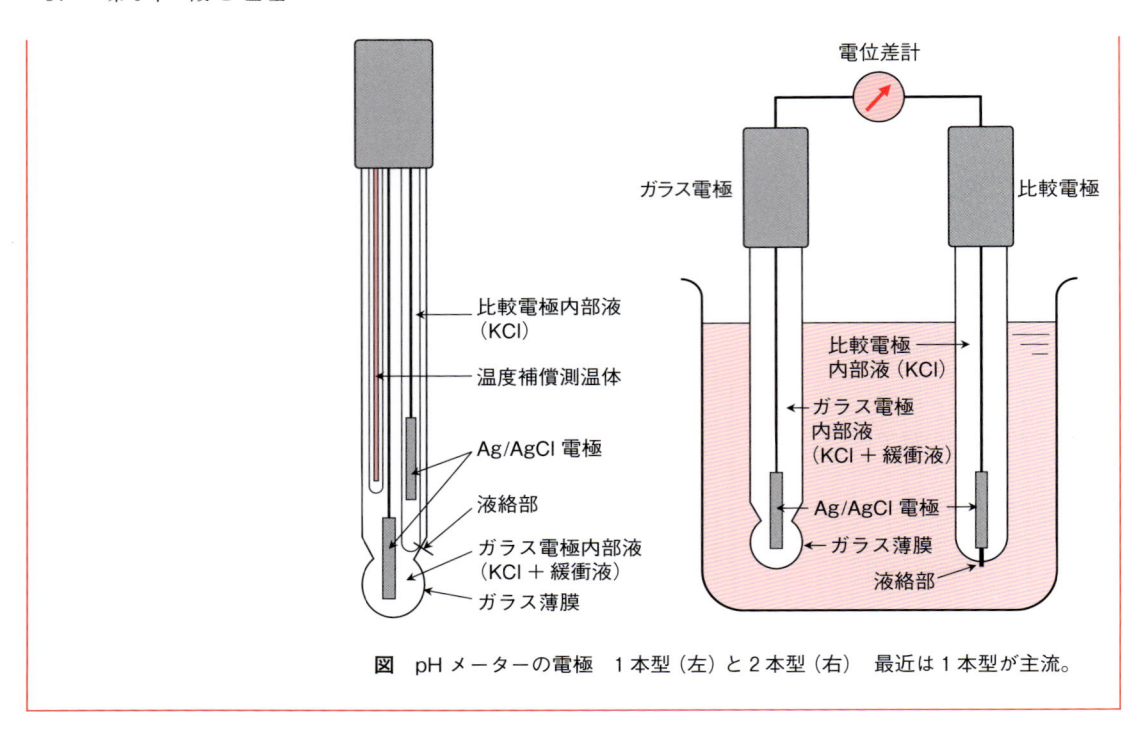

図 pHメーターの電極　1本型（左）と2本型（右）　最近は1本型が主流。

章 末 問 題

1. 塩化アンモニウム水溶液は弱酸性を示す。この理由をブレンステッド-ローリーの酸塩基の定義を用いて説明せよ。

2. 二塩基酸溶液を強塩基で滴定したとき，次の条件における溶液のpHを計算せよ。
   $pK_{a1} = 3.0$，$pK_{a2} = 7.0$，初濃度：$0.100\,\mathrm{mol\,L^{-1}}$，用いた試料溶液の体積25 mL，滴定に使う塩基の濃度：$0.100\,\mathrm{mol\,L^{-1}}$
   ① 滴定前のpH　② 5.0 mL滴下した溶液のpH　③ 25.0 mL滴下した溶液のpH　④ 30.0 mL滴下した溶液のpH　⑤ 50.0 mL滴下した溶液のpH　⑥ 55.0 mL滴下した溶液のpH

3. 塩濃度が$0.4\,\mathrm{mol\,L^{-1}}$でpHが10の緩衝溶液500 mLを，塩化アンモニウムを使って作製するには，塩化アンモニウム何グラムと濃アンモニア水何mL必要か。濃アンモニア水の濃度は$14.4\,\mathrm{mol\,L^{-1}}$，塩化アンモニウムの式量は53.5，アンモニウムイオンのpK_aは9.3とする。

4. 緩衝溶液はpHを一定に保つ働きがある。その理由を記せ。

5. 温度25.0 ℃で，$0.300\,\mathrm{mol\,L^{-1}}$の酢酸水溶液60.0 mLと$0.300\,\mathrm{mol\,L^{-1}}$の酢酸ナトリウム水溶液40.0 mLを混合した緩衝溶液を作製した。この緩衝溶液に$1.00\,\mathrm{mol\,L^{-1}}$の水酸化ナトリウム水溶液を10.0 mL加えたときのpHを有効数字3桁で計算せよ。

第7章 酸化と還元

酸化還元は，鉄が錆びる現象や電池や電気分解など，身の回りの多くのことに関係し，生体内の化学変化や光合成にも関わっている。酸化と還元は，同時に対をなして起こる。この章では，酸化還元の定義，酸化剤と還元剤，酸化数，電池や電気分解等について学び，電子授受の観点から酸化還元反応を理解する。

7・1 酸化と還元の定義

燃焼や，鉄のような金属が錆びる現象は古くから知られており，ある物質が酸素と結び付くことを**酸化**，酸素を失うことを**還元**と呼んでいた。例えば，銅 Cu を空気中で加熱したとき，酸素と結合して酸化銅(Ⅱ) CuO を生じるのが酸化で，CuO を炭素の粉末とともに加熱したとき，CuO が酸素を失い Cu に変化するのが還元である。また，飲みかけの酒を長く放置しておくと，酒中のエタノール C_2H_5OH が空気中の酸素と化合して，アセトアルデヒド CH_3CHO を経て酢酸 CH_3COOH に変化する（側注化学反応式参照）。この現象も酸化である。還元は酸化の逆反応であり，アセトアルデヒドと水素が反応してエタノールを生じるのも還元である。そのため，酸素と結び付く，または水素を失うことを酸化，逆に，酸素を失う，または水素と結びつくことを還元と定義するようになった。エチレン C_2H_4 が水素と反応してエタン C_2H_6 になる反応も還元反応である。

古くは，燃焼や金属の灰化（酸化）を説明するために，可燃性の原質であるフロギストンの存在を仮定し，金属の中に含まれるフロギストンが加熱により金属から離れると燃焼や灰化が起こると考えられていた。1777年にフランスのラボアジェが，燃焼や錆びる現象が，物質と酸素とが結びつくことで起こることを明らかにした。

$C_2H_5OH + \frac{1}{2}O_2$
$\longrightarrow CH_3CHO + H_2O$
$CH_3CHO + \frac{1}{2}O_2$
$\longrightarrow CH_3COOH$

① 酸素の授受による酸化還元の定義

$$2Fe + O_2 \longrightarrow 2FeO \quad (7.1)$$
（Fe が酸化）

$$2CuO + C \longrightarrow 2Cu + CO_2 \quad (7.2)$$
（Cu が還元，C が酸化）

② 酸素と水素の授受による酸化還元の定義

$$2H_2S + O_2 \longrightarrow 2S + 2H_2O \quad (7.3)$$
（O_2 が還元，H_2S が酸化）

$$CH_2=CH_2 + H_2 \longrightarrow CH_3-CH_3 \quad (7.4)$$
（C_2H_4 が還元）

マグネシウムが燃焼する反応は，酸素と化合する反応なので，酸化である。マグネシウムが塩素と反応すると，塩化マグネシウム $MgCl_2$ を生じる。この反応には酸素は関与していないが，両反応の生成物でのマグネシウムの状態には類似点がある。そこで，酸素や水素との反応のほかに，電子 e^- の授受による酸化還元の定義が考えられた。

CuO は，Cu^{2+} と O^{2-} がイオン結合をしている物質であり，Cu と O_2 から CuO が生じる反応は，Cu と O に着目して2つの反応式に分けて表すことができる。

$$2Cu \rightarrow 2Cu^{2+} + 4e^- \quad (7.5)$$
$$+)\quad O_2 + 4e^- \rightarrow 2O^{2-} \quad (7.6)$$
$$\overline{\quad 2Cu + O_2 \rightarrow 2CuO \quad} \quad (7.7)$$

式 (7.5) では Cu が電子を失っており，式 (7.6) では O が電子を受け取っている。同様に，Cu と Cl_2 から塩化銅 $CuCl_2$ が生成する反応も2つに分けた式で表すことができる。

$$Cu \rightarrow Cu^{2+} + 2e^- \quad (7.8)$$
$$+)\quad Cl_2 + 2e^- \rightarrow 2Cl^- \quad (7.9)$$
$$\overline{\quad Cu + Cl_2 \rightarrow CuCl_2 \quad} \quad (7.10)$$

この場合も，Cu は電子を失っており，O の代わりに Cl が電子を受け取っている。そこで，**電子を失うことを酸化，電子を得ることを還元**と定義すると，酸素や水素との反応だけでなく，上のような酸素や水素が関与しない反応にも酸化と還元の考え方が適用できる。

反応で電子を失う物質があれば，必ず電子を受け取る物質がなくてはならないので，**酸化された物質が失う電子の総数と，還元された物質が受け取る電子の総数は等しい**。このように，電子は過不足なく授受され，酸化と還元は同時に起こるので，まとめて**酸化還元反応**と呼ばれる。

③ 電子の授受による酸化還元の定義

$$A \longrightarrow A^{n+} + ne^- \quad (7.11) \qquad B + ne^- \longrightarrow B^{n-} \quad (7.12)$$

(Aが酸化, Bが還元)

式 (7.11) や式 (7.12) のように，酸化と還元の一方だけに着目して電子の移動を表した反応式を**半反応式**といい，電子が消去されるように2つの式を組み合わせることにより，酸化還元反応となる。

7・2 酸化数

　金属やイオンが反応するときには電子の授受を考えやすいが，炭素の燃焼のような共有結合をしている化合物の酸化還元反応では，電子の授受を考えにくい。物質によらずに，化学反応を酸化還元で統一的に考えるために用いられているのが，**酸化数**の概念である。酸化数は，化合物中の電子を一定の方式で各原子に割り当てて決定される。各原子の酸化数に注目すると，反応の前後で酸化された物質と還元された物質が分かり，化学反応が酸化還元反応であるか否かも考えることができる。

＜酸化数の決定法＞

① 単体中の原子の酸化数は0とする。
　　(例) H_2 の H(0)，金属 Cu(0)

② 単原子イオンの酸化数はイオンの価数に等しい。
　　(例) H^+ (+1)，O^{2-} (−2)

③ 化合物中の典型元素 (第8章参照) の酸化数は，原則として最外殻電子数またはそれから8を引いた値となる。
　　(例) 1族 (+1)，2族 (+2)，17族 (ハロゲン) (−1)

④ 電気的に中性な化合物の構成原子の酸化数の総和は0となる。
　　(例) HNO_3 (H(+1)，N(+5)，O(−2))

⑤ 化合物中の水素原子の酸化数を +1，酸素原子の酸化数を −2とし，化合物を構成する全原子の酸化数の総和が0となるように各原子の酸化数を決定する。
　　(例) NH_3 (H(+1)，N(−3))，CuO (O(−2)，Cu(+2))

　この条件には例外がある。NaH のような金属水素化物中の水素は電子を1つ受け取ってヒドリド H^- となるので，水素の酸化数は −1となる。このような例は多くはなく，電気陰性度 (2・4・3項参照) が水素より小さな金属と水素が結合している場合に限られる。また，過酸化水素 H_2O_2 では，H の酸化数は +1 なので，O の酸化数は −1 となる。

⑥ 多原子イオンの場合，構成する原子の酸化数の総和は，そのイオンの価数に等しい。
　　(例) PO_4^{3-} (P(+5)，O(−2))

NH_3 では，H の酸化数は +1 なので，N の酸化数は -3 になる。

$x \times 1 + (+1) \times 3 = 0$ より $x = -3$

また，N_2O_4 では O の酸化数は -2 なので，N の酸化数は +4 となる。

$x \times 2 + (-2) \times 4 = 0$ より $x = +4$

N は -3 ～ +5 までの酸化数を取ることができる。下に，窒素と塩素の化合物における酸化数を示した。

窒素の酸化数	NH_3	N_2H_4	NH_2OH	N_2	N_2O	NO	N_2O_3 / HNO_2	N_2O_4 / NO_2	N_2O_5 / HNO_3
	-3	-2	-1	0	+1	+2	+3	+4	+5

塩素の酸化数	HCl	Cl_2	Cl_2O / $HClO$		$HClO_2$	ClO_2	$HClO_3$		Cl_2O_7 / $HClO_4$
	-1	0	+1	+2	+3	+4	+5	+6	+7

7・3 酸化剤と還元剤

酸化還元反応において，相手の物質を酸化する能力を持つ物質を**酸化剤**，相手を還元する能力を持つ物質を**還元剤**という。酸化剤がある物質を酸化したとき，酸化剤は相手の物質から電子を受け取り，自身は還元される。逆に，還元剤は相手の物質に電子を与え，自身は酸化される。このように，酸化還元反応は，電子を受け取る物質と与える物質が両方存在しないと起こらない。

酸化還元反応では，相手の物質を酸化する能力が高い物質が酸化剤，相手の物質を還元する能力が高い物質が還元剤となり，反応する物質のどちらが酸化，あるいは還元されるかは相対的に決まる。Cu と硝酸銀 $AgNO_3$ の酸化還元反応を下に示した。この反応では，Cu が還元剤として働き，$AgNO_3$ が酸化剤として働く。代表的な酸化剤と還元剤を**表 7・1** に示した。

$$\text{Cu} + 2\text{AgNO}_3 \longrightarrow \text{Cu(NO}_3)_2 + 2\text{Ag} \qquad (7.13)$$

還元剤　　　酸化　　Ag$^+$ の酸化数 (+1)　　　Ag の酸化数 (0)
Cu の酸化数 (0)　　Cu^{2+} の酸化数 (+2)
　　　　酸化剤　　還元

7・4 酸化還元反応式

黒紫色の結晶である過マンガン酸カリウムは，水溶液中では電離して

表7・1 代表的な酸化剤と還元剤

酸化剤	反応式
過酸化水素 H_2O_2	$H_2O_2 + 2H^+ + 2e^- \rightarrow 2H_2O$
オゾン O_3	$O_3 + 2H^+ + 2e^- \rightarrow O_2 + H_2O$
塩素 Cl_2	$Cl_2 + 2e^- \rightarrow 2Cl^-$
過マンガン酸カリウム $KMnO_4$	$MnO_4^- + 8H^+ + 5e^- \rightarrow Mn^{2+} + 4H_2O$
二クロム酸カリウム $K_2Cr_2O_7$	$Cr_2O_7^{2-} + 14H^+ + 6e^- \rightarrow 2Cr^{3+} + 7H_2O$

還元剤	反応式
金属ナトリウム Na	$Na \rightarrow Na^+ + e^-$
過酸化水素 H_2O_2	$H_2O_2 \rightarrow O_2 + 2H^+ + 2e^-$
硫化水素 H_2S	$H_2S \rightarrow S + 2H^+ + 2e^-$
硫酸鉄(Ⅱ) $FeSO_4$	$Fe^{2+} \rightarrow Fe^{3+} + e^-$

赤紫色の過マンガン酸イオン MnO_4^- を生じる。この MnO_4^- は，酸性溶液中で強い酸化力を示し，還元剤により還元され Mn^{2+} になる。このときの Mn 原子の酸化数は，+7 から +2 に減少する。過マンガン酸カリウムにヨウ化カリウムを反応させると，MnO_4^- によりヨウ化物イオン I^- は電子を奪われ，すなわち酸化され，ヨウ素原子を経てヨウ素分子となる。

 MnO_4^- から Mn^{2+} への変化を考えるには，酸性条件下では H^+ が存在するので，酸素を H_2O の形で外せばよい。MnO_4^- を Mn^{2+} と H_2O にするには，式 (7.14) のように書き表して，左辺と右辺の元素の数が等しくなるようにすればよいので，H^+ が 8 必要になる。普通の化学反応式の場合には，左辺と右辺の元素の種類と数が等しくなっていれば反応式を正しく書き表せるが，酸化還元反応の場合には，物質の酸化数が変化しているので，酸化数の総和が左辺と右辺で等しくなっているかを調べなくてはならない。式 (7.14) の酸化数を調べると，O と H は左辺と右辺で同じになっているが，Mn は左辺から右辺に変化するためには，電子が 5 個不足している。そこで，式 (7.14) を酸化還元を考慮した等式とするためには，左辺に 5 e^- を加えて，式 (7.15) のように書き表せばよい。過マンガン酸カリウムとヨウ化カリウムとの酸化還元反応では，MnO_4^- と I^- の間で過不足なく電子を授受させるようにしなくてはならないから，I^- の半反応式は式 (7.16) となる。

$MnO_4^- + 8H^+ \longrightarrow Mn^{2+} + 4H_2O$ (7.14)　この式はまだ未完成

$Mn\,(+7) \longrightarrow Mn\,(+2)$　この酸化数の変化には電子 5 個が必要

$O\,(-2) \times 4 \longrightarrow O\,(-2) \times 4$　変化なし

$H\,(+1) \times 8 \longrightarrow H\,(+1) \times 8$　変化なし

( ) 内の数は酸化数を示す

$$MnO_4^- + 8H^+ + 5e^- \longrightarrow Mn^{2+} + 4H_2O \quad (7.15)$$

$$5I^- \longrightarrow \frac{5}{2}I_2 + 5e^- \quad (7.16)$$

7・5 イオン化傾向

金属は**陽性元素**であり,水溶液に溶けると陽イオンになる。金属は金属結合(2・5節参照)しており,最外殻電子が自由電子になっている。電子の出しやすさ,すなわち,陽イオンのなりやすさは金属によって異なる。例えば,亜鉛板を硫酸銅(Ⅱ)水溶液に浸すと亜鉛板の表面に銅が析出し,亜鉛が亜鉛(Ⅱ)イオンとして水溶液中に溶け出すが,この逆の変化は起こらない。それぞれの金属の変化を半反応式で表し,酸化還元反応式を作ると式 (7.19) となる。

$$Cu^{2+} + 2e^- \rightarrow Cu \quad (7.17)$$

$$+) \quad Zn \rightarrow Zn^{2+} + 2e^- \quad (7.18)$$

$$\overline{Cu^{2+} + Zn \rightarrow Cu + Zn^{2+}} \text{(水溶液中)} \quad (7.19)$$

この式は,Cu より Zn の方がイオンになりやすいことを示している。この金属イオンへのなりやすさを**イオン化傾向**という。イオン化傾向を,主な金属について大きい順に並べたものを**イオン化列**という。イオン化列の左側ほど陽イオンになりやすい金属,右側ほど陽イオンになりにくい金属である。H の陽イオン H^+ へのなりやすさは,Pb と Cu の間である。

> 金属を電極として電池を構成したとき,陽イオンになりにくい(右側の)金属が正極となる。

イオン化列

K, Ca, Na, Mg, Al, Zn, Fe, Ni, Sn, Pb, H, Cu, Hg, Ag, Pt, Au

← 陽イオンになりやすい　　　　　陽イオンになりにくい →

> 水素は金属ではないが,金属が酸に溶け金属陽イオンを生じるかを考えるときに役立つので,イオン化列に含めると便利である。また,次節で述べる標準電極電位の基準になるのが水素の酸化還元である。

H よりイオン化傾向の大きい Al や Zn などの金属は,酸の水溶液に溶けて,水素 H_2 を発生する。このとき,金属はプロトン H^+ に電子を与え,自身は酸化されて陽イオンとなる(式 (7.20))。一方,イオン化傾向が水素より小さい金属は,酸と反応して水素を発生することはない。

$$2M + 2nH^+ \longrightarrow 2M^{n+} + nH_2 \quad \text{(M は金属)} \quad (7.20)$$

7・6 電　池

酸化還元反応を利用して**電位差**を作り電子が流れるようにして,化学

表7・2 実用電池の例

【マンガン電池】	【リチウム電池】	【ニッケル水素蓄電池】	【燃料電池】
負極:Zn, 正極:MnO_2	負極:Li, 正極:CやMnO_2	負極:H_2, 正極:$NiO(OH)$	負極:H_2, 正極:O_2
起電力:1.5 V（一般用）	起電力:3 V（時計，カメラ）	起電力:1.1 V（二次電池）	起電力:1.0 V（単層）（宇宙船）
【銀電池】	【ニッケル・カドミウム電池】	【リチウムイオン電池】	
負極:Zn, 正極:Ag_2O	負極:Cd, 正極:$NiO(OH)$	負極:$LiCoO_2$, 正極:$LiNiO_2$	
起電力:1.55 V（電卓）	起電力:1.33 V（二次電池）	起電力:3.6 V（携帯電話）	

反応のエネルギーを電気エネルギーに変換し取り出す装置を**電池**（化学電池）という。

一般に，金属や金属酸化物などの**電極**を，**イオン伝導**を担う**電解質溶液**（**電解液**）に浸すと電池となる。電極に金属板を用いるときは，イオン化傾向の異なる2種類の金属板を電極とする。別の言い方をすると，電池は，電子を放出する負極と電子を受け取る正極の2つの電極を接続して作る。酸化反応と還元反応とを別々の場所で起こし，電極間を結線すると電池になる。正極あるいは負極だけでの反応を考えるとき，その電極を**単極**または**半電池**という。2つの半電池を，異なった電解質溶液に浸して，素焼き板などの**隔壁**によって仕切って2液が混合しないようにした電池もある。電池の隔壁として用いられるのは，イオン伝導が可能なものでなくてはならない。隔壁と同じ働きをするものに**塩橋**がある。

実用電池の例を表7・2に示す。近年は，太陽エネルギーを利用した太陽電池による大規模発電（ソーラープラント）が注目されている。

自発的に化学反応が進行して電流が発生する電池はガルバニ電池と呼ばれる。外部から電気エネルギーを加えて電気分解を起こす装置を電気分解槽（電解槽）という。

塩橋とは，2種の電解質溶液の液絡法の一つで，塩を寒天ゲル化して管に詰めたものがよく用いられている。実験室で電池を簡便に作製するときは，細く切ったろ紙を塩橋の代わりに用いることもできる。

太陽電池は光エネルギーを電気エネルギーに変換する装置であり，Siなどの半導体が用いられている。

7・7 ダニエル電池

電池は，1836年にイギリスのダニエルによって考案された。この電池を**ダニエル電池**と呼んでいる。この電池では，負極に亜鉛板，正極に銅板を用い，電解質溶液にそれぞれの金属の硫酸塩水溶液を用い，これを隔壁で仕切っている（図7・1）。ダニエル電池の負極では1つの亜鉛原子が2つの電子を放出する反応が，正極では1つの銅イオンが2つの電子を受け取る反応が起こる。

$$負極 \quad Zn \longrightarrow Zn^{2+} + 2e^- \quad (7.21)$$

$$正極 \quad Cu^{2+} + 2e^- \longrightarrow Cu \quad (7.22)$$

負極の亜鉛板からZn^{2+}が溶け出したために過剰となった電子は，外部回路を通って正極に達する。正極側の水溶液中のCu^{2+}は正極に接近し，電子を受け取ってCuが銅板上に析出する。**電流**は正極から負極の向きに流れ，正極である銅電極の**電位**は負極の亜鉛電極より高い。

電極，電解質溶液などの電池の構成要素は，**電池式**で略記される。式

電流は，正電荷の動く向きを正としているので，負電荷を持つ電子の流れる向きと逆になる。

ダニエル電池の負極側では溶液中に溶け出したZn^{2+}が過剰となり，正極側では析出した分だけCu^{2+}が不足する（SO_4^{2-}は過剰となる）。隔膜は両極の電解質溶液が混じり合わないようにしているが，過剰となったZn^{2+}とSO_4^{2-}は隔膜を通して引き合うために，隔膜の細孔を通り抜けることができる。

72　第7章　酸化と還元

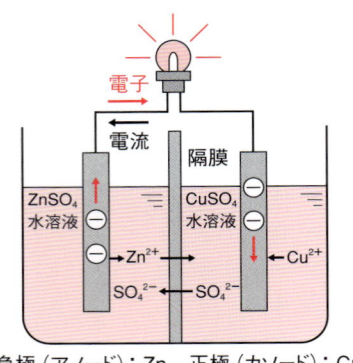

図7・1　ダニエル電池
負極（アノード）：Zn　正極（カソード）：Cu

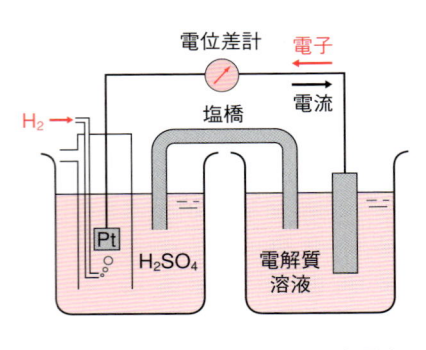

図7・2　水素標準電極を用いた起電力測定装置
白金電極上では $2H^+ + 2e^- \rightleftharpoons H_2$ が起こる。この電極電池を0Vと定義している。

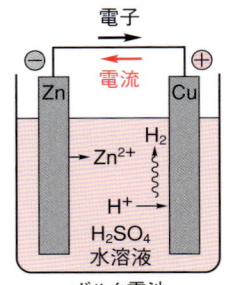

ボルタ電池
ボルタ電池では、正極で発生したH_2の一部が、電子を放出してH^+となり、再び溶液中に溶け込むため、電流がしだいに弱くなる。

電位差測定に際しては、電流を可能な限り小さくして、両電極での反応を平衡（可逆反応）状態になるべく近くなるようにする。そうすることによって、それぞれの単極の電位差が測定できる。

$E°$の値が小さいほど電子を放出しやすく酸化されやすい物質である。したがって、表7・3の電極ではLiが最も強い還元剤、F_2が最も強い酸化剤となる。

(7.23)はダニエル電池の、式(7.24)はボルタ電池の電池式である。電池式では、左側に負極を、右側に正極を書き、その間に電解質溶液を書く。縦線は、例えば、電解質（液体）と電極（固体）、あるいは、電解質溶液を隔てる素焼き板など、電池内で相が変わることを表す。

　　ダニエル電池　　(−) Zn | $ZnSO_4$ aq | $CuSO_4$ aq | Cu (+)　　(7.23)
　　ボルタ電池　　　(−) Zn | H_2SO_4 aq | H_2 (Cu) (+)　　(7.24)

7・8　電池の起電力と標準電極電位

　電池の両電極間で生じる電位の差を**起電力**といい、標準状態に置かれた電極であれば、**標準電極電位**の差が起電力になる。負極と正極で起こる酸化と還元の半反応式の電極電位が分かれば、電極の組み合わせで得られる起電力は、電池式の右側の正極の電極電位から左側の負極の電極電位を引いて求められる。しかし、異なる2つの電極を組み合わせなければ電池を作ることができないので、負極または正極どちらかの半電池の電極電位を直接測定することは不可能である。そこで、単極電位の基準として**水素標準電極**が用いられている。

　図7・2のように、水素標準電極と電解質溶液に入れた金属電極を接続して、電位差を測定し、標準状態の水素標準電極の電位を0として半電池の起電力、すなわち標準電極電位 $E°$ を求めることができる。

　水素標準電極は、白金黒付き白金Ptを電極とし、標準状態の水素H_2が濃度$1\,mol\,L^{-1}$の希硫酸中に継続的に供給されるようになっている。一方、起電力を測定する金属電極側の電解質溶液も$1\,mol\,L^{-1}$となるようにする。主な電極の標準電極電位を**表7・3**に示す。

　これらの値から標準状態での電池の起電力が求められる。ダニエル電

表 7・3　主な電極の標準電極電位

電極反応	$E°$/V	電極反応	$E°$/V
$Li^+ + e^- \rightarrow Li$	−3.05	$Sn^{2+} + 2e^- \rightarrow Sn$	−0.138
$K^+ + e^- \rightarrow K$	−2.92	$Pb^{2+} + 2e^- \rightarrow Pb$	−0.129
$Ca^{2+} + 2e^- \rightarrow Ca$	−2.87	$2H^+ + 2e^- \rightarrow H_2$	0.00
$Na^+ + e^- \rightarrow Na$	−2.71	$Cu^{2+} + 2e^- \rightarrow Cu$	0.337
$Mg^{2+} + 2e^- \rightarrow Mg$	−2.34	$I_2 + 2e^- \rightarrow 2I^-$	0.53
$Al^{3+} + 3e^- \rightarrow Al$	−1.67	$Hg^{2+} + 2e^- \rightarrow Hg$	0.789
$Mn^{2+} + 2e^- \rightarrow Mn$	−1.18	$Ag^+ + e^- \rightarrow Ag$	0.799
$Zn^{2+} + 2e^- \rightarrow Zn$	−0.762	$Br_2 + 2e^- \rightarrow 2Br^-$	1.07
$Fe^{2+} + 2e^- \rightarrow Fe$	−0.44	$Cl_2 + 2e^- \rightarrow 2Cl^-$	1.36
$Cd^{2+} + 2e^- \rightarrow Cd$	−0.40	$Au^{3+} + 3e^- \rightarrow Au$	1.50
$Ni^{2+} + 2e^- \rightarrow Ni$	−0.228	$F_2 + 2e^- \rightarrow 2F^-$	2.87

池の場合では，Cu^{2+} の還元が起こる正極の標準電極電位から Zn の酸化が起こる負極の標準電極電位を引くと起電力が求まる．

$$
\begin{aligned}
& Cu^{2+} + 2e^- \rightarrow Cu \qquad 0.337 \text{ V} \qquad (7.25) \\
-)\; & Zn^{2+} + 2e^- \rightarrow Zn \qquad -0.762 \text{ V} \qquad (7.26) \\
\hline
& Cu^{2+} - Zn^{2+} \rightarrow Cu - Zn \qquad 1.099 \text{ V} \qquad (7.27) \\
& (Cu^{2+} + Zn \rightarrow Cu + Zn^{2+})
\end{aligned}
$$

この例のように，2つの電極を組み合わせたとき，**標準電極電位 $E°$ が小さい側が電子を放出する負極に，$E°$ が大きい側が電子を受け取る正極**になり，$E°$ の小さい方から大きい方へ電子 e^- が流れる．標準電極電位がマイナスの場合には，表7・3に示した半反応の逆反応が起こりやすい．このように，水素標準電極を基準にして酸化と還元反応の生じやすさを知ることができる．$E°$ が小さいほど，イオン化傾向が大きく，イオン化列の左側にある．

7・9　電気分解

電池とは逆に，電解質溶液の中に入れた2つの電極に外部から電気を通じて化学反応を起こさせることを**電気分解**という．電気分解は工業的に重要で，**メッキ**や，純粋な金属を得るための**電解精錬**や，水酸化ナトリウムの製造などに利用されている．

電気分解では，電源の負極とつながっている電極を**陰極**，正極とつながっている電極を**陽極**という．陰極では反応物質が電子を受け取る還元反応が起こり，陽極では反応物質が電子を放出する酸化反応が起こる．**塩化ナトリウム水溶液の電気分解**では，陽極では Cl^- が酸化されて塩素

簡単にできる 11 円電池（ボルタ電池）
直径 2 cm 弱に切ったクッキングペーパーを飽和に近い濃度の食塩水に浸し，10円玉と1円玉で挟むと，10円玉を＋極，1円玉を−極とした電池となる．1個では出力が小さいが，同じものを複数個つくり重ねると電子オルゴールを鳴らすこともできる．ただし，11円電池を重ねるときは，電池同士の間にクッキングペーパーは挟まない．11円電池の作製に当たっては，貨幣を故意に傷つけることにもなりかねないので，行うときはその点についても配慮が必要である．

ネルンストの式
電池の起電力と電極反応の間には以下のネルンストの式が成り立つことが知られている．
$$aA + bB \rightleftharpoons cC + dD$$
$$E = E° - \frac{RT}{nF} \ln \frac{[C]^c[D]^d}{[A]^a[B]^b}$$

　$E°$ は標準電極電位
　n は授受される電子数
　F はファラデー定数（次ページの側注参照）

濃度項は平衡定数に等しく，この式から，電池の電位 E は濃度（正確には活量）によって変化することが分かる．

1 A（アンペア）の電流が 1 秒間流れたときの電気量が 1 C（クーロン）である。
電気量（C）
　　= 電流（A）× 時間（s）
1 mol の電子が持つ電気量は 96500 C mol^{-1} であり，ファラデー定数 F と呼ばれる。ファラデー定数は，電気素量（電子 1 つが持つ電気量，1.602 × 10^{-19} C）× アボガドロ定数より求まる。

が生じる。一方，陰極では，標準電極電位が小さく電子を放出しやすい Na$^+$ は還元されず，式 (7.28) の還元反応により H$_2$O が分解されて H$_2$ が発生し，OH$^-$ の濃度が増加する。陽極側と陰極側は，Na$^+$ だけを通すことができる**陽イオン交換膜**で仕切られており，OH$^-$ の生成による負電荷を打ち消すために，Na$^+$ が陽極側から陰極側へ移動し，濃度の高い水酸化ナトリウム水溶液が得られる。

$$2\,H_2O + 2\,e^- \longrightarrow H_2 + 2\,OH^- \qquad (7.28)$$

電気分解では，陽極および陰極で変化した物質と流れた**電気量**は比例する。この法則を**ファラデーの電気分解の法則**といい，**ファラデー定数**を用いて，電気分解に使われた電気量と変化した物質量との関係を求めることができる。

7・10　電極の呼び方

英語の**アノード**（anode）は，電解質溶液側から電子を受け取る，すなわち反応物質の酸化反応が起こる電極である。一方，電子が流れ出す，すなわち還元反応を起こす電極を**カソード**（cathode）という。電池では，電位の高い方の電極を正極，低い方の電極を負極と呼ぶため，電解質溶液側へ電子を放出し反応物質の還元反応を起こす正極がカソードに，電解質溶液側から電子を受け取り反応物質の酸化反応を起こす負極がアノードになる。また，電気分解では，電位の高い方の電極を陽極，低い方の電極を陰極と呼ぶため，電気分解では，陽極がアノードに，陰極がカソードになる（図 7・3）。

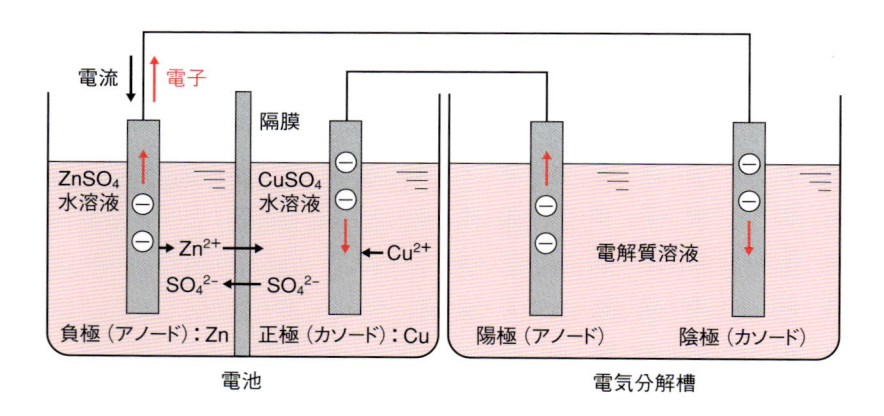

図 7・3　電池と電気分解における電極の名称

コラム　宇宙船のエンジンと燃料

　化学反応によって推進力を得るロケットの燃料には，酸化剤として液体酸素が，還元剤として液体水素が用いられている。化学エンジンは水素と酸素の化学反応により大きな推進力が得られるが，燃料の体積が非常に大きくなるという欠点がある。小惑星イトカワを探索した日本の探査衛星「はやぶさ」に搭載されていたイオンエンジンは，電気エネルギーを利用するもので，化学エネルギーを利用する化学エンジンとは仕組みが異なる。液体酸素は，気体の酸素を加圧あるいは低温（大気圧の場合，沸点である 90 K 以下）に冷却することで得られる青色の液体である。液体酸素は常磁性であり，ネオジム磁石のような強い磁石を近づけると，磁石に引き寄せられるのが分かる。また，気体の空気よりも酸化力が大きく，有機化合物や金属を激しく酸化する能力を持つ。

コラム　備長炭電池

　最近では，環境やエネルギーへの関心の高まりを受け，小学校や中学校で，アルミホイルと木炭を使った電池を作製する実験がよく取り上げられている。この電池は，備長炭電池といわれるように，普通の炭でなく備長炭がよく使われる。備長炭は硬く，ノコギリでは切れないこともある。日本農林規格（JAS）では，硬度と組成（純度）と電気抵抗を基準に備長炭を規定している。備長炭は高温で焼くため，炭素が組成の 9 割ほどを占め，不純物が少なく，炭素の構造が黒鉛（グラファイト）の構造に近づくため電気抵抗が低い。また，備長炭には，数 μm ～ 数百 μm の小さな孔がたくさんあり，1 g の備長炭の表面積は約 300 m^2 にもなる。そのため，電極面積が広く，非常によい電極となる。

章末問題

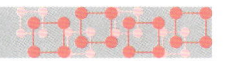

1. 二クロム酸カリウム $K_2Cr_2O_7$ の各原子について酸化数を求めよ。
2. 2 価の鉄イオン Fe^{2+} の水溶液に塩素 Cl_2 を通じると，3 価の鉄イオン Fe^{3+} と塩化物イオン Cl^- が生じる。この反応を化学反応式で書け。
3. $Cu \rightarrow [Cu(NH_3)_4]^{2+}$ の反応で，Cu は酸化されたか還元されたか示せ。
4. ボルタ電池（$Zn | H_2SO_4 | H_2 (Cu)$）の起電力を，標準電極電位の値（表 7・3）を使って求めよ。
5. 白金を電極として，ヨウ化カリウム（KI）水溶液を電気分解したときの各極で起こる反応式と，反応全体を表す反応式を示せ。
6. 問題 5 の反応を 2.3 A の電流で 14 分間行ったとき，各極で生成した物質の物質量を求めよ。

第8章 無機化合物の構造と性質（Ⅰ）
― 典型元素の化合物 ―

化合物の構造と性質は，構成している元素の種類と数，それに電子状態に依存する。無機化合物は，有機化合物に比べると，構成元素の種類が多いが，グループ化して性質を理解することができる。この章では，周期表の族ごとに元素をまとめて，元素とそれを含む化合物の構造と性質を学び，典型元素からなる無機化合物について理解する。

8・1 無機化合物

「無機」とは「生命力がない」という意味であり，無機化合物は，古くは，金属や塩など生命と無関係な化合物と考えられていた。しかし，新しい化合物の発見と合成に伴って，無機化合物と有機化合物の境がはっきりしなくなってきたため，現在では，炭素以外の元素からなる化合物と，炭素の酸化物，金属の炭酸塩などの簡単な炭素の化合物を**無機化合物**としている。**有機化合物**と無機化合物は，簡単には，C−H 結合の有無で大別できる。無機化合物を構成している元素の性質には周期性があり，周期表の同じ族に属する元素は似た性質を示す（1・6節参照）。

無機 (inorganic) と意味が反対の単語に有機 (organic) がある。Organic には"有機体の"という意味があり，これは有機物からできている組織，すなわち生命体を意味している。有機化合物である尿素が無機化合物から合成されるまで，炭素を含む種々の有機化合物は生命体からしか作られないとされてきた。

18 族元素の電子配置
He $1s^2$
Ne [He] $2s^2 2p^6$
Ar [Ne] $3s^2 3p^6$
Kr [Ar] $3d^{10} 4s^2 4p^6$
Xe [Kr] $4d^{10} 5s^2 5p^6$
Rn [Xe] $4f^{14} 5d^{10} 6s^2 6p^6$

大気の組成

気体	体積 %
N_2	78.084
O_2	20.9476
Ar	0.934
CO_2	0.038
Ne	0.001818
He	0.000524
CH_4	0.0002
Kr	0.000114
H_2	0.00005
Xe	0.0000087

Kr や Xe の化合物 ($Xe^+ [PtF_6]^-$ など) が，1962年にイギリスのバーネットらによって合成された。

8・2 18 族（希ガス）

化学的に不活性で化合物を作りにくく，単原子で存在している（**単原子分子**ともいう）元素であるヘリウム He，ネオン Ne，アルゴン Ar，クリプトン Kr，キセノン Xe，ラドン Rn を希ガスという。これらは全て気体で，**不活性ガス**とも呼ばれていた。大気中に全てが存在し，これらの元素は液体空気の**分別蒸留**により分離された。

希ガスの最外殻電子の配置は，$s^2 p^6$ となっている（He では s^2）（2・1節参照）。このため，電子を出し合う共有結合は形成しない。イオン化エネルギー（2・2・2項参照）は非常に大きく，電子親和力（2・2・3項参照）は小さい。このような理由から，18族元素は分子やほかの元素と化合物を生成せず，原子として安定に存在する。希ガスの沸点は低く，He は 4.2 K，Ne は 27.1 K，Ar は 87.3 K で，極低温の状態を作る冷媒として用いられ，**超伝導磁石**の冷却にも用いられている。

8・3 水　素

周期表で1族の一番上に位置している水素 H は，最外殻の電子配置が s^1 で，ほかの1族元素と同じであるため同族として扱われているが，その性質はほかの1族元素とはかなり異なっている。

水素の陽イオンは**水素イオン**と呼ばれるが，水素原子の電子がなくなった陽子の状態であるため，**プロトン**とも呼ばれる。電荷/半径の値が非常に大きく，**表面電荷密度**が大きいため反応性が非常に高い。化学反応式では，酸は水溶液で水素イオンに解離するように書かれるが，実際には，水和した**ヒドロニウムイオン**（またはヒドロキソニウムイオンともいう）（H_3O^+）として存在している。

水素は，イオン化エネルギーが小さく還元性の強い1族や2族元素と，塩類似の**水素化物**（LiH, NaH, KH, CaH_2；"水素化ナトリウム"のように命名する）を生成する。水素化物は，反応に際して，水素を陰イオン H^-（**ヒドリドイオン**）として供与する。水素化物は強い**還元性**を有し，水に加えると激しく反応して水素を発生し，発火する場合もある。

$$NaH\,(s) + H_2O\,(l) \longrightarrow H_2\,(g) + NaOH\,(aq)$$
$$CaH_2\,(s) + 2H_2O\,(g) \longrightarrow 2H_2\,(g) + Ca(OH)_2\,(s)$$

水素化物は，有機化合物（特にカルボニル化合物）の還元に用いられる。

水素の代表的化合物は水である。生物の重量の 60〜90 % は水である。水の物理的性質は，1 atm で沸点 100 ℃，融点 0 ℃，密度は $1\,g/cm^3$ (g/mL)（4 ℃），$0.9168\,g/cm^3$ (g/mL)（0 ℃：氷）であり，固体の密度が液体の密度の約 92 % なので，固体の氷は液体の水に浮かぶ。水は安定な酸化物で，分極しているため**水和**して多くの化合物を溶解することができる（2・6・1項参照）。このため，地球上のほとんどの元素が海水中に存在する。

8・4　1族元素

リチウム Li，ナトリウム Na，カリウム K，ルビジウム Rb，セシウム Cs，フランシウム Fr の1族元素を**アルカリ金属**という。化学的性質が非常によく似ている元素群である。1族元素の電子配置の特徴は，s 軌道に電子を1個持っていることである。この s 軌道の電子1個を放出すれば，安定な18族と同じ電子配置となる。このため，イオン化エネルギー

He は軽いため地球の重力では保持されず，宇宙空間に拡散される。このため，地球上の He は，地殻の中の放射性同位体の α 崩壊の産物である。

水素は，宇宙で最も多く存在しているが，地球での存在量は 15 番目である。水素のイオン化エネルギーは 1312 kJ mol^{-1}（13.6 eV），電子親和力は 72.7 kJ mol^{-1}（0.754 eV），電気陰性度は 2.1 で，ほかの元素と比較してみると中間的な数値である。水素のイオンとしては，陽イオンの H^+ と陰イオンの H^- がある。

地球上の水の 97 % は海水で残りが淡水である。淡水の約 75 % は極地の氷と氷河，約 25 % は地下水，約 0.3 % は湖沼，約 0.03 % は河川，約 0.035 % は大気中に存在する。水も氷も蒸気圧が大きく，地球上の至る所で蒸発して，地球の熱循環に大きな影響を与えている。

1族元素の電子配置

Li	[He] 2s^1
Na	[Ne] 3s^1
K	[Ar] 4s^1
Rb	[Kr] 5s^1
Cs	[Xe] 6s^1
Fr	[Rn] 7s^1

が小さく，1族元素は +1 価の陽イオンになりやすく，電気陰性度は小さい。+1 価以外の陽イオンは知られていない。

1族元素は，電子を供与する**還元剤**として働く。水との反応では，水中の水素イオンを水素原子に還元し，1族元素は1価の陽イオンになる。

$$2M + 2H_2O \longrightarrow 2MOH + H_2 \quad (Mは1族元素)$$

この反応の起こりやすさは Li＜Na＜K＜Rb＜Cs の順である。Li は静かにゆっくりと反応し，Na は激しく反応し，K は炎を上げて反応する。Rb と Cs は爆発的に反応し，危険である。

1族元素は，ほとんどの非金属元素と直接反応して二成分化合物を作る。酸素との化合物は，**酸化物** M_2O と**過酸化物** M_2O_2 が知られている。過酸化物は，Li 以外の Na, K, Rb, Cs の場合に知られているイオン性の化合物で，酸素は O_2^{2-} イオン（$^-O-O^-$）になっている。酸化物，過酸化物とも水と反応する。

酸化物　　$M_2O + H_2O \longrightarrow 2M^+ + 2OH^-$

過酸化物　$M_2O_2 + 2H_2O \longrightarrow 2M^+ + 2OH^- + H_2O_2$

1族元素の**水酸化物**（MOH）は，無色の固体で，水によく溶けて，アルコールにも比較的溶ける。水酸化ナトリウムは，白色固体で**潮解性**を示し，水によく溶け，水溶液は強い塩基性を示す。ほかの1族元素の水酸化物も同様の性質を示す。水溶液中の M^+ イオンは，**水和イオン**となって溶解している。水和するときの安定化エネルギーは大きい。このため，1族元素の陽イオンは**配位化合物**を作らないが，**クリプタンド類**のような**環状ポリエーテル**とは，1族元素の陽イオンが環内部に入り込んだ形の錯体（**包接化合物**）を形成する（図 8・1）。環状ポリエーテルは，内部空間の大きさの違いにより，特定の金属イオンを選択的に内部に取り込むことができる。

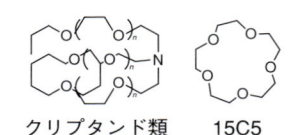

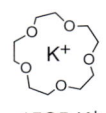

図 8・1 環状ポリエーテルと包接化合物

（クリプタンド類，15C5，DB18C6，15C5-K⁺（包接化合物））

バリノマイシンは，細菌から得られる抗生物質で，K⁺ と包接化合物を作ることによって，K⁺ を細胞内に送り込む働きをしている。類縁物質が知られており，それを総称してイオノフォアと呼んでいる。

8・5　2族元素

2族元素はベリリウム Be，マグネシウム Mg，カルシウム Ca，ストロンチウム Sr，バリウム Ba，ラジウム Ra であり，Be と Mg を除いた2族元素を**アルカリ土類金属**と総称する。2族元素の電子配置の特徴は，最外殻が s^2 であることである。この s 軌道の電子を放出して2価の陽イオンになれば，安定な18族と同じ電子配置となる。M^{2+} にするために必要なイオン化エネルギーは同周期の1族元素に比べて大きく，電気陰性度（表 2・4 参照）も大きい。

2族元素の水酸化物は水に可溶（Be を除く）で，原子半径は同周期の

2族元素の電子配置

Be	[He] $2s^2$
Mg	[Ne] $3s^2$
Ca	[Ar] $4s^2$
Sr	[Kr] $5s^2$
Ba	[Xe] $6s^2$
Ra	[Rn] $7s^2$

Be と Mg は，Ca 以下の元素にはない化学的性質を示すので，通常はアルカリ土類金属には含めない。

1族より小さい。塩は，一般に，原子番号の増加とともに硫酸塩，硝酸塩および塩化物塩の溶解度が減少し，エタノールに対する塩化物の溶解度も減少する。

Be の性質がほかの元素と異なるのは，共有結合性の高い化合物を作ることである。Be 以外は 2 価の陽イオンとなり，イオン性が高い (2・4・3 項参照)。これは，Be の原子半径が小さく，イオン化エネルギーが大きいためである。

Mg, Ca, Sr, Ba は鉱物中や海水に含まれている。Mg は，技術の進歩に伴い，Al 合金の代わりに Mg 合金が使われるようになってきている。Ca は石灰岩から採掘され，石灰，石膏としての利用が多い。

主な二成分化合物としては，酸化物 MO，ハロゲン化物 MX_2，炭化物がある。酸化物はイオン性の無色の固体で，塩化ナトリウム型の結晶構造をしている (2・2・1 項参照)。MgO 以外は水と反応して水酸化物となり（側注），空気中の二酸化炭素と反応して炭酸塩になる。ハロゲン化物はイオン性の固体で，水に対する溶解度は，フッ化物を除くと，金属イオンの半径が大きくなるに従って減少する。

Ca, Sr, Ba やその酸化物を電気炉中で炭素と反応させると，**炭化物** MC_2 を生成する。MC_2 は NaCl 型構造をしている (Cl^- を C_2^{2-} で置き換えた形)。炭化物は，水と反応して**アセチレン** (C_2H_2) を生成する。

$$MC_2 + 2H_2O \longrightarrow M(OH)_2 + C_2H_2$$

2 族元素は，生体に関係した重要なものが多い。Mg は**生体必須元素**であり，クロロフィル中にも含まれている。Ca も生体必須元素で，動物の骨や歯の主成分はヒドロキシアパタイト $Ca_{10}(PO_4)_6(OH)_2$ というカルシウム化合物である。この化合物の OH^- を F^- で置換したものをフルオロアパタイト $Ca_{10}(PO_4)_6F_2$ という。これはヒドロキシアパタイトより溶解度が小さく，酸に対して強い化合物である。ヒドロキシアパタイトは，人工骨への応用が期待されている。

Ra は**放射性同位体**で，^{226}Ra の**半減期**（放射性元素が核分裂し，元の原子数の 1/2 になる時間）は約 1600 年である。Ra は，1898 年にフランスのキュリー夫妻によって，ピッチブレンドから初めて分離され，その後，皮膚疾患や悪性腫瘍の放射線治療に使われた。

8・6　13 族元素

13 族元素　ホウ素 B，アルミニウム Al，ガリウム Ga，インジウム In，タリウム Tl の電子配置は，最外殻が s^2p^1 であり，3 価の陽イオンになれば安定な 18 族と同じ電子配置となる。Tl には 1 価の陽イオン，Ga と In

海水の主成分とその濃度 (g kg^{-1})

イオン等	濃度
Na^+	10.65
K^+	0.38
Mg^{2+}	1.27
Ca^{2+}	0.40
Sr^{2+}	0.008
Cl^-	18.98
Br^-	0.065
SO_4^{2-}	2.65
HCO_3^-	0.14
H_3BO_3	0.026

$MO + H_2O \longrightarrow M(OH)_2$

炭化カルシウムはカーバイドとも呼ばれる。

塊状の閃ウラン鉱のことをピッチブレンドという。樹脂（ピッチ）状の油脂光沢を持つことから命名されており，主成分は UO_2 である。マリー・キュリーはオーストリアハンガリー帝国からヨヒアムスタール鉱山のピッチブレンド残渣を数トン譲り受け，このなかからポロニウムとラジウムを発見した。

13 族元素の電子配置

B　[He] $2s^2 2p^1$
Al　[Ne] $3s^2 3p^1$
Ga　[Ar] $3d^{10} 4s^2 4p^1$
In　[Kr] $4d^{10} 5s^2 5p^1$
Tl　[Xe] $4f^{14} 5d^{10} 6s^2 6p^1$

には 2 価の陽イオンも存在する。B は共有結合性の物質を作り，残りの 4 元素はイオン性の高い化合物を作る。

Al は，地殻中に 3 番目に多く存在する元素で，**ボーキサイト**から電気分解によって得ており，酸にも塩基にも溶ける**両性物質**である。表面に酸化物の**不動態膜**を形成すると，酸に溶けなくなる。Ga も両性物質で，酸にも塩基にもよく溶ける。

Al の酸化物である Al_2O_3 (アルミナ) は，カラムクロマトグラフィーの充填剤として用いられている。Al_2O_3 が，不純物として微量金属を含むと宝石になり，クロム Cr を含むとルビー，チタン Ti や鉄 Fe を含むとサファイヤになる。ほかの 13 族元素の酸化物 Ga_2O_3, In_2O_3, Tl_2O_3 も存在し，Tl_2O_3 は 100 ℃ で Tl_2O になる。Ga や In を含んだ酸化物は，先端 IT 技術に欠かすことのできない材料となっている。

酸化物以外の二成分化合物としては，炭化物，窒化物，リン化物，硫化物などがある。炭化物 Al_4C_3 は，1000〜2000 ℃ で Al と C を直接反応させると得られる。**窒化物** AlN，GaN，InN は硬くて安定な化合物なので，鋼鉄製造などに用いられている。Ga と In の混合窒化物は，青色発光ダイオードの主原料になっている。

過剰の LiH を $AlCl_3$ と反応させると得られる**水素化アルミニウムリチウム** $LiAlH_4$ は，H^- 供与型の還元性を示し，カルボニル化合物の還元に用いられ，有機化学分野では重要な**還元剤**となっている。

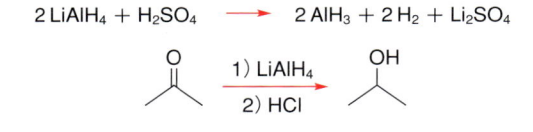

$$2\,LiAlH_4 + H_2SO_4 \longrightarrow 2\,AlH_3 + 2\,H_2 + Li_2SO_4$$

複塩とは，2 種以上の単塩（例えば $Al_2(SO_4)_3$ や K_2SO_4）からなる化合物をいう。

Al は**複塩**も作る。$Al_2(SO_4)_3$ と K_2SO_4 から得られる複塩 $K_2SO_4 \cdot Al_2(SO_4)_3 \cdot 14H_2O$ (または $AlK(SO_4)_2 \cdot 12H_2O$) は**カリウムミョウバン**と呼ばれ，媒染，繊維の防水加工，水の浄化に用いられている。Al の代わりに Ga, In, バナジウム V, クロム Cr, マンガン Mn, Fe およびコバルト Co の化合物もある。

8・7 14 族元素

14 族元素の電子配置
C　[He] $2s^2\,2p^2$
Si　[Ne] $3s^2\,3p^2$
Ge　[Ar] $3d^{10}\,4s^2\,4p^2$
Sn　[Kr] $4d^{10}\,5s^2\,5p^2$
Pb　[Xe] $4f^{14}\,5d^{10}\,6s^2\,6p^2$

14 族元素　炭素 C，ケイ素 Si，ゲルマニウム Ge，スズ Sn，鉛 Pb の最外殻電子の配置は s^2p^2 である。4 価の陽イオンになれば，安定な 18 族と同じ電子配置となる。しかし，比較的大きなイオン化エネルギーと電気陰性度を持つ炭素は，陽イオンとはならず，**共有結合**により結合する。14 族元素は，原子番号が大きくなると金属としての性質を示す。上述の

ように，炭素を金属あるいは金属酸化物と高温で反応させると炭化物が得られる。

炭素を酸素が十分でない状態で燃やすと，一酸化炭素と二酸化炭素が平衡で存在する。

$$2CO(g) \rightleftarrows C(s) + CO_2(g)$$

一酸化炭素は，無色・無臭の有毒なガスであるが，メタノール等の有機合成原料として重要である。二酸化炭素を水に溶かした溶液が炭酸である。水の中に溶けている二酸化炭素は，水和しているだけなので，塩基などがなければ，H_2CO_3 と記すよりは $CO_2 \cdot H_2O$ と記す方が実際の様子をよく表している。炭酸を中和して生成する炭酸水素塩は，溶液中で HCO_3^- を生じる。

$$H_2O + CO_2 \rightleftarrows H_2CO_3 \rightleftarrows H^+ + HCO_3^-$$
$$HCO_3^- \rightleftarrows H^+ + CO_3^{2-}$$

8・8　15族元素

15族元素　窒素 N，リン P，ヒ素 As，アンチモン Sb，ビスマス Bi の最外殻電子の配置は s^2p^3 であり，共有結合とイオン結合の両方の化合物を作ることができる。例えば，窒素原子が結合する場合には，p 軌道の3個の不対電子を使って3個の共有結合を形成するか，3個の電子を p 軌道に1個ずつ計3個もらって窒化物イオン N^{3-} となり，イオン性の化合物を形成する。

窒素分子は，不活性な二原子分子（融点：-209.9 ℃，沸点：-195.8 ℃）で，三重結合で結合し，その結合距離は短く（1.10×10^{-10} m），結合エネルギーは大きい。窒素はほかの元素とも多重結合を形成することができる（例：シアン化水素（青酸）$H-C\equiv N$）。

アンモニアは，融点 -77.7 ℃，沸点 -33.35 ℃ で刺激臭があり水によく溶ける気体で，ハーバー-ボッシュ法（4・7節参照）で合成され，硫安・硝安・尿素（$H_2N-CO-NH_2$）などの化学肥料の合成，硝酸などの工業用原料として重要である。アンモニアを空気中で酸化（燃焼）すると，窒素と水を生じる。1902年にドイツのオストワルドらは，アンモニアを加熱白金触媒上で燃焼させると一酸化窒素を生じることを見出した。NO を酸化した後，水と反応させると硝酸を生じる。このように，大気中の窒素を用いたハーバー-ボッシュ法でアンモニアを合成し，オストワルド法でアンモニアを酸化して硝酸が大量に作られ，大気中の窒素を工業的に利用できるようになった。

炭酸の中和反応は pH に依存する。

pH＜8 の場合
$CO_2 + H_2O \longrightarrow H_2CO_3$
　　　　　　　　（遅い反応）
$H_2CO_3 + OH^- \longrightarrow$
　$HCO_3^- + H_2O$
　　　　　　　　（速い反応）

pH＞10 の場合
$CO_2 + OH^- \longrightarrow HCO_3^-$
　　　　　　　　（遅い反応）
$HCO_3^- + OH^- \longrightarrow$
　$CO_3^{2-} + H_2O$
　　　　　　　　（速い反応）

15族元素の電子配置

N　[He] $2s^2 2p^3$
P　[Ne] $3s^2 3p^3$
As　[Ar] $3d^{10} 4s^2 4p^3$
Sb　[Kr] $4d^{10} 5s^2 5p^3$
Bi　[Xe] $4f^{14} 5d^{10} 6s^2 6p^3$

窒素酸化物

N_2O（一酸化二窒素）無色。安定

NO（一酸化窒素）無色。中程度の反応性

N_2O_3（三酸化二窒素）青色。すぐに NO と NO_2 に分解

NO_2（二酸化窒素）褐色。水と反応して硝酸を生成

N_2O_4（四酸化二窒素）無色。NO_2 に分解

N_2O_5（五酸化二窒素）無色。不安定。NO_2^+，NO_3^- として存在

窒素化合物の異性体

二重結合を持った窒素化合物にはシス-トランス異性体が存在する。結合していないところには，非共有電子対が存在している。

シス体

トランス体

$$4\,NH_3 + 5\,O_2 \xrightarrow{Pt} 4\,NO + 6\,H_2O$$

$$2\,NO + O_2 \longrightarrow 2\,NO_2$$

$$3\,NO_2 + H_2O \longrightarrow 2\,HNO_3 + NO$$

$$4\,NH_3 + 3\,O_2 \longrightarrow 2\,N_2 + 6\,H_2O$$

アンモニアは水に極めてよく溶け，塩基性を示すが，$NH_3(aq) + H_2O \rightleftarrows NH_4^+ + OH^-$ の平衡定数は $K = 1.81 \times 10^{-5}$ であり，水中でも大部分は NH_3 として存在している。

一酸化窒素は，硝酸，硝酸塩および亜硝酸塩を還元すると得られる。

$$8\,HNO_3 + 3\,Cu \longrightarrow 3\,Cu(NO_3)_2 + 4\,H_2O + 2\,NO$$

生成した一酸化窒素は，空気中の酸素とすぐに反応して二酸化窒素になる。代表的な窒素のオキソ酸は硝酸で，ほとんどの金属と反応して硝酸塩を作る。硝酸塩は水によく溶ける。また，$2\,mol\,L^{-1}$ 以下の硝酸にはほとんど酸化力はないが，濃硝酸は強力な酸化剤である。

リンはリン鉱石から得ている。

$$2\,Ca_3(PO_4)_2 + 6\,SiO_2 + 10\,C \longrightarrow P_4 + 6\,CaSiO_3 + 10\,CO$$

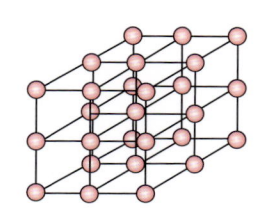

リンには同素体があり，**黄リン**（白リンともいう），黒リン，赤リンの3種の主要な形態がある。黄リンは，四面体型の P_4 分子より成り，極めて反応性が高い。酸素とも反応しやすく，空気中約 35℃ で自然発火し，毒性も高い。**黒リン**は，リン原子の層が黒鉛（グラファイト）のように積み重なった構造をしており，リンの同素体の中で最も反応性が低い。**赤リン**は，無毒で，P_4 分子の一つの結合が切れ重合した分子を含む無定形（結晶化していない）で，黄リンより反応性が低く，発火物（マッチ，花火等）に使われている。リンは還元性の高いアルカリ金属やアルカリ土類金属と反応して Na_3P，Sr_3P_2 などを生成する。これらはイオン性の化合物で，P^{3-} イオンを含んでいる。水と反応してホスフィン PH_3 を生じる。多少還元性の低い金属とも反応して，CdP_2 のような P_2 が単位となった化合物を生成する。

リン酸（オルトリン酸ともいう）H_3PO_4 は，低温では酸化力はないが，高温では金属を酸化し，石英とも反応する。各種金属のリン酸塩が知られている。

ヒ素の化合物はほとんどが有毒で，農薬や殺鼠剤として使われる。医薬品としても使われ，サルバルサンは梅毒の治療薬として用いられた。

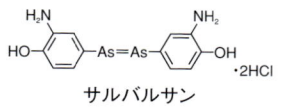

8・9　16族元素

16族元素　酸素 O，硫黄 S，セレン Se，テルル Te，ポロニウム Po は

黄リンの四面体構造

黄リンを過剰の酸素共存下で燃焼させると，酸化物を生じる。

$$P_4(s) + 5\,O_2(g) \longrightarrow P_4O_{10}(s)$$

構造が明らかになる前から，示性式 P_2O_5 に基づいて五酸化リンと呼ばれていたため，今でもこのように呼ばれている。水に対する親和性が非常に強く，乾燥剤として用いられている。

サルバルサン

16族元素の電子配置

O　$[He]\,2s^2\,2p^4$
S　$[Ne]\,3s^2\,3p^4$
Se　$[Ar]\,3d^{10}\,4s^2\,4p^4$
Te　$[Kr]\,4d^{10}\,5s^2\,5p^4$
Po　$[Xe]\,4f^{14}\,5d^{10}\,6s^2\,6p^4$

カルコゲンと総称され，最外殻の電子配置はs^2p^4，原子価2でH_2Oのような化合物を形成し，大きなイオン化エネルギーと電気陰性度を持つ．

酸素は，金属とも非金属とも反応して酸化物を作る．アルカリ金属とアルカリ土類金属の酸化物は，イオン性化合物で水に溶かすと塩基性を示す．このような酸化物は，酸と反応すると塩を生じるので，**塩基性酸化物**という．NO_2のような酸化物は，水に溶かすと酸性を示す．このような酸化物は，塩基と反応して塩を生じるので，**酸性酸化物**という．酸性酸化物には，NO_2のほか，SO_3，P_2O_5，As_2O_5，CO_2などがある．CO，N_2Oなどは**中性酸化物**である．強塩基に対しては酸として働き，強酸に対しては塩基として働くAl_2O_3やZnOは，**両性酸化物**という．

$$ZnO\,(s) + 2H^+\,(aq) \longrightarrow Zn^{2+}\,(aq) + H_2O$$
$$ZnO\,(s) + 2OH^-\,(aq) + H_2O \longrightarrow [Zn(OH)_4]^{2-}\,(aq)$$

1族元素や2族元素の水酸化物は，強塩基性を示す．

$$MOH\,(s) + n\,H_2O \longrightarrow M^+\,(aq) + OH^-\,(aq)$$

塩基としても酸としても働く**両性水酸化物**もある．この化合物は，共有結合性が強いM−O結合を持っている．

$$M-O-H + H^+ \longrightarrow M^+ + H_2O \quad (酸性条件下)$$
$$M-O-H + OH^- \longrightarrow MO^- + H_2O \quad (塩基性条件下)$$

8・10　17族元素

17族元素　フッ素F，塩素Cl，臭素Br，ヨウ素I，アスタチンAtは**ハロゲン**と総称され，最外殻電子の配置はs^2p^5であり，陽性元素から電子を1個もらって1価の陰イオンとなり，イオン性化合物を生じ，非金属元素とは共有結合性化合物を生じる．ハロゲンの共有結合原子価は1である．ハロゲンは電子親和力が大きく，ほかの原子や化合物から電子を奪いやすいので，**酸化剤**として働く．

$$F_2 + 2NaCl \longrightarrow 2NaF + Cl_2$$
$$2KI + Cl_2 \longrightarrow I_2 + 2KCl$$

フッ素の主要鉱物は，蛍石（CaF_2）や氷晶石（Na_3AlF_6）である．気体分子のF−F距離は1.42×10^{-10} mで，解離熱は158 kJ mol^{-1}ですべての二原子分子の単体中で最小である．弱いF−F結合とFのほかの元素（すべてFより陽性）との結合の強さのため，F_2は単体の中で最も反応性に富み，N_2を除くすべての元素と室温あるいは高温で反応し，また多くの有機物をフッ素化する．水とも激しく反応し，HFを生じるとともにO_2およびO_3を生じる．猛毒で，強い腐食性がある．フッ素を含む合成ゴムは化学的に安定であるため，大量に生産されている．

硫黄には，酸素とは異なり，多くの同素体が存在する．固体の硫黄は，6〜20の硫黄原子を含む環状硫黄と，鎖状硫黄に大別される．最安定形は，S_8を単位とする斜方晶系硫黄である．

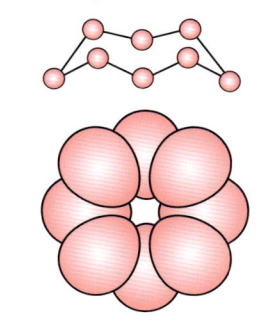

硫黄Sの電子配置は[Ne]$3s^23p^4$で，酸素と同様の反応性も示し，S^{2-}やHS^-となり，R_3S^+にもなる．酸素と異なるのは，3d軌道を使って4，5，6価の共有結合性化合物を作ることができることである．硫化水素H_2Sは，独特の臭気の気体で，毒性が強く，水に溶けると弱酸性を示し，弱い還元剤として働く．

硫化水素は重金属（軽金属に対する用語で，密度4〜5 g cm^{-3}以上の金属をいう）イオンと反応して硫化物を沈殿させるので，分析試薬として用いられる．

17族元素の電子配置

F　[He] $2s^2\,2p^5$
Cl　[Ne] $3s^2\,3p^5$
Br　[Ar] $3d^{10}\,4s^2\,4p^5$
I　[Kr] $4d^{10}\,5s^2\,5p^5$
At　[Xe] $4f^{14}\,5d^{10}\,6s^2\,6p^5$

$$H_2 + F_2 \longrightarrow 2HF$$

$$Cl_2 + F_2 \longrightarrow 2ClF$$

$$C_6H_6 + 6F_2 \longrightarrow C_6F_6 + 6HF$$

$$5F_2 + 5H_2O \longrightarrow 10HF + O_2 + O_3$$

塩素 Cl_2 は，海水の電気分解により得ている．実験室では，塩酸を酸化マンガン(IV)で酸化するか，次亜塩素酸ナトリウム(NaClO)に酸を作用させて得ている．

$$(陽極)\quad Cl^- \longrightarrow \tfrac{1}{2}Cl_2 + e^-$$

$$(陰極)\quad H_2O + e^- \longrightarrow OH^- + \tfrac{1}{2}H_2$$

$$Na^+ + OH^- \longrightarrow NaOH$$

$$MnO_2 + 4HCl \longrightarrow MnCl_2 + Cl_2 + 2H_2O$$

$$NaClO + 2HCl \longrightarrow NaCl + Cl_2 + H_2O$$

塩素は，フッ素と同様に反応性が高く，希ガス，C，N，O以外の元素と直接反応する．塩素は，酸化剤，**漂白剤**として用いられ，塩酸やさらし粉(次亜塩素酸カルシウム：$Ca(ClO)_2$)の製造に用いられ，また塩素系有機溶剤(四塩化炭素，クロロホルムなど)や塩化ビニル等の含塩素有機化合物の原料としても用いられている．

臭素 Br_2 は暗赤色の液体(沸点59.5℃)で，酸化力は塩素より弱いが腐食毒性を示し，塩素より危険である．ヨウ素 I_2 は黒紫色の固体(融点113.6℃)で，常圧下で加熱すると昇華する(3・3・3項参照)．溶液の色は溶媒によって異なる．これは，溶媒と I_2 の間で**電荷移動相互作用**が起こるためである．デンプンと反応すると青色を呈するが，これは**ヨウ素−デンプン反応**としてヨウ素の検出に利用されている．水にはわずかに溶ける($25℃で0.340\,g\,kg^{-1}$)が，I^- を含む水には，I_3^- のようなポリヨウ化物イオンを生じるため溶けやすい．ヨウ素は海藻中に含まれ，海藻の灰化物を水に入れてよく撹拌後ろ過して濃縮し，この濃縮液を酸化マンガン(IV)と硫酸の混合液で酸化すると得られる．

$$2NaI + MnO_2 + 3H_2SO_4 \longrightarrow$$
$$MnSO_4 + 2NaHSO_4 + I_2 + 2H_2O$$

金属のハロゲン化物は，低い酸化状態の場合はイオン性，高い酸化状態では共有結合性の化合物である．**ハロゲン化水素**のうち，HCl，HBr，

> ### コラム　放射性同位体
>
> 　元素の中には放射線を出してほかの元素に変わる同位体が存在するものがある。これらを放射性同位体，放射性核種または放射性同位元素という。放射線とは放射性崩壊によって放出されるアルファ線，ベータ線およびガンマ線のことである。広い意味ではX線や高速中性子線などもこれに属する。放射性同位体は不安定で，放射線を出して安定な元素に変わる。不安定な理由としては，原子量が大きすぎる，中性子の数が多すぎるなどがあげられる。このような理由で不安定な元素は，アルファ線と呼ばれるヘリウムの原子核や，ベータ線と呼ばれる電子を核外に放出して安定な原子になる。
>
> 　放射線は，医療分野におけるガン治療，遺跡出土品の年代測定，微量化学物質の測定など，様々な分野で利用されている。

HIは水溶液中で100%解離している**強酸**である。HFは容易に水に溶けてフッ化水素酸となるが，酸の強さは弱い。これは，Fの電気陰性度が大きいので，**水素結合**を形成しやすいため多量体（H⋯F⋯H⋯F⋯H⋯F）となり，酸として作用するH^+が少ないためである。フッ化水素酸は，弱い酸ではあるが二酸化ケイ素を溶かすので，ガラスのエッチングに用いられている。この酸は皮膚や粘膜を冒すので，取り扱いには注意が必要である。

$$SiO_2 + 4HF \longrightarrow SiF_4 + 2H_2O \quad (SiF_4 は気体)$$

章末問題

1．1族および2族元素の電子配置から予測される単体の性質を記せ。
2．両性酸化物の化合物を示し，その酸または塩基との反応を化学反応式で示せ。
3．単体の窒素とリンの構造の違いを記せ。
4．五酸化リンは強い脱水剤である。五酸化リンと水の反応を化学反応式で示せ。

第9章 無機化合物の構造と性質（Ⅱ）
― 遷移元素の化合物 ―

　遷移元素は，周期表のほぼ中央に位置した元素群で，全元素の半分以上を占めている。遷移元素には，電子が満たされていない d 軌道または f 軌道があり，それらの軌道の電子が遷移元素の化学的性質に関係している。この章では，遷移元素の化学的性質や遷移金属錯体について学び，遷移元素について理解する。

9・1　遷移元素

●9・1・1　遷移元素の特徴

　部分的に満たされた d 軌道または f 軌道を持った元素を**遷移元素**といい，周期表の3〜11族元素がこれに該当する。原子番号が増すのに伴って，順次，d 軌道または f 軌道に電子が入っていく元素をそれぞれ **d-ブロック元素**，**f-ブロック元素**という。遷移元素は全て金属なので**遷移金属**ともいう。遷移元素には以下のような特徴がある。

1) 周期表で縦に並んだ元素の性質が似ているだけでなく，横に並んだ元素間にも類似性がある。これは最外殻の電子配置が似ているためで，特に**ランタノイド**15元素の類似性は顕著である。
2) 複数の酸化数を取りやすく，連続した整数値を取ることが多い。これは，遷移元素が電子で満たされていない d 軌道を持ち，イオン化エネルギーがそれほど大きくないためである。遷移元素の電子配置と安定な酸化状態の例を下に示す。
3) 遷移金属を含むイオンや化合物は，着色しているものが多い。
4) 単体は硬く，強く，高融点である。

> 12族元素は中性の原子およびイオンになったときも d 軌道に10個の電子を持ち，遷移元素とは分類されない。しかし，d 軌道が電子で満たされていない3族から11族の元素と化学的性質が似ているため，本書では12族も本章で解説している。

Sc	$4s^2 3d^1$	+3
Ti	$4s^2 3d^2$	+2, +3, +4
V	$4s^2 3d^3$	+1, +2, +3, +4, +5
Cr	$4s^1 3d^5$	+2, +3, +6
Mn	$4s^2 3d^5$	+2, +3, +4, +6, +7
Fe	$4s^2 3d^6$	+2, +3, +4, +6
Co	$4s^2 3d^7$	+2, +3
Ni	$4s^2 3d^8$	+2, +3
Cu	$4s^1 3d^{10}$	+1, +2
Zn	$4s^2 3d^{10}$	+2

4s 軌道の方が 3d 軌道よりエネルギー準位が低い（1・5節参照）

5) 熱と電気の良導体で，典型的な金属の性質を示す。
6) **常磁性**（磁場に入れると磁場と同じ方向に磁気を帯びる性質）の化合物を作ることが多い。
7) 多くの**錯体**を作る。

9・1・2 3族元素

この族には，スカンジウム Sc，イットリウム Y と，ランタン La からルテチウム Lu までの 15 元素（**ランタノイド**），アクチニウム Ac からローレンシウム Lr までの 15 元素（**アクチノイド**）が含まれる。Sc と Y の最外殻（n で表す）とその 1 つ内側の殻（$n-1$）の電子配置は $(n-1)s^2p^6d^1ns^2$ となっている。ランタノイドとアクチノイドの電子配置は $(n-1)s^2p^6d^1ns^2$，$(n-1)s^2p^6d^2ns^2$ または $(n-1)s^2p^6ns^2$ で，満たされていない $(n-2)$ の f 軌道に順次電子が詰まっていく。このため，ランタノイドとアクチノイドは**内遷移元素**ともいわれ，周期表では別表として主表の下にまとめて示されている。Sc，Y とランタノイドは，**希土類**とも呼ばれている。

ランタノイド元素のイオン半径と原子半径は，原子番号の増加に伴って減少する。これを**ランタノイド収縮**という。この収縮は，4f 電子による核電荷の遮蔽が不十分なため，核電荷の増加に伴って，電子がより強く核に引きつけられるために起こる。ランタノイド収縮の結果，ランタノイドに続くハフニウム Hf から水銀 Hg までの 5d 遷移元素は，前の 4d 遷移元素とほぼ同じ半径を持つことになり化学的性質が似てくる。例えば，4族元素第5周期のジルコニウム Zr（イオン半径 0.72×10^{-10} m）と第6周期の Hf（イオン半径 0.71×10^{-10} m）は特に性質が似ていて，両者は鉱物中に常に混じって産出されるが，分離が困難である。類似の収縮はアクチノイドでも見られ，これを**アクチノイド収縮**という。

アクチノイドに含まれるウラン U には，天然に存在する同位体があり，^{234}U，^{235}U，^{238}U は放射性同位体である。^{235}U は原子力発電に利用されている（14・6・6 項参照）。遅い中性子を U に衝突させて，U の核分裂を起こすと，原子核が電子を放出する β^- 崩壊が起こり，原子番号が 1 増加する。原子番号が変わるということは，別の元素になったことを意味する。U より原子番号の大きな元素は，この反応を利用して人工的に作り出されたものである。^{239}U も人工的に作られた同位体で，β^- 崩壊してネプツニウム Np となり，さらに β^- 崩壊してプルトニウム Pu となる。

$$^{239}_{92}\text{U} \xrightarrow{\beta^- 崩壊} {}^{239}_{93}\text{Np} \xrightarrow{\beta^- 崩壊} {}^{239}_{94}\text{Pu}$$

かつては比較的産出が希少であった鉱物から得られ，これら元素の酸化物を希土と呼んでいた。

9・1・3 4族と5族元素

4族元素は，チタン Ti，ジルコニウム Zr，ハフニウム Hf，ラザホージウム Rf で，電子配置は $(n-1)s^2p^6d^2ns^2$ となっている。5族元素は，バナジウム V，ニオブ Nb，タンタル Ta，ドブニウム Db で，電子配置は $(n-1)s^2p^6d^3ns^2$ または $(n-1)s^2p^6d^4ns^1$ となっている。

Ti の酸化物である TiO_2 は，白色結晶で顔料として用いられ，**光触媒**としても使われている。TiO_2 は，Ti が1個と O が2個結合した分子ではなく，多くの Ti と O とが規則正しく並んだ巨大分子のような構造をしている。このような化合物では，電子状態が**バンド構造**となり，電子の詰まったバンド（**充満帯**）と電子が詰まっていないバンド（**伝導帯**）が形成される。これは，分子の場合の結合性軌道と反結合性軌道（第2章コラム参照）に相当する。TiO_2 に光を当てると，充満帯にあった電子が伝導帯に遷移し，充満帯から負電荷を持った電子が抜けるため，正電荷の**空孔**ができる。この空孔に物質から電子が移ると，その物質は酸化され，その後分解する（図9・1）。これが，光触媒により汚れ等が分解される原理である。

> 光により汚れを落とすことができる光触媒は，塗料や高速道路の照明用カバーガラス等に利用されている。

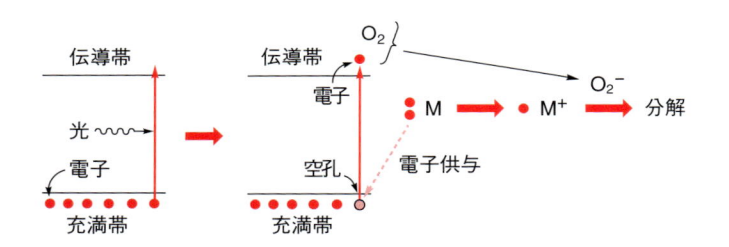

図9・1 光触媒による汚れなどの有機物（M）の分解作用

9・1・4 6族～12族元素

6族元素は，クロム Cr，モリブデン Mo，タングステン W，シーボーギウム Sg で，電子配置は $(n-1)s^2p^6d^5ns^1$ または $(n-1)s^2p^6d^4ns^2$，7族元素は，マンガン Mn，テクネチウム Tc，レニウム Re，ボーリウム Bh で，電子配置は $(n-1)s^2p^6d^5ns^2$ または $(n-1)s^2p^6d^6ns^1$ である。Cr と Mn には，強酸化剤である二クロム酸カリウム $K_2Cr_2O_7$ と過マンガン酸カリウム $KMnO_4$ がある。電熱線などに用いられるニクロムは，ニッケル Ni 77～79 %，Cr 19～21 % に鉄を加えて溶融・凝固させたものである。このように，2種以上の金属を溶融・凝固させたものを**合金**という。

8族元素は，鉄 Fe，ルテニウム Ru，オスミウム Os，ハッシウム Hs，

9族元素は，コバルト Co，ロジウム Rh，イリジウム Ir，マイトネリウム Mt，10族元素は，ニッケル Ni，パラジウム Pd，白金 Pt，ダームスタチウム Ds である。Fe，Co，Ni は，d 軌道の電子配置が $3d^6$，$3d^7$，$3d^8$ と異なり族も異なるが，有色化合物を作り，**触媒**として働き，単体が白色光沢のある金属で**強磁性**であるなどの性質が似ているため，**鉄族元素**といわれ，また**三つ組元素**ということもある。

11族には銅 Cu，銀 Ag，金 Au，レントゲニウム Rg が属し，電子配置は $(n-1)s^2p^6d^{10}ns^1$ で，銅以外は反応性が極めて低い元素である。ランタノイド収縮のため，銀と金の原子半径はほぼ等しい。12族には亜鉛 Zn，カドミウム Cd，水銀 Hg が属し，電子配置は $(n-1)s^2p^6d^{10}ns^2$ であり，2個の電子を失い +2 のイオンになるが，+1 の酸化状態を取ることもある。

Hg は唯一常温で液体の金属である。融点 −38.9 ℃，沸点 357 ℃。蒸気を長時間吸うと神経が冒される。

9・2 遷移金属錯体

● 9・2・1 遷移金属を含む有色化合物

1710年にディッペルが，動物の血や内臓を塩基と鉄で処理すると黄血塩（ヘキサシアノ鉄(II)酸カリウムまたはフェロシアン化カリウムともいう）が得られることを見出した。この化合物は，遷移金属イオンの Fe^{2+} を含む淡黄色結晶で，Fe^{3+} を含む水溶液に加えると紺色となり，染料として利用され，Fe^{3+} の分析試薬としても利用されている。このように，遷移金属のイオンを含む化合物は特有な色を持っているものが多く，顔料や染料等に利用されている。しかし，黄血塩などの化合物は構造が複雑で，合成された当時は構造が分からなかった。

Co を含む化合物も特有な色を持ち，組成式 $CoCl_3 \cdot 6NH_3$ である化合物は黄色，$CoCl_3 \cdot 5NH_3$ は紫色をしている（表9・1）。1811年にスウェーデンのベルセリウスは，全ての物質は電気的に陽性の部分と陰性の部分が結びついて結合していると考える**電気化学的二元論**を提唱し，当時は，この理論により化合物の結合が説明されていた。しかし，$CoCl_3 \cdot 6NH_3$ や $CoCl_3 \cdot 5NH_3$ では，電気的に中性な化合物である $CoCl_3$ と NH_3 がどのように結合しているかは説明できなかった。

● 9・2・2 ウェルナーの配位説

19世紀には，色を持つ類似の化合物が多く合成され，その組成式が決定された。表9・1にその例を示したが，これらの化合物は $AgNO_3$ に対する反応性が異なり，同じ物質量を用いて $AgNO_3$ と反応させても，生成する $AgCl$ の物質量が異なる。$AgNO_3$ と反応する Cl と反応しない Cl

表 9・1　コバルト化合物の色

錯体（組成式）	色
$CoCl_3 \cdot 6NH_3$	黄
$CoCl_3 \cdot 5NH_3$	紫
$CoCl_3 \cdot 4NH_3$（トランス形）	緑
$CoCl_3 \cdot 4NH_3$（シス形）	すみれ
$CoCl_3 \cdot 5NH_3 \cdot H_2O$	赤

$$Co{-}NH_3{-}NH_3{-}NH_3{-}NH_3{-}Cl$$
（Co に Cl、NH_3-Cl の枝）

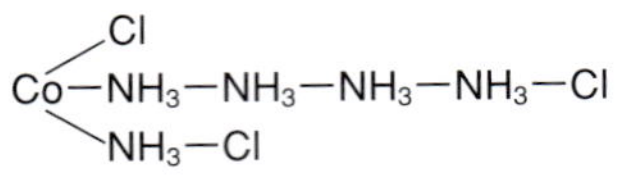

図 9・2　$CoCl_3 \cdot 5NH_3$ に対して考えられた古い式

シス形，トランス形については 9・2・4 項参照

があるためで，これらの化合物中に結合状態の異なる 2 種類の Cl が存在していなければならない．当時は，これらの化合物中に $-NH_3-NH_3-$ 結合があり，Cl が結合できるのは，$-NH_3-NH_3-$ 結合の末端と Co であると考えた（図 9・2）．すなわち，水に溶かすと，Co−Cl 結合と NH_3−Cl 結合の一方は解離して Cl^- を生じ，他方は解離しない（Cl^- を生じない）と考えたのである．しかし，この考え方では説明できない化合物 $CoCl_3 \cdot (H_2N-CH_2CH_2-NH_2)_2$ が合成された．この化合物には，色の違う（緑と紫）2 種類の**異性体**が存在するが，いずれも 1 個の Cl だけが $AgNO_3$ と反応して AgCl の沈殿を生じる．図 9・2 のような書き方では，Co あるいは $-NH_2$ に Cl を 1 個だけ結合させて，2 つの異なった構造式を書くことはできない．

　当時は結合の理論が確立できていなかったから，$-NH_3-NH_3-$ 結合を考えることが許されたが，窒素の最外殻電子は 5 個で，2s 軌道に 2 個，2p 軌道に 3 個入っている（1・5 節参照）ので，5 個の電子を 1 個ずつ用いて 5 個の結合を作ることはできない．すなわち，5 価はあり得ない．

　1893 年にスイスのウェルナーは，中性分子あるいは陰イオンが，中心金属イオンを取り巻いて結合する様式を考え，**副原子価**の概念を提唱した．$CoCl_3 \cdot 6NH_3$ は，その 1 mol が $AgNO_3$ と反応して 3 mol の AgCl を生成するので 3 個の Cl^- と $[Co(NH_3)_6]^{3+}$ となると考え，$CoCl_3 \cdot 5NH_3$ は，2 mol の AgCl を生成するので 2 個の Cl^- と $[CoCl(NH_3)_5]^{2+}$ となると考えた．中心金属と結合している分子またはイオンを**配位子**といい，結合する分子またはイオンの総数は金属によって決まっており，その数を**配位数**という．塩化コバルトには $CoCl_2$（安定）と $CoCl_3$（不安定）があり，+2 と +3 が普通の原子価である．$[Co(NH_3)_6]^{3+}$ や $[CoCl(NH_3)_5]^{2+}$ の Co^{3+} の配位数は 6 なので，この数を副原子価という．$[Co(NH_3)_6]^{3+}$ や $[CoCl(NH_3)_5]^{2+}$ のように，中心金属イオンと結合した [ ] 内の中性分子や陰イオンは，水中では解離しない．Co^{3+} の配位数は 6 であるので，$CoCl_3 \cdot 3NH_3$ は $[CoCl_3(NH_3)_3]$ となり，$AgNO_3$ と反応しないと考えられ，実際に，この化合物に $AgNO_3$ を加えても AgCl は生じな

い。化合物 $CoCl_3 \cdot 5NH_3$ の構造は，$[CoCl(NH_3)_5]Cl_2$ のように表され，[ ] の外に書かれた Cl は，解離するとイオンになることを示している。

● 9・2・3 配位結合

ウェルナーは，$[CoCl(NH_3)_5]^{2+}$ の構造を，中心の Co^{3+} を1個の Cl^- と5個の NH_3 が取り囲んだ構造と考えた。Cl^- と NH_3 の N は**非共有電子対**を持ち，**電子対供与体**，すなわち塩基として働くことができ（6・1節参照），陽イオンである Co^{3+} に電子対を供与することができる。共有結合は，電子を1個ずつ出し合って，その電子を共有する結合様式であるが，一方の原子だけが電子を2個出しても，電子に区別はないから，共有結合を形成し得る。水と水素イオンから生じるヒドロニウムイオンの3つの O-H 結合や，アンモニアと水素イオンから生じるアンモニウムイオンの4つの N-H 結合は，結合が形成されてしまえば，すべての結合に差はない。このように，共有結合で使われる電子対が，一方の原子の非共有電子対であったと考えられる結合を**配位結合**という。

中心になる原子またはイオンに，ほかのイオンや分子が配位結合している化合物を**配位化合物**という。$[CoCl(NH_3)_5]^{2+}$ は Co^{3+} に Cl^- と5個の NH_3 が結合した配位化合物である（図9・3）。Co の配位数は6で，これを副原子価と呼んだが，副原子価で結合する場合はオクテット則（2・1節参照）には合わない。これは，遷移金属の結合に d 軌道が関係しているためで，オクテット則に従うのは，s 軌道と p 軌道だけを使った結合の場合である。

図9・3 $[CoCl(NH_3)_5]^{2+}$

● 9・2・4 錯体

中心原子が金属である配位化合物を**金属錯体**，あるいは単に**錯体**といい，上で例とした $[CoCl(NH_3)_5]^{2+}$ は錯体である。ここでは，$[CoCl(NH_3)_5]^{2+}$ のような遷移金属を中心金属とした錯体を取り上げる。配位子のうち，1つの中心金属に1対の電子対を供与する配位子を**単座配位子**（例えば Cl^- や NH_3），2対の電子対を供与する配位子を**二座配位子**（例えば $H_2N-CH_2CH_2-NH_2$）という。錯体には，陽イオン（例 $[CoCl(NH_3)_5]^{2+}$），陰イオン（例 $[Fe(CN)_6]^{4-}$）あるいは中性化合物（例 $[CoCl_3(NH_3)_3]$）がある。いずれになるかは，中心金属と配位子の電荷と数で決まる。電荷を持った錯体は**錯イオン**と呼ばれ，溶液にしたときに錯イオンを生じる電解質を**錯塩**という。

配位子が中心金属に配位したときの基本的な形は，配位数によって決まる。配位数は，普通は6か4であるが，11を除く2～12が知られている。代表的な錯体とその構造を**表9・2**に示す。

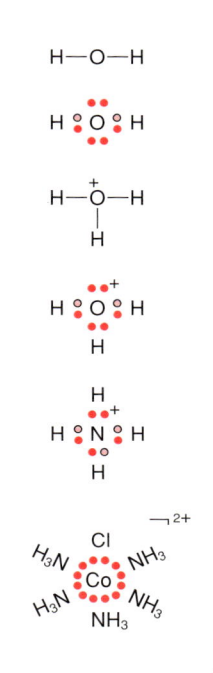

表 9・2 錯体の構造

中心金属	Ag^+	Cu^{2+}	Zn^{2+}	Fe^{3+}
錯体	$[Ag(NH_3)_2]^+$	$[Cu(NH_3)_4]^{2+}$	$[Zn(NH_3)_4]^{2+}$	$[Fe(CN)_6]^{3-}$
構造	直線形 配位数 2	正方形 配位数 4	正四面体 配位数 4	正八面体 配位数 6

図 9・4 $[CoCl(NH_3)_5]^{2+}$

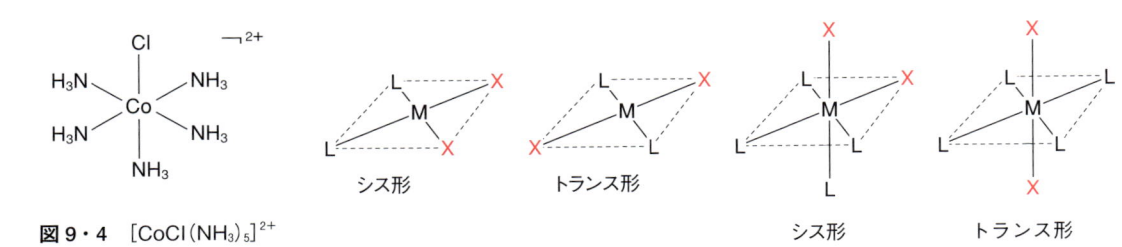

図 9・6 錯体 ML_2X_2 と ML_4X_2 の幾何異性体

図 9・5 $[CoCl_2(H_2N-CH_2CH_2-NH_2)_2]Cl$ の 2 種類の異性体

図 9・3 で電子式を用いて表した $[CoCl(NH_3)_5]^{2+}$ は，正八面体構造を取る（**図 9・4**）。また，図 9・2 のような構造では説明できなかった化合物 $CoCl_3 \cdot (H_2N-CH_2CH_2-NH_2)_2$ には Cl^- となる Cl を 1 個持つ 2 種類の化合物が存在するが，これも正八面体構造を取る**幾何異性体**で説明できる（**図 9・5**）。平面構造の錯体 ML_2X_2（L と X は配位子）と正八面体構造の錯体 ML_4X_2 では，幾何異性体が存在し，X と X が隣り合う位置にある異性体を**シス形**といい，X と X が向かい合う位置にある異性体を**トランス形**という（図 9・6）。

9・3 錯体の表し方と命名法

9・3・1 化学式の書き方

化学式を書くときは，電荷の有無にかかわらず，錯体を [ ] で囲んで表す。錯イオンの場合には，対イオンを書くときは [ ] の外に書き，対イオンを書かないときは錯体の電荷を右肩に書く（例 $[CoCl(NH_3)_5]Cl_2$，$[CoCl(NH_3)_5]^{2+}$）。配位子が多原子であるときや，略号（$H_2N-CH_2CH_2-NH_2$ を en と略すときなど）を用いるときは（ ）内に書く（例 $[CoCl_2(en)_2]Cl$）。化学式中の順序は，中心金属，陰イオンの配位子，中性配位

表 9・3 代表的な配位子

陰イオン性配位子	中性分子
OH⁻：ヒドロキソ (hydroxo)	H₂O：水ではなくアクア (aqua)
F⁻：フルオロ (fluoro)	NH₃：アンモニアではなくアンミン (ammine)
Cl⁻：クロロ (chloro)	HN(CH₃)₂：ジメチルアミン (dimethylamine)
Br⁻：ブロモ (bromo)	H₂N—CH₂CH₂—NH₂：エチレンジアミン (ethylenediamine, en)
I⁻：ヨード (iodo)	P(CH₂CH₃)₃：トリエチルホスフィン (triethylphosphine)
CH₃COO⁻：アセタト (acetato)	CO：カルボニル (carbonyl)
CN⁻：シアノ (cyano)	NO：ニトロシル (nitrosyl)
O²⁻：オキソ (oxo)	N₂：二窒素 (dinitrogen)
O₂²⁻：ペルオキソ (peroxo)	⟨N⟩：ピリジン (piridine, py)
HS⁻：メルカプト (mercapto)	
S：チオ (thio)	⟨N-N⟩：2,2′-ビピリジン (2,2′-bipiridine, bpy)
S₂²⁻：ジスルフィド (disulfido)	

異なる結合様式を取り得る配位子
シアナトイオン N≡C—O⁻ は形式上次の 2 つの化学式が可能である。
N≡C—O⁻：シアナト (cyanato) 中心金属と O 側で結合
⁻N=C=O：イソシアナト (isocyanato) 中心金属と N 側で結合
複数の異なる個所で配位結合できる配位子では，配位している原子をイタリックで示す。
⁻S—CO—CO—S⁻：ジチオオキサラト-*S,S*′ (dithiooxalato-*S,S*′)
⁻O—CS—CS—O⁻：ジチオオキサラト-*O,O*′ (dithiooxalato-*O,O*′)

子の順で数とともに示し，複数の種類の陰イオンや中性配位子がある場合には，数値接頭詞や倍数接頭詞を除いた配位子の英語名のアルファベット順に示す．

9・3・2 配位子の名称

陰イオン性配位子の英語名称は，無機，有機の別なく「o」で終わる．日本語では「オ」とし，英語名をそのまま字訳してカタカナで表す（表9・3）．中性の配位子は，その名称をそのまま用いて命名する（例外 H_2O：アクア，NH_3：アンミン）．

配位子が複数ある場合，配位子が簡単ならば，数値接頭詞を配位子の前に付け，数詞で始まるグループや原子団のときには，配位子名を（ ）で囲み，数を示す倍数接頭詞を前に付ける．

	数値接頭詞
1	モノ (mono)
2	ジ (di)，ビ (bi)
3	トリ (tri)
4	テトラ (tetra)
5	ペンタ (penta)
6	ヘキサ (hexa)

	倍数接頭詞
1	—
2	ビス (bis)
3	トリス (tris)
4	テトラキス (tetrakis)
5	ペンタキス (pentakis)
6	ヘキサキス (hexakis)

9・3・3 錯体の命名法

錯体の命名法は，IUPAC（アイユーパック）の無機化学命名法に従い，化学式中で中心金属に近い順，すなわち，陰イオン性配位子，陽イオン性配位子，中性配位子の順に配位子の数と名称を示し，その後に中心金属名とその酸化数を示す．酸化数は（ ）の中に入れる．錯体が陽イオンの場合には酸化数の後に「イオン」を付け，陰イオンの場合には「酸イオン」を付ける．錯塩の場合には，「イオン」を取って対イオン（陽イオンまたは陰イオン）名を加える．結晶水を含む場合には，その後に「水和物」として示す．結

IUPAC = International Union of Pure and Applied Chemistry（国際純性および応用化学連合）の略．

結晶中に一定の化合比で含まれている水を，結晶水という。結合の仕方によって，結晶構造の安定化に必要な水（格子水），金属イオンに配位して錯イオンを作る水（配位水）などがある。

晶水が複数個含まれるときには，「三水和物」のように漢数字を付ける。錯体の命名例を下に示す。

$[Fe(bpy)_3]^{2+}$　トリス(2,2-ビピリジン)鉄(Ⅱ)イオン　tris(2,2-bipyridine)iron(Ⅱ)ion　cis-$[Pt(Cl_2)(NH_3)_2]$　cis-ジアミンジクロロ白金(Ⅱ)　cis-diamminedichloroplatinum(Ⅱ)　$Na_2[Fe(CN)_4(en)] \cdot 3H_2O$　テトラシアノ(エチレンジアミン)鉄(Ⅱ)酸ナトリウム三水和物　sodium tetracyano(ethylenediamine)ferrate(Ⅱ)trihydrate

9・4　錯体の形

9・2・3項で述べたように，錯体は，非共有電子対を持つ配位子が電子対供与体となって金属イオンと配位結合した化合物である。配位子の非共有電子対が入った軌道は，電子が2個入った軌道であるから，**パウリの排他原理**（1・5節参照）により，これ以上の電子を入れることができない。結合の形成には軌道の重なりが必要であるが（2・4節参照），パウリの排他原理は結合を形成するときにも適用できる。すなわち，化合物AとBの間で，両者の電子が2個入った軌道同士が重なっても，電子が重なりを通して一方の軌道から他方の軌道へ入っていくことができない。これは，重なりを通して電子が1個入ると1つの軌道に電子が3個入った状態になってしまうためである。したがって，配位結合するためには，Aの非共有電子対の入った軌道は，Bの電子の入っていない軌道（**空軌道**という）と重ならなければならない（図9・7）。

$[Co(NH_3)_6]Cl_3$では，Co^{3+}の空軌道にアンモニアの窒素原子上の非共有電子対が入った軌道が重なって配位結合する。Coの電子配置は$1s^22s^22p^63s^23p^63d^74s^2$なので，$Co^{3+}$の電子配置は$1s^22s^22p^63s^23p^63d^6$となる。5個のd軌道は，配位子が存在しないときは全て同じエネルギー準位であるが，配位子6個がx, y, z軸上の正と負の位置にそれぞれ1個ずつ存在すると，d_{z^2}と$d_{x^2-y^2}$（図1・6参照）はほかのd軌道と形が異な

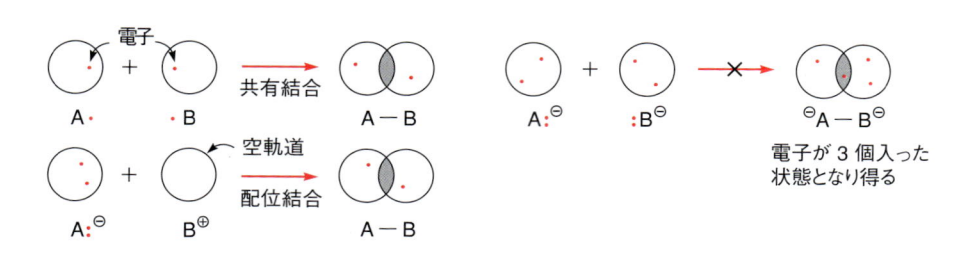

図9・7　有効な軌道の重なりと無効な軌道の重なり

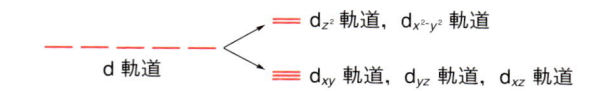

```
─  ─  ─  ─  ─ ╱── ══ d_{z^2}軌道,d_{x^2-y^2}軌道
      d軌道     ╲── ══ d_{xy}軌道,d_{yz}軌道,d_{xz}軌道
```

図9・8 配位子場によるd軌道の分裂

り軸方向に軌道が延びているため,これらの軌道に電子が入ると配位子との間の斥力が大きくなり,ほかのd軌道よりエネルギー準位が高くなる。このため,d軌道が2組に分かれ(**図9・8**),Co^{3+}の6個の電子は,エネルギーの低い3個の軌道に入ることになる。

配位結合するためには,Co^{3+}の空軌道6個が必要なので,空軌道となった2個の3d軌道と4s軌道および3個の4p軌道を使うことになる。これらの軌道はエネルギー準位が近く,互いに混じり合って平均化され,等価な6個の軌道(d^2sp^3**軌道**)となる(これを混成という)。形成された6個の軌道は,正八面体の頂点を向く。$[Co(NH_3)_6]^{3+}$の正八面体構造はこのように説明される。

錯体がどのような形になるかは,配位子によるd軌道の分裂に関係しているので,配位子の大きさとd軌道に及ぼす**配位子場**(電場)の強さによって決まる。代表的な混成軌道を**表9・4**に示す。

表9・4 代表的な混成軌道と錯体の形

配位数	2	3	4	4	6	8
混成軌道	sp	sp^2	sp^3	dsp^2	d^2sp^3	d^4sp^3
錯体の形	直線	正三角形	正四面体	正方形	正八面体	正十二面体

コラム　錯体の色

赤，緑，青の光の3原色を適当な強さで混合すると，全ての色を作ることができる。ヒトが色を判断できるのは，赤，緑，青に特に応答する受光器（視細胞）があるからである。太陽から放出されている光には，紫外線から赤外線の領域の光が含まれているが，ヒトが目で感じることのできる光は，波長が380〜780 nmの可視光である。太陽光は，全ての波長の光が混合している白色光で，色づいては見えない。ものが色づいて見えるのは，反射あるいは透過してきた光に含まれる補色関係にある光が，少なくなっているためである。

錯体が色づいているのは，錯体が光を吸収して，配位子によって分裂して生じたエネルギーの低いd軌道からエネルギーの高いd軌道に電子が遷移し，このときのエネルギー差が可視光のエネルギーに相当するからである。

波長(nm)	10〜380	380〜430	430〜460	460〜500	500〜570	570〜590	590〜610	610〜780	780〜1mm
色	紫外線	紫	青	青緑	緑	黄	橙	赤	赤外線

12色環
（向かい合う色が補色の関係にある）

章末問題

1. 遷移金属元素に共通して見られる性質を記せ。
2. 次の錯体の日本語名を記せ。
   ① [CoCl$_2$(NH$_3$)$_4$]Cl　② K$_3$[Fe(CN)$_6$]　③ [Co(H$_2$O)(NH$_3$)$_5$]Cl$_3$
3. 混成軌道を用いて [Co(H$_2$O)$_6$]$^{3+}$ の構造を説明せよ。
4. 次の化合物を構造式で表せ。
   1) トリス(2,2-ビピリジン)鉄(Ⅱ)イオン
   2) cis-ジアンミンジクロロ白金(Ⅱ)
   3) テトラシアノ(エチレンジアミン)鉄(Ⅱ)酸イオン
5. 正八面体構造の錯体 ML$_3$X$_3$（L, X は配位子である）の異性体の構造を示せ。

第10章 有機化合物の構造と命名

有機化合物は，平面的な構造式を用いて表すことができるが，この式からは立体構造に関する情報は得られない。この章では，s軌道とp軌道からなる混成軌道の作り方と軌道を用いた有機化合物の立体構造の表し方，および，有機化合物の系統的な命名法について学び，有機化学の学習に必要な基礎的事項を理解する。

10・1 有機化合物

10・1・1 有機化合物と無機化合物

かつては，生物体を形成する物質や代謝物を**有機化合物**，その他を**無機化合物**と分類していた。しかし，1828年にドイツの科学者ウェーラーが，無機化合物であるシアン酸アンモニウム（NH_4OCN）から有機化合物である尿素（NH_2CONH_2）が合成できることを見出し，有機化合物と無機化合物には本質的な違いがないことを示した。今日では，グメリンの提案（1848年）に従って，CO，CO_2，炭酸塩などの簡単な化合物を除いた炭素化合物を有機化合物と呼んでいる。

10・1・2 炭化水素

炭素と水素だけからなる有機化合物を**炭化水素**といい，単結合のみで結合しているものを**飽和炭化水素**，二重結合や三重結合を含むものを**不飽和炭化水素**という。直鎖の飽和炭化水素を**アルカン**，二重結合を1つ含む炭化水素を**アルケン**，三重結合を1つ含む炭化水素を**アルキン**と総称する。

10・2 有機化合物の構造

10・2・1 アルカンの構造

炭素原子をボーアモデルで表すと，最外殻に電子が4個入るので，原子価は4となり，容易に平面的な構造式（**平面構造式**ともいう）を書くことができる。アルカンの中で最も簡単な化合物はメタン（CH_4）で，図10・1aのような構造式で表すことができる。しかし，この式は分子を構

NH_4^+ $^-O-C\equiv N$
(NH_4OCN)
シアン酸アンモニウム

↓ 加熱

尿素

有機化合物の特徴
① 構成元素の種類が少ない。主な構成元素はC，H，Oで，これに次ぐのはN，S，ハロゲン。
② 燃焼すると，二酸化炭素と水を生じる。
③ 大部分の有機化合物は分子で，融点・沸点が比較的低い。
④ 水に溶けず，有機溶媒（アルコール，トルエン等）に溶けるものが多い。
⑤ 一般に，反応速度が遅い。

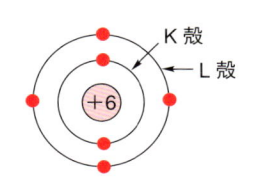

ボーアモデルによる炭素の電子配置

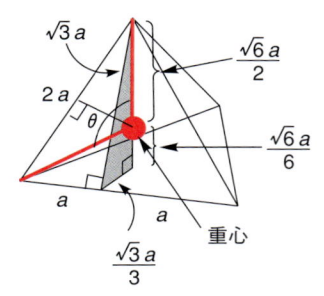

98　第10章　有機化合物の構造と命名

第2余弦定理より，

$$2 \cdot \frac{\sqrt{6}a}{2} \cdot \frac{\sqrt{6}a}{2} \cdot \cos\theta$$
$$= \left(\frac{\sqrt{6}a}{2}\right)^2 + \left(\frac{\sqrt{6}a}{2}\right)^2 - (2a)^2$$
$$\cos\theta = -\frac{1}{3}$$
$$\theta = 109.47°$$
$$\quad = 109°28'$$

メタンの結合角の求め方

軌道は波の性質を持っているので，混成は波の重ね合わせに相当する。

振幅（y軸）が＋になる部分と−の部分との違いを位相が異なるという。

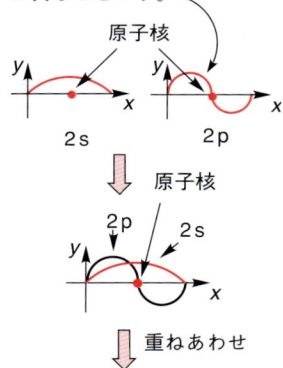

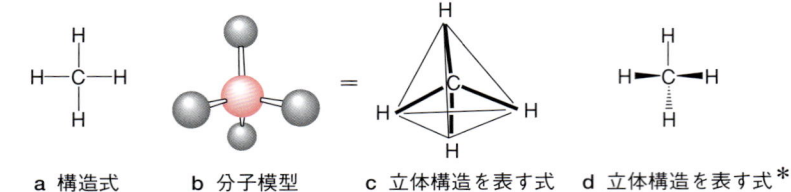

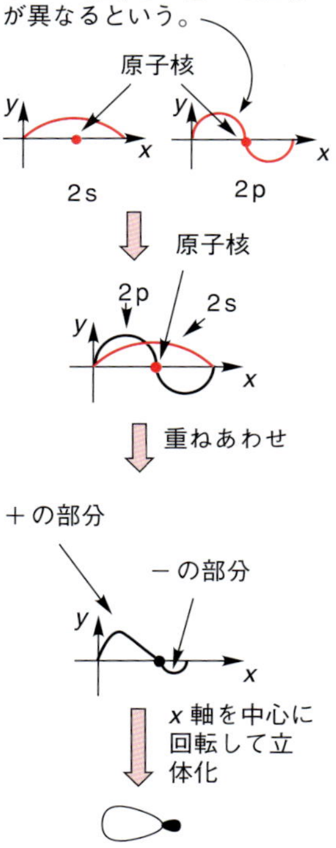

図10・1　メタンの構造式

a　構造式　　b　分子模型　　c　立体構造を表す式　　d　立体構造を表す式*

* ── は結合が紙面上にあり，▶ は結合が紙面よりも手前に， ⫼⫼⫼ は紙面よりも後に向いていることを示す。▶ は，▷ で表すこともある。

成する原子の配列（結合順序）を表しただけの式で，立体構造に関する情報は示していない。メタンの4つのC−H結合は等価で，どの水素間の距離も等しく，**結合角**（∠HCH）は全て109.5°である。このことが分かるように表すと，cのような**正四面体構造**となる。立体構造の表し方にはdのような表記法もある。

メタンの場合には，全ての水素が等価であることから，正四面体構造が予想できなくもないが，もっと簡単な分子である水の場合の結合角104.5°は，平面構造式を元に考えても説明できない（2・6節参照）。

炭素のL殻の電子を軌道に配置すると，$(2s)^2(2p_x)^1(2p_y)^1(2p_z)^0$ となる。**共有結合**は原子が電子を1個ずつ出し合って形成されるので，このままでは炭素の原子価は2となってしまう。そこで，2s軌道の電子1個を $2p_z$ 軌道に移して $(2s)^1(2p_x)^1(2p_y)^1(2p_z)^1$ とすると，炭素の原子価を4にすることができる。しかし，これでは1つの結合だけ2s軌道を使うことになり，軌道エネルギーの異なるほかの3つの2p軌道を使う結合とは異なってしまい，メタンの等価な4つのC−H結合を説明できない。等価な4つの結合とするために，2s，$2p_x$，$2p_y$，$2p_z$ を混ぜ合わせて平均化（**混成**という）すると，4つの等価な軌道（sp^3 **混成軌道**という）を作ることができる。この混成軌道は，炭素の原子核を中心とした正四面体の頂点の方向を向く（**図10・2**）。

メタンでは，炭素の sp^3 混成軌道に水素の1s軌道が重なってC−H結合が形成される。軌道が重なるときは，重なりが最大となるように（**最大重なりの原理**），sp^3 混成軌道の軸方向から水素の1s軌道が重なる（**図10・3**）。このため，混成軌道間の角度が結合角と一致する。軌道は電子の存在できる領域を表しており，電子雲ともいわれる（正確には波動関数の二乗が電子雲に当たる。1・4・2項参照）。**電子雲**が重なると，重なった部分に電子が存在する確率が高くなり，マイナス性の高い領域となる（図2・9参照）。C−H結合のように，（原子核）−（軌道の重なり部分）−（原子核）が直線上に並ぶ結合を**σ結合**という。

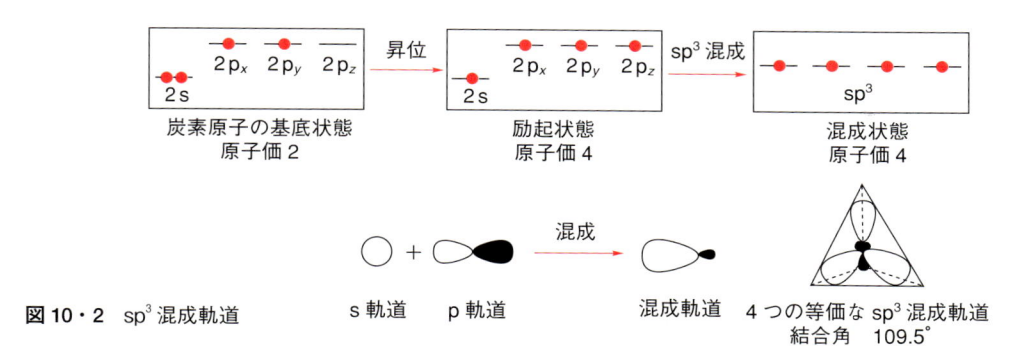

図10・2 sp³混成軌道

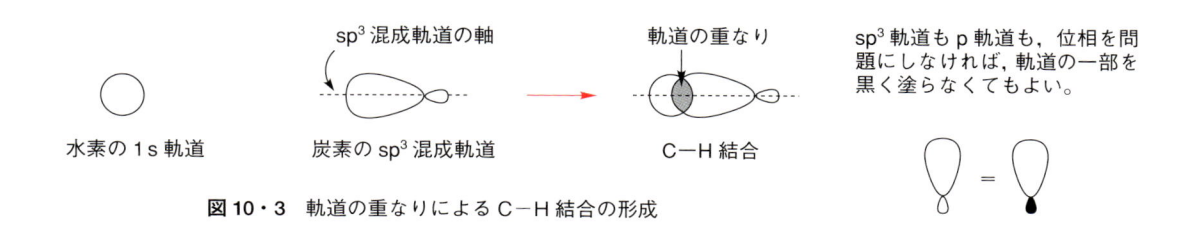

図10・3 軌道の重なりによるC−H結合の形成

sp³軌道もp軌道も，位相を問題にしなければ，軌道の一部を黒く塗らなくてもよい。

　エタンでは，2つの炭素のsp³軌道の1つが互いに重なり合ってC−C結合が，残りのsp³軌道に水素の1s軌道が重なってC−H結合が形成される（図10・4a）。aにおける原子の立体的関係をbのように表記することができる。エタンの結合角∠HCH，∠CCHは全て109.5°である。エタンのC−C結合を軸として，この軸の周りでCH₃部を回転させてもsp³軌道同士の重なりの度合いは変わらない。このため，C−C結合は**自由回転**することができる。bは回転している間に取り得る一つの構造（**立体配座**という）を表したものであり，エタンの構造としてcのように描くこともできる。

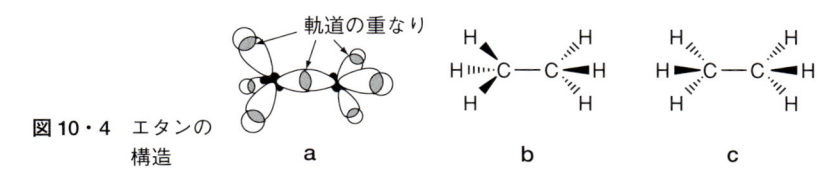

図10・4　エタンの構造

　炭素数が3以上のアルカンでも，∠C−C−Cも含め結合角は，エタンと同様に全て109.5°である。このため炭素を結んでいくとジグザグ構造となるが，元素記号を用いて平面構造式で表すときには，普通，炭素鎖は直線的に表す（図10・5a）。アルカンの炭素鎖が長くなると，C−C結合を示す線（**価標**）だけを描いたbのような構造式の方が分かりやすい。bの末端はCH₃，直線の交点はCH₂を表している。アルカンから水素が一つ取れた原子団を**アルキル基**という。

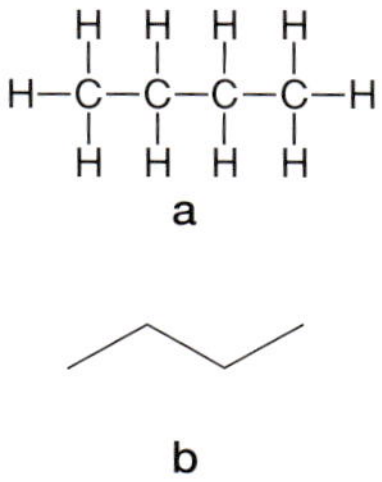

図10・5　ブタンの構造式

10・2・2 アルケンの構造

最も簡単なアルケンはエチレン（$CH_2=CH_2$）で，1つの炭素は3個の原子（1個のCと2個のH）と結合している。エチレンは平面構造をし，結合角は全て120°であるが，エチレンの炭素がsp^3軌道で結合しているとすると，平面構造も結合角も説明できない。そこで，3つの等価な軌道ができるような混成を考える。

2s軌道の電子1個を$2p_z$軌道に**昇位**するところまではsp^3混成軌道を作ったときと同じであるが，昇位後，2s軌道と$2p_x$軌道，$2p_y$軌道とを混成させ，$2p_z$軌道はそのままにしておく（図10・6）。このようにすると，等価なsp^2混成軌道が3つ得られ，それぞれの軌道は炭素の原子核を中心とした正三角形の頂点の方向を向くことになる。軌道のなす角は120°となるので，結合角も120°である。2つの炭素のsp^2軌道を1つずつ重ねてC–C結合を作り，残りのsp^2軌道に水素の1s軌道を重ねるとエチレンの骨格ができあがる（図10・7）。これらは全てσ結合である。

2つの炭素上には混成に使わなかった$2p_z$軌道が残っている。隣り合った原子上にp軌道が平行して存在すると，それらの軌道は重なり，結合力を生じる（図10・8a）。この結合をπ結合という。炭素–炭素間の**結合距離**（2・4・1項参照）は，単結合で結合しているエタンでは1.54Å（1Å＝10^{-10} m），二重結合で結合しているエチレンでは1.34Åと，π結合による結合力がある分，エチレンの方が短くなっている。しかし，軌道の重なり方が異なるため，π結合の結合力はσ結合の結合力より弱い。このことは，エチレンのC=C結合の**結合エネルギー**（682 kJ mol^{-1}）がエタンのC–C結合の結合エネルギー（410 kJ mol^{-1}）の2倍にはなっていないことからも分かる。このように，エチレンの炭素-炭素結合はC=C二重結合で表されるが，1つはσ結合で1つはπ結合である。

π結合を表示するとき，p軌道を重ねて図10・8aのように描くと見にくくなるため，bまたはcのように描くのが一般的である。また，軌道の重なりを通して電子が2つの炭素の周りを動くようになるため，dの

C–C結合の軸を中心に回転できる（自由回転）。

CとCが重なるように見た図

その他
（途中の回転状態も可能）

結合エネルギーは，結合が形成されるときに放出されるエネルギーであり，結合を切るときに必要なエネルギー（結合解離エネルギー）と符号が逆だが同値である。

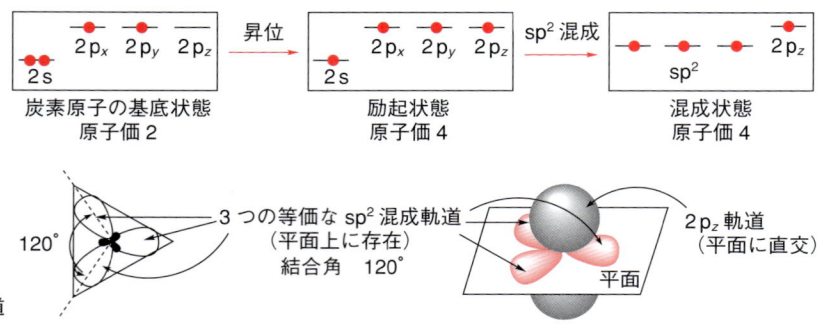

| 炭素原子の基底状態 原子価2 | 昇位 | 励起状態 原子価4 | sp^2混成 | 混成状態 原子価4 |

図10・6 sp^2混成軌道
- 3つの等価なsp^2混成軌道（平面上に存在）結合角 120°
- $2p_z$軌道（平面に直交）

10・2 有機化合物の構造

図 10・7 エチレンのσ構造

図 10・8 エチレンのπ構造

ように描くこともある。a〜dは全て軌道が重なり, 重なりを通してπ結合に関係した電子が動き回っている, すなわち電子雲が広がっていることを表している。π結合に関係している電子を**π電子**という。

炭素数が4以上のアルケンでは, 二重結合の位置による**異性体**が存在する (図 10・9)。C=C結合の結合軸を回転軸として一方のp軌道を回転すると, p軌道間の重なり度合いが小さくなり結合力が弱まる。90°回転してp軌道が互いに直交するようにすると, p軌道間の重なりがなくなり不安定な状態となるため, C=C結合は室温条件下では普通回転しない。このため, C=C結合の炭素それぞれにアルキル基が結合している場合には, **シス-トランス異性体**が存在する。**シス異性体**ではアルキル基同士の距離が近く, それらの間に反発力が働くため, **トランス異性体**の方がシス異性体より熱力学的に安定である。トランス異性体に光を当ててエネルギーを加えると, シス異性体にすることができる。

X−CH=CH−Y型の化合物でXとYが同じ側にあるものをシス, 反対側にあるものをトランスという。

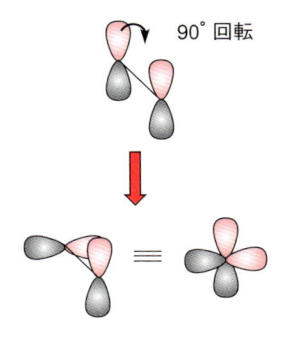

シス体

トランス体

90°回転

p軌道同士が直交すると重なりがなくなる

1-ブテン　2-ブテン　シス-2-ブテン　トランス-2-ブテン

二重結合の位置による異性体　　シス-トランス異性体

図 10・9 ブテンの異性体

炭素原子の基底状態　原子価 2　→昇位→　励起状態　原子価 4　→sp混成→　混成状態　原子価 4

2つの等価な sp 混成軌道　結合角 180°

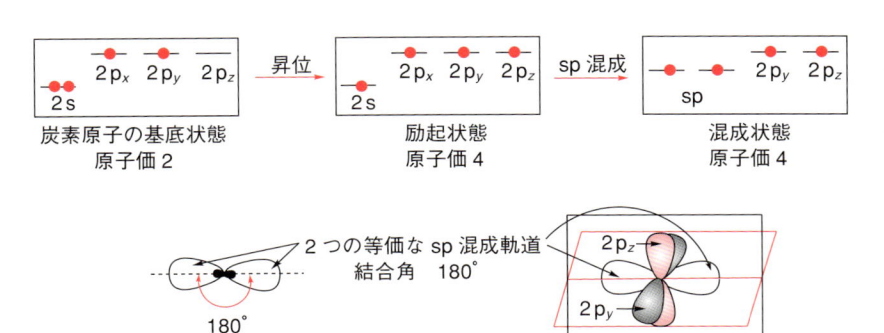

図 10・10 sp 混成軌道

トランス-スチルベン (Ph−CH=CH−Ph) をヘキサンに溶かして試験管に入れ, 栓をして太陽光の当たる所に放置するとシス-スチルベンを生成する (『化学と教育』(1990))。

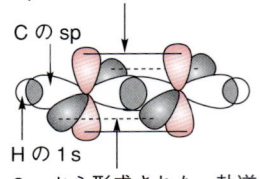

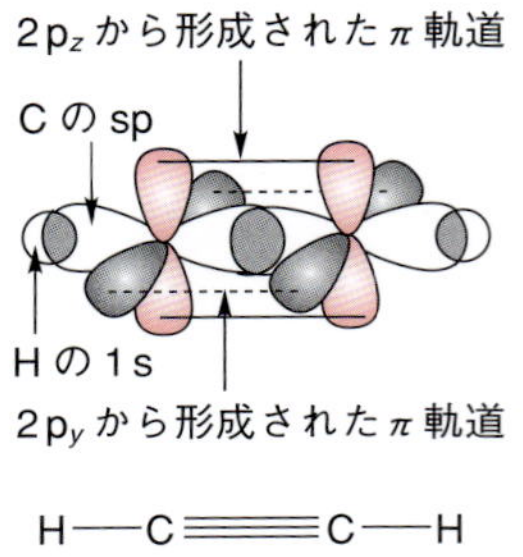

10・2・3 アルキンの構造

アセチレン（HC≡CH）は，直線的な分子で結合角は180°であるので，2つの等価な混成軌道を作る必要がある。そこで，2s軌道の電子1個を$2p_z$軌道に昇位した後，2s軌道と$2p_x$軌道を混成させて2つの等価な**sp混成軌道**を作り，$2p_y$軌道と$2p_z$軌道はそのままにしておく（図10・10）。アセチレンの2つの炭素上には，混成に使わなかった$2p_y$軌道と$2p_z$軌道が残っているので，これらから2組のπ軌道が形成される（図10・11）。アセチレンの炭素-炭素結合距離は1.20 Åとエチレンよりも短く，結合エネルギーは962 kJ mol^{-1}である。

π電子は，結合に関係した2つの原子核を結んだ線上（正確には，C-C結合軸を含むp軌道に直交した平面）には存在せず，σ電子に比べ原子核から受ける引力が弱い。このため，π電子は外部からの影響（反応を考えるときは，試薬との相互作用）を受けやすい。このことは，二重結合や三重結合を持つ化合物は反応性に富んでいることを意味している。

10・2・4 芳香族炭化水素の構造

ベンゼン（C_6H_6）は正六角形平面構造をしており，1つの炭素は両隣の2つの炭素と1つの水素と結合している。結合角は120°なので，炭素はエチレンの場合と同様に，**sp^{2}混成軌道**を用いて結合している。単結合と二重結合を交互に使って**六員環構造**を作れば，全ての炭素が原子価4を満たすようにすることができる。しかし，単結合と二重結合では結合距離が異なるので，単結合と二重結合を交互に使って環を作ると正六角形にはならない。

ベンゼンの6つの炭素には$2p_z$軌道が残っているので，その軌道を表すと図10・12aとなる。隣り合った炭素上にp軌道が平行に存在するとp軌道同士が重なるので，図の炭素1のp軌道に注目すると，そのp軌道は両隣の炭素2と6のp軌道と重なっている。すなわち，炭素1は炭素2，6のどちらの炭素とも二重結合を作ることができることになる。しかし，炭素1と2の間で二重結合を作れば，原子価の関係で，炭素1と6の間には二重結合を作ることができない。炭素1と6のp軌道も重なっているので，炭素1と2の間で二重結合を作ってしまうのは正しい構造表現とはいえない。そこで，図10・12bのような構造式を描くことがある。この構造式は，aの状態をうまく表しているので実際に使われているが，結合や有機反応を説明するときに便利な**原子価の概念**を無視している。

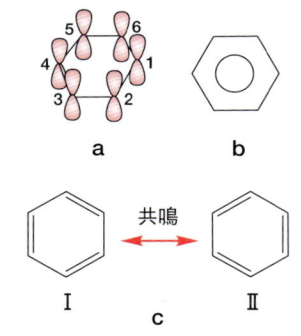

原子価の概念を使い，しかも，ベンゼンの正六角形構造を説明するために，混成と似た方法が用いられている。結合距離を考えると実際には

図10・11 アセチレンの結合

見やすくするため2p軌道が重ならないようにπ軌道を描いたが，隣り合った原子上にある平行なp軌道は重なっている。この重なりを示すために直線と点線を書いたが，これらの線はなくてもよい。

六員環（six membered ring）は，原子6個からなる環をいう。最小の環は三員環である。

図10・12 ベンゼンの構造

あり得ない構造ではあるが，図10・12cのⅠのような仮想的な正六角形構造（**極限構造式**という）を考え，二重結合の位置が異なる極限構造式Ⅱとの間で共鳴していると考える。ここでいう「**共鳴**」は，「音叉の共鳴」とは意味・内容が異なり，ベンゼンの構造が極限構造式ⅠとⅡを足し合わせて平均化した構造であることを示している。すなわち，ベンゼン環の炭素-炭素結合は単結合と二重結合の中間であることを意味しており，aの異なった表現法といえる。aの別の表現法であるから，極限構造式で表される化合物が実在し，それらの間で平衡が成り立っていることを表しているわけではない。そこで，平衡の矢印とは異なった両矢印（↔）で共鳴していることを表す。ベンゼンの炭素-炭素結合の結合距離は 1.39 Å と，単結合と二重結合の中間の値となっている。結合距離と**結合次数**の関係から，ベンゼンの結合次数は 1.5 となる。これは，共鳴を考えた結論と一致している。

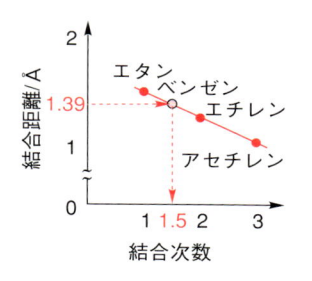

以上のことを理解したうえで，表記を簡単にするために，ベンゼンの構造式として，単結合と二重結合を交互に使った正六角形で表している。ベンゼン環を持つ炭化水素を**芳香族炭化水素**という。

結合次数と結合距離の関係

結合次数の 1, 2, 3 は単結合，二重結合，三重結合を表している。ベンゼンの結合距離は 1.39 Å。

「芳香族」とはいうが，必ずしも良い香りがするわけではない。

10・3　有機化合物の命名法

有機化合物の特徴として，構成元素の種類が少ないことが挙げられるが，現在知られている有機化合物の数は非常に多く一千万を超えている。そのほとんどは，生物体とは直接関係のない**合成有機化合物**である。古くから知られていた有機化合物は，ベンゼンやトルエンのように，構造とは無関係に命名されていた。このように付けられた化合物名は**慣用名**といわれ，今でも使われているものが多くあるが，化合物の数が非常に多くなったため，構造に基づいて規則的に命名することにした。これを**IUPAC 名**という（9・3・3項側注参照）。この命名法の基礎になっているのは**アルカン名**であり，そのアルカン名は，「数値接頭詞（numerical prefix，NP）」にアルカン（alkane）を示す語尾「ane」を付けて命名する（表10・1）。ただし，炭素数が 4 までの化合物は，古くから知られていたこともあり，例外的に慣用名が用いられている。

炭素数が 4 以上になると**炭素鎖の枝分かれ**が可能となる。枝分かれがある場合には，価標を用いて構造式を描いたとき，一筆書きで書ける最も長い炭素鎖を基本鎖（**主鎖**）として，それに対応するアルカン名を付け，枝分かれ（**側鎖**）が出ている**位置番号**が小さくなるように番号を付ける。主鎖に付いている原子あるいは原子団（基）を置換基という。側鎖は置換基名の前に位置番号をハイフン（-）とともにアルカン名の前に付

基と置換基

化合物から形式的に水素原子を取り去った原子団のことを基（group）といい，化合物中の水素原子と置き換えた原子あるいは原子団を置換基という。

ける（図 10・13）。**アルキル基**は，アルカンの語尾「ane」を「yl」に変えて命名する。環状のアルカンの場合には，環を示す「cyclo（シクロ）」をアルカン名の前に付けて命名する。

表 10・1 直鎖化合物の基本的な命名法

No.	数値接頭詞 NP	アルカン名 alkane NP +「ane」[1]	アルキル基名 alkyl group 「ane」→「yl」	アルケン名 alkene 「ane」→「ene」	アルキン名 alkyne 「ane」→「yne」	アルコール名 alcohol 「e」→「ol」
1	mono モノ	methane[2] メタン	methyl メチル	—	—	metanol メタノール
2	di ジ	ethane[2] エタン	ethyl エチル	ethene エテン（エチレン）[3]	ethyne エチン（アセチレン）[3]	ethanol エタノール
3	tri トリ	propane[2] プロパン	propyl プロピル	propene プロペン	propyne プロピン	propanol プロパノール
4	tetra テトラ	butane[2] ブタン	butyl ブチル	butene ブテン	butyne ブチン	butanol ブタノール
5	penta ペンタ	pentane ペンタン	pentyl ペンチル	pentene ペンテン	pentyne ペンチン	pentanol ペンタノール
6	hexa ヘキサ	hexane ヘキサン	hexyl ヘキシル	hexene ヘキセン	hexyne ヘキシン	hexanol ヘキサノール
7	hepta ヘプタ	heptane ヘプタン	heptyl ヘプチル	heptene ヘプテン	heptyne ヘプチン	heptanol ヘプタノール
8	octa オクタ	octane オクタン	octyl オクチル	octene オクテン	octyne オクチン	octanol オクタノール
9	nona ノナ	nonane ノナン	nonyl ノニル	nonene ノネン	nonyne ノニン	nonanol ノナノール
10	deca デカ	decane デカン	decyl デシル	decene デセン	decyne デシン	decanol デカノール
11	undeca ウンデカ	undecane ウンデカン	undecyl ウンデシル	undecene ウンデセン	undecyne ウンデシン	undecanol ウンデカノール
12	dodeca ドデカ	dodecane ドデカン	dodecyl ドデシル	dodecene ドデセン	dodecyne ドデシン	dodecanol ドデカノール
13	trideca トリデカ	tridecane トリデカン	tridecyl トリデシル	tridecene トリデセン	tridecyne トリデシン	tridecanol トリデカノール
14	tetradeca テトラデカ	tetradecane テトラデカン	tetradecyl テトラデシル	tetradecene テトラデセン	tetradecyne テトラデシン	tetradecanol テトラデカノール
20	icosa イコサ	icosane イコサン	icosyl イコシル	icosene イコセン	icosyne イコシン	icosanol イコサノール

注 1) 数詞接頭詞に「ane」を付けたときに母音が重なる場合には，その母音の一つを削除する。
　　例　penta + ane → pentaane → pentane
注 2) これらは例外　　注 3) 慣用名

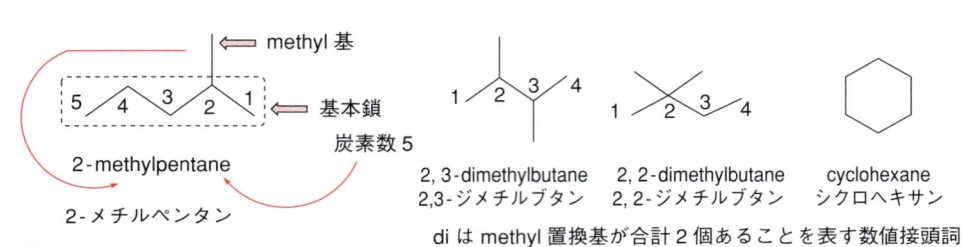

2-methylpentane
2-メチルペンタン
左の炭素を 1 として 4-methylpentane としない

2,3-dimethylbutane
2,3-ジメチルブタン

2,2-dimethylbutane
2,2-ジメチルブタン

cyclohexane
シクロヘキサン

di は methyl 置換基が合計 2 個あることを表す数値接頭詞

図 10・13　枝分かれのあるアルカンの命名法

1-hexene
1-ヘキセン

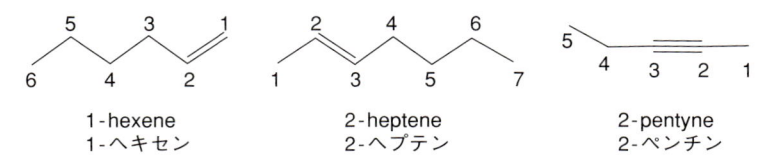

2-heptene
2-ヘプテン

2-pentyne
2-ペンチン

「1-」は炭素1と2の間に二重結合があることを示す

図10・14　不飽和結合の位置の表し方

　アルケン名は対応するアルカンの語尾「ane」を「ene」に，**アルキン**名は「yne」に変え，不飽和結合は必ず隣り合った炭素間で形成されるので，二重結合または三重結合をしている炭素の位置番号が小さくなるように番号を付け，小さい方の番号で不飽和結合の位置を示す（図10・14）。

　アルコールは，対応するアルカンの語尾「e」を「ol」に変えて，ヒドロキシ基の位置が小さくなるように番号を付けて命名する。**アルデヒド**（CHOを持つ化合物）は，アルデヒドの炭素を1として，一筆書きで書ける最も長い炭素鎖を基本鎖とし，対応するアルカンの語尾「e」を「al」に変えて命名する（図10・15）。このように，命名法の規則は英語名の語尾変化が基本になっているため，英語名を用いた方が分かりやすい。

　ハロゲン化アルキルは，ハロゲンの付いている炭素が小さい番号となるようにし，その番号とハロゲン名（fluoro（フッ化），chloro（塩化），bromo（臭化），iodo（ヨウ化））をアルカン名の前に付けて命名する（図10・16）。芳香族化合物は，ベンゼンを基本名として命名されるが，慣用名が多く用いられている（図10・17）。

> ベンゼンから水素原子1個を取り去ってできる基は，フェニル（phenyl）基といい，C_6H_5あるいはPhと略記することがある。
>
> OH基
> 古くは水酸基と呼んでいたが，ほかの基名がすべてカタカナ書きなので，ヒドロキシル（hydroxyl）基に改められた。この基の置換基名はヒドロキシ（hydroxy）で，OH基を接頭詞として命名するときはヒドロキシとなる。
>
> ベンゼン環に付いた置換基の位置は，位置番号を示す数字で表されるが，2置換の場合には，o（オルト），m（メタ），p（パラ）も用いられている（図10・17参照）。

m-dichlorobenzene
1,3-dichlorobenzene

3-hexanol
3-ヘキサノール

butanal
ブタナール

2-ethylbutanal
2-エチルブタナール

アルデヒド炭素が常に番号1

図10・15　アルコール，アルデヒドの命名法

2-bromopentane
2-ブロモペンタン

1,2-dibromo-2-chloroethane
1,2-ジブロモ-2-クロロエタン

数の接頭詞（di）は無視し，置換基をアルファベット順に記載する

図10・16　ハロゲン化アルキルの命名法

chlorobenzene　phenol　o-xylene　m-xylene　p-xylene　naphthalene
クロロベンゼン　フェノール　o-キシレン　m-キシレン　p-キシレン　ナフタレン

図10・17　芳香族化合物の命名法

コラム　ケクレとベンゼン

　1825年に英国の化学者ファラデーがガス灯用油中からC_6H_6の化合物を単離し，1845年にドイツの化学者ホフマンがコールタール中からも同じ化合物を単離して「ベンゼン」と命名した．ベンゼンの構造は，その発見以来興味が持たれていたが，なかなか構造式を用いて表すことができなかった．発見から40年も経った1865年にドイツの化学者ケクレにより，単結合と二重結合が交互になった六員環構造が提唱された．1865年のある晩，暖炉の前で椅子に座っていてうたた寝をしたケクレは，蛇が自分の尾に噛みついてぐるぐる回転している夢を見て，環構造が閃き飛び起きたという．何かに真剣に取り組んでいると，夢の中でもヒントが浮かんでくる．

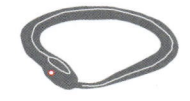

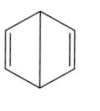

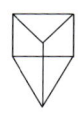

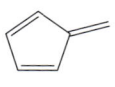

ケクレが夢で見た蛇の姿　　　C_6H_6から考えられる構造

章末問題

1．プロパンの結合を，軌道を用いて表せ．
2．エチレンとアセチレンの結合をσ結合とπ結合に分けて表せ．
3．次の化合物を命名せよ．

　　a　　b　　c　　d　　e　　f　　g

4．次の化合物を構造式で示せ．
　　1）2-methylpentane　　2）3-ethyl-2, 6-dimethylnonane
　　3）2-bromo-2-methylpropane　　4）cyclopentanol
　　5）o-dichlorobenzene　　6）1-ethyl-4-propylbenzene
5．分子式がC_5H_{10}である化合物に対して可能な構造式を全て示せ．
6．アレン$H_2C=C=CH_2$のπ結合を軌道で表せ．
7．1,2-ジクロロベンゼンは1種類で，異性体が存在しない．このことから，ベンゼンの構造が，単結合と二重結合が交互になったシクロヘキサトリエン構造ではないことを説明せよ．

第11章 有機化合物の反応（I）
―ハロゲン化アルキル，アルコール，アルケン，アルキンの反応―

有機反応も，結合レベルのミクロな視点から捉えると，プラスとマイナスの電荷によって制御されたイオン反応と考えることができる。この章では，有機反応を結合の開裂と生成というミクロな立場から捉える方法を学び，ハロゲン化アルキル，アルコール，アルケン，アルキン等の基本的な反応を論理的・系統的に理解する。

11・1 有機化合物の燃焼

燃焼とはものが燃えることであり，生体内の酸化反応も燃焼というが，普通は，光と熱の発生を伴う**酸化反応**を燃焼という。家庭用ガスには，現在，都市ガスかプロパンガスが使われている。前者は**天然ガス**で，メタンを主成分（約 90 %）としたアルカンの混合物であり，後者は石油化学工業で副製するガスで**LP（液化石油）ガス**ともいわれ，プロパンが 95 % 以上含まれている。燃焼した際に発生する熱（**燃焼熱**）は，**結合解離エネルギー**（表 11・1）から見積もることができる。

$$\text{H-C(H)(H)-H} + 2\,\text{O=O} \longrightarrow \text{O=C=O} + 2\,\text{H-O-H} \tag{11.1}$$

メタンの燃焼では，左辺の C–H 結合と O=O 結合が，右辺では C=O 結合と O–H 結合に変わっている。化学反応は，結合に注目すると，左辺の古い結合が切れて右辺の新しい結合ができる過程と考えることができる。左辺の結合解離エネルギーの総和は $412 \times 4 + 498 \times 2 = 2644$，右辺の総和は $805 \times 2 + 473 \times 4 = 3502$ なので，前者から後者を引くと -858 で，$858\,\text{kJ mol}^{-1}$ の熱が放出されると見積もれる（図 11・1）。結合解離エネルギーと**結合エネルギー**は，エネルギーを供給するか放出するかの違いはあるが，値は等しい。この燃焼反応の反応熱を**標準生成エンタルピー**（5・8節）から求めると，$393.5 + 2 \times 285.8 - 74.6 = 890.5\,\text{kJ mol}^{-1}$ となる。ただし，このとき生成する水は液体の水であり，結合エネルギーから求めた値には，液化する際に放出される熱量が考慮されていない。これを考慮すると，両者はよい一致をしている。

燃焼の3要素
- 燃える物質
- 酸素（酸化剤）
- 着火源

これら3要素が揃わないと燃焼は起こらない。

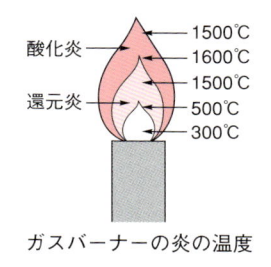

酸化炎 — 1500 ℃
— 1600 ℃
— 1500 ℃
還元炎 — 500 ℃
— 300 ℃

ガスバーナーの炎の温度

$\text{CH}_4(\text{g}) + 2\,\text{O}_2(\text{g})$
$= \text{CO}_2(\text{g}) + 2\,\text{H}_2\text{O}(\text{l})$
$+ 890.5\,\text{kJ mol}^{-1}$
水の蒸発熱 $44\,\text{kJ mol}^{-1}$

表 11・1 結合解離エネルギー/kJ mol⁻¹
1 kcal = 4.184 kJ

結合	結合解離エネルギー
H−H	436
C−H	412
O−H	473（水）436（アルコール）
C−C	347
C−O	351
C=O	805
O=O	498

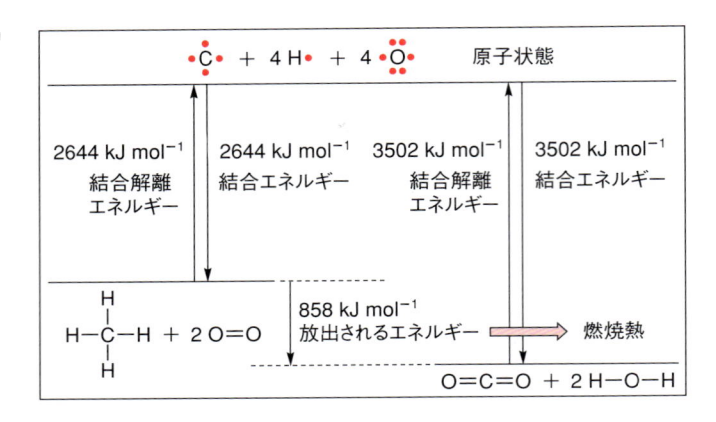

図 11・1 メタンの燃焼熱の算出

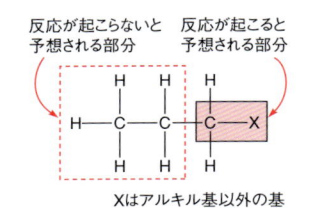

図 11・2 分子中の反応が起こる部位の予想

Xはアルキル基以外の基

「化」の意味は，「形や性質が変わること，変えること」である。

有機化合物中の水素原子をハロゲン原子に置き換える反応をハロゲン化という。

11・2 アルカンの反応

11・2・1 C−C 結合と C−H 結合の反応性

アルカンは安定で，有機化合物を反応させる通常の条件下では，酸や塩基や酸化剤とも反応しない。アルカンはC−H結合とC−C結合からなっているので，これらの結合だけからなっている部分は安定で，反応が起こり始める部位ではないと考えることができる。これは，簡単な規則ではあるが，知っていると有機化合物の反応を予想するのに役立つ。

例えば，プロピル基にアルキル基以外の基Xが付いている化合物の反応性を考えるときは，C−H結合とC−C結合だけからなっている図11・2の点線で囲んだ部分は変化せず，それ以外の結合がある実線で囲んだ部分が最初に試薬と反応すると予想することができる。

11・2・2 アルカンのハロゲン化

アルカンは，安定で反応性に乏しい化合物なので，アルカンとハロゲンを混合しただけでは反応は起こらない。しかし，この混合物に光（**紫外線**）を当てると，水素とハロゲンが置き換わる**ハロゲン化**が起こる。有機化合物の反応を行うときは，普通は，有機化合物と試薬を**有機溶媒**に溶かして加熱する。光を当てると起こる反応は**光反応**といわれ，加熱する普通の反応（**熱反応**）とは，一般に，反応の進み方が異なる。このため光反応は特殊な反応ということができるが，反応性の乏しいアルカンをほかの有機化合物に変える一方法となっている。

$$CH_4 + Cl_2 \xrightarrow{h\nu} CH_3Cl + CH_2Cl_2 + CHCl_3 + CCl_4 + CH_3CH_3 + \text{others} \tag{11.2}$$

メタンと塩素を混合して光を当てるとハロゲン化が起こるが，このときエタンなども生成する（式(11.2)）。反応式中の $h\nu$ は光を当てることを示している。光を当てることは，分子にエネルギーを加えることであるが，1分子当たりに加えられるエネルギーは，加熱して加えられるエネルギーよりもずっと大きい。そのため，一般に，光を当てると結合が切れる。ただし，光エネルギーを得るためには分子が光を吸収する必要があるので，分子が吸収しない波長の光を当てても反応は起こらない。

メタンと塩素の混合物に紫外線を当てると，紫外線を吸収するのは塩素で，一番はじめに起こるのは Cl－Cl 結合が切れて塩素原子を生じる反応である（図 11・3）。塩素原子はオクテット則（2・1節参照）を満たした安定な状態となるために，メタンから水素原子を引き抜き HCl となり，メタンは水素を失い $CH_3\cdot$ となる。塩素原子や $CH_3\cdot$ のように**不対電子**を持つものを**ラジカル**といい，$CH_3\cdot$ は**メチルラジカル**という。光を当てると，1分子の塩素だけが光を吸収するのではなく，多くの塩素分子が光を吸収し，多くの**塩素ラジカル**が生成する。$CH_3\cdot$ と $Cl\cdot$ が結合すると CH_3Cl（クロロメタン）を生じ，$CH_3\cdot$ も多く生成しているので，それらのうちの2つが結合すればエタンとなる。エタンも $Cl\cdot$ により水素を引き抜かれるので，CH_3CH_2Cl（クロロエタン）なども生成する。クロロメタンから水素が引き抜かれて生成する $\cdot CH_2Cl$ に $Cl\cdot$ が結合すれば CH_2Cl_2（ジクロロメタン）が生成する。

このように，**塩素化**が段階的に起こり，$CHCl_3$（トリクロロメタン；慣用名はクロロホルムで，慣用名で呼ばれることの方が多い）や CCl_4（四塩化炭素）なども生成する。ラジカルが関係する反応を**ラジカル反応**といい，メタンの塩素化のように，反応が次々と起こっていく反応を**連鎖反応**という。**ラジカル連鎖反応**は高分子化合物の合成に利用されているが，多くの有機反応はラジカル反応ではない。

$$Cl_2 \xrightarrow{h\nu} 2\,Cl\cdot$$

$$CH_4 + Cl\cdot \longrightarrow CH_3\cdot + HCl$$

$CH_3\cdot \uparrow$ の経路： $CH_3-CH_3 \xrightarrow{Cl\cdot} \cdot CH_2CH_3 + HCl \xrightarrow{Cl\cdot} ClCH_2CH_3 \longrightarrow$ others

$Cl\cdot \downarrow$ の経路： $CH_3Cl \xrightarrow{Cl\cdot} \cdot CH_2Cl + HCl \xrightarrow{Cl\cdot} CH_2Cl_2 \longrightarrow CHCl_3 \longrightarrow CCl_4$

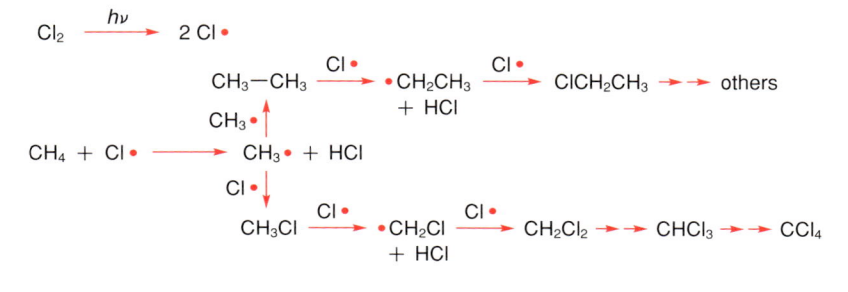

図 11・3　メタンの光ハロゲン化

アルカンの水素をハロゲンで置換したものをハロゲン化アルキルという。

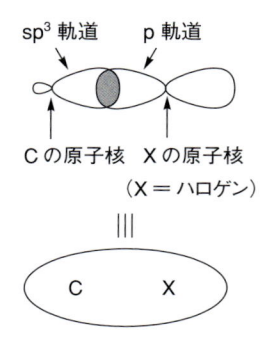

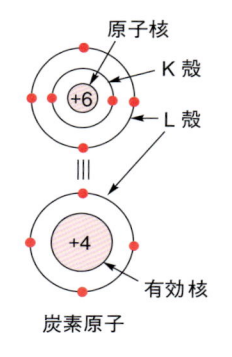

11・3 ハロゲン化アルキルの反応

11・3・1 炭素－ハロゲン（C－X）結合の分極

　C－X 結合は，炭素の sp^3 軌道とハロゲンの p 軌道が重なって形成される（図 11・4 の上の図）。軌道が重なると C と X の原子核の中間に電子雲の濃い部分ができるが，軌道の重なり部に境目があるわけではない。そこで，図 11・4 の下図のように楕円で略記することもある。
　結合を考えるときには，最外殻電子のみを問題にし，内殻（炭素の場合には K 殻）の電子と原子核は一体化して有効核（図 2・14 参照）と考える。**有効核電荷**は炭素が +4，塩素が +7 であるから，結合に関係した電子を塩素の方が大きな力で引き寄せることになる。このため電子雲が塩素側に偏り，塩素はいくぶんマイナス（δ－）の電荷を帯び，炭素は電子雲が薄くなった分だけプラスの電荷（δ+）を帯びる。炭素から塩素に電子が完全に移動してしまえば C$^+$Cl$^-$ となるが，電子雲がいくぶん偏って C$^{δ+}$Cl$^{δ-}$ のように**分極**している（図 11・5）。**結合電子**を引きつける能力を数値化して相対的に表したものが**電気陰性度**（2・4・3 項参照）で，電気陰性度が大きい元素ほど結合電子を強く引きつけ δ－ となる。

図 11・4　C－X 結合の表示法

11・3・2　求核置換反応

　有機反応はイオン同士の反応ではないが，分子内に δ+ と δ－ の部分があると，δ+ の部分にはマイナスの試薬（例えば OH$^-$），δ－ の部分にはプラスの試薬（例えば H$^+$）が近づいて反応が開始する。すなわち，有機反応も**イオン反応**の一種であると考えることができる。また，イオン反応の試薬は，プラスとマイナス，すなわち，酸と塩基に大別できる。**酸を試薬として用いた場合には H$^+$，塩基を用いた場合には OH$^-$ や :NH$_3$ のような非共有電子対を持ったイオンや分子が有機化合物に近づいて反応が始まる。**
　クロロメタンに NaOH を反応させるとメタノールを生じる。

$$CH_3Cl + NaOH \longrightarrow CH_3OH + NaCl$$

この反応では，C－Cl 結合が分極しているので，C$^{δ+}$ に OH$^-$ がまず近

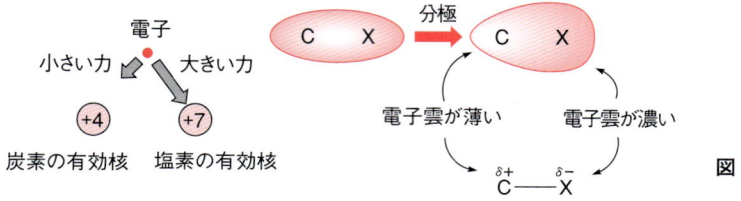

図 11・5　結合の分極

づいて反応が始まる。塩基性条件下なので，Na^+ がはじめに $Cl^{\delta-}$ に近づくとは考えない。$C^{\delta+}$ に OH^- が近づくと両者の間の引力が強まるが，OH^- と $Cl^{\delta-}$ との距離も短くなるから，これらの間の斥力も強まり，C と OH^- の距離が C-O の結合距離に近くなると，Cl が Cl^- として抜けて Cl が OH に置き換わる。$\delta+$ の部分を試薬が攻撃して起こるので，**求核置換反応**という。反応がどのように進むかを示したものを，**反応機構**という。この求核置換反応は，簡単に，**図 11・6** の括弧内に示したように描くこともできる。反応機構で使う矢印（⌒）は，結合に関係している 2 個の電子の流れを表しているので，電子を与える側から受け取る側に矢先を向けなくてはならない。反応機構を考えると，論理的に反応を理解できるので，有機反応を丸暗記しなくても予想できるようになる。

電気陰性度（表 2・4 参照）は炭素が 2.5 で酸素が 3.5 であるので，C-O 結合も分極し $C^{\delta+}-O^{\delta-}$ となっているから，右辺から左辺への逆反応も考えられる。しかし，実際には逆反応は起こらない。

この求核置換反応は，塩素を臭素，ヨウ素に代えても進行する。電気陰性度は Cl が 3.0，Br が 2.8，I が 2.5 なので，C-Cl 結合が一番分極している。このため，塩化物が一番反応性に富むと予想されるが，反応性は $CH_3I > CH_3Br > CH_3Cl$ の順で，CH_3F はほとんど反応性を示さない。CH_3Cl と NaOH の反応の機構を考えると，反応が進行するか否かには 2 つの要因がある。一つは OH^- を引きつける力，もう一つは CH_3Cl と NaOH の反応機構に示した中間の状態（図の中央）から Cl^- が抜けるか OH^- が抜けるかの選択性である。中間の状態から OH^- が優先的に抜けてしまえば，左辺から右辺への反応は起こらない。ヨウ素の最外核は O 殻であり原子核から離れているため，O 殻に存在する電子は外部からの影響を受けやすく，OH^- が近づくと C-I 結合の電子がヨウ素側に大きく押しやられ，I^- になりやすくなる。このため，CH_3I が一番反応性に富んでいる。このような外部の影響による分極を**動的分極**という。

NaOH の代わりに，アルコール（ROH）に金属ナトリウムを入れると生成する**アルコラート**（RONa）とハロゲン化アルキルを反応させると

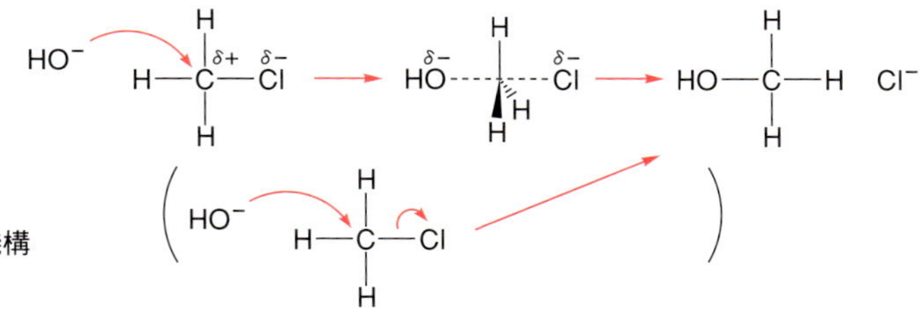

図 11・6 求核置換反応の機構

112　第11章　有機化合物の反応（I）—ハロゲン化アルキル，アルコール，アルケン，アルキンの反応—

$$CH_3CH_2OH + Na \rightarrow CH_3CH_2ONa + \frac{1}{2}H_2$$

$$CH_3Cl + NaOCH_2CH_3 \rightarrow CH_3OCH_2CH_3 + NaCl$$
ethyl methyl ether
エチルメチルエーテル

$$CH_3Cl + NH_3 \rightarrow CH_3NH_2 + HCl$$

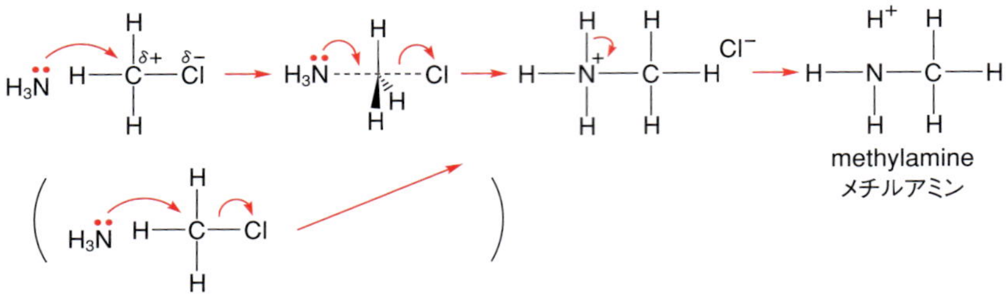

methylamine
メチルアミン

図 11・7　ハロゲン化アルキルと塩基との反応

エーテル（R—O—R）が得られる。また，アンモニアと反応させるとアミン（RNH_2）が得られる（図 11・7）。求核置換反応は，反応機構さえ理解しておけば，アルキル基の長さを変えても塩基を代えても，反応をまとめて理解することができる（図 11・8）。

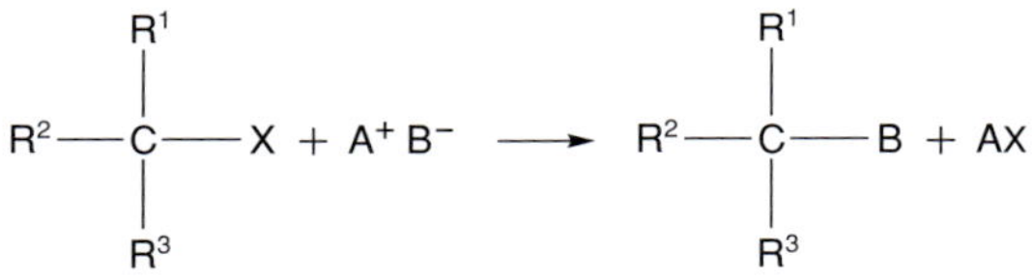

$$R^2-\underset{R^3}{\overset{R^1}{C}}-X + A^+B^- \rightarrow R^2-\underset{R^3}{\overset{R^1}{C}}-B + AX$$

R^1, R^2, R^3 は H またはアルキル基
X はハロゲン

図 11・8　ハロゲン化アルキルの求核置換反応

試薬（A^+B^-）

A	B
Na	OH
Na	OCH_2CH_3
Na	CN
Na	NH_2
Na	CH_3COO
Na	SH
H	OCH_2CH_3
H	NH_2
H	OH

11・4　アルコールの反応

● 11・4・1　ハロゲン化アルキルへの変換反応

　C—O 結合は $C^{\delta+}-O^{\delta-}$ のように分極しているが，動的分極が起こりにくいため，アルコールはハロゲン化アルキルのような塩基性条件下での求核置換反応は起こさない。酸性条件下では，$O^{\delta-}$ に H^+ が結合して**オキソニウムイオン** ROH_2^+ をまず生じる。オキソニウムイオンは酸素上に陽電荷があるイオンで，C—O 結合の結合電子を酸素側に強く引きつけ，炭素を $\delta+$ にして陰イオンを炭素に近づきやすくする。陰イオンが炭素に近づくと，C—O 結合の結合電子が酸素側にさらに偏り，水として抜けるようになる（図 11・9；Et はエチル基）。このように，酸性条件下でアルコールのヒドロキシ基がオキソニウムイオンになると，結果

プロトンの一水和物であるヒドロニウムイオン（ヒドロキソニウムイオンともいう）H_3O^+ と，その水素をアルキル基（R）などで置換した陽イオン（RH_2O^+, R_3O^+ など）を総称してオキソニウムイオンという。

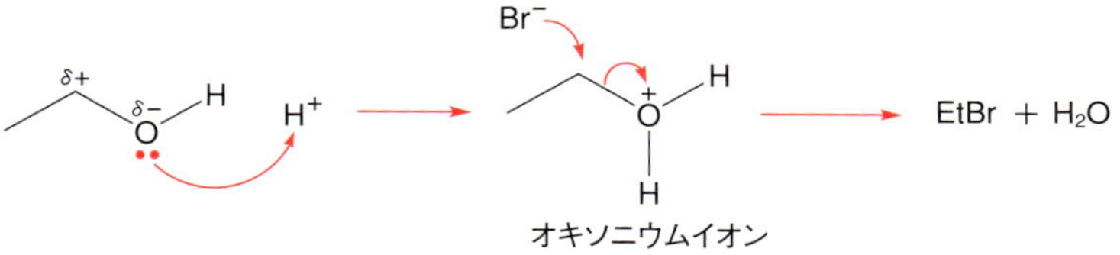

図11・9 アルコールの置換反応　　EtOH + HBr $\xrightarrow{H_2SO_4}$ EtBr + H$_2$O

に，OHとハロゲンが置き換わる**求核置換反応**が起こる．

● 11・4・2 脱水反応

硫酸を**触媒**として用いて，エタノールを140℃に加熱するとジエチルエーテルを，180℃に加熱するとエチレンを生じる（図11・10）．この分子内と分子間の**脱水反応**はよく知られているが，エタノールの沸点は78.2℃であり，少量の硫酸を触媒としてエタノールに加えて加熱しても反応温度を140℃にすることができない．そこで，高温で反応させられるように，硫酸をあらかじめ必要な温度に加熱しておいてから，硫酸の温度が下がらないように少量ずつエタノールを滴下して反応させる．

エタノールからエチレンを生成する反応では，エタノール1分子からHとOHが抜けている．このように，1分子から2つの基（あるいは，原子）が抜ける反応を**脱離反応**という．ハロゲン化アルキルの求核置換反応においても，一般に，脱離反応が競争的に起こる．

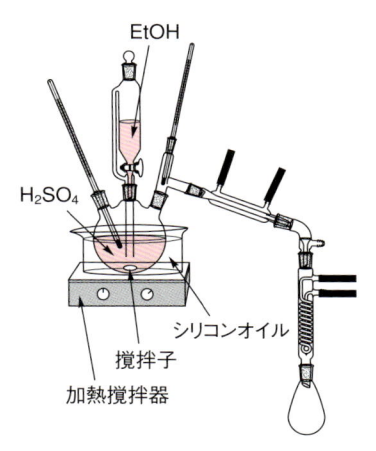

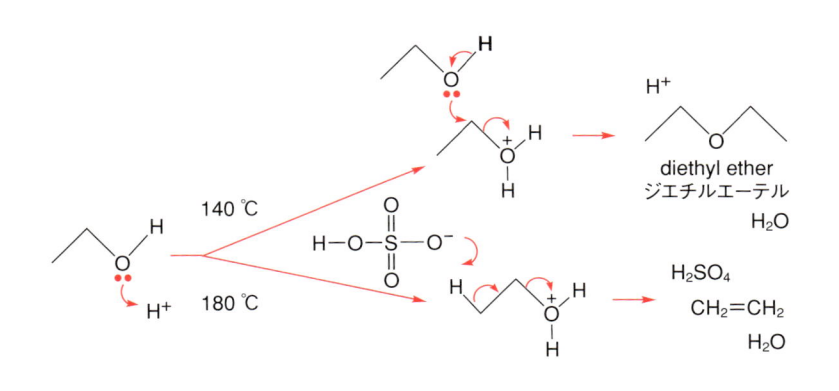

図11・10 アルコールの脱水反応の機構

ハロゲン化アルキル	脱離反応の割合[a]
CH$_3$CH$_2$Br	0.9 %
CH$_3$CH$_2$CH$_2$Br	8.9
(CH$_3$)$_2$CHBr	59.5

[a] $\left(\dfrac{\text{脱離反応}}{\text{求核置換反応} + \text{脱離反応}}\right)$

● 11・4・3 酸化反応

エタノールは空気中の酸素と反応（**自動酸化**という）して，徐々に**アセトアルデヒド**（CH$_3$CHO）を経て**酢酸**になる．

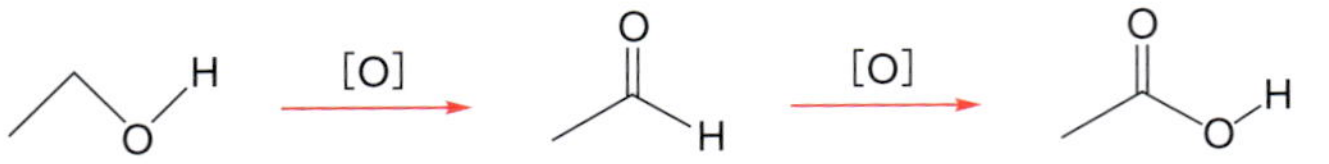

114　第11章　有機化合物の反応（I）—ハロゲン化アルキル，アルコール，アルケン，アルキンの反応—

$$\text{CH}_3\text{CH}_2\text{OH} \xrightarrow{[O]} \text{CH}_3\text{CHO} \xrightarrow{[O]} \text{CH}_3\text{COOH}$$

acetaldehyde　アセトアルデヒド　　acetic acid　酢酸
（IUPAC名: ethanal）　　　　　　　（ethanoic acid）

実験室でこの反応を行うときには，二クロム酸カリウム（$K_2Cr_2O_7$）や過マンガン酸カリウム（$KMnO_4$）などの**酸化剤**を用いる。前者を用いたときは，硫酸酸性溶液にエタノールを滴下していくと溶液の色が赤橙色から暗緑色に変わる。これは Cr の価数が +7 から +3 に変化するためで，酸化段階でエタノールから $Cr_2O_7^{2-}$ イオンへの**電子の移動**が起こっていることが分かる。

$$Cr_2O_7^{2-} + 14H^+ + 6e^- \longrightarrow 2Cr^{3+} + 7H_2O$$

電子移動を含むため酸化反応の機構は簡単ではないが，アルコールの酸化生成物は，図 11・11 に示したように考えれば簡単に予想できる。

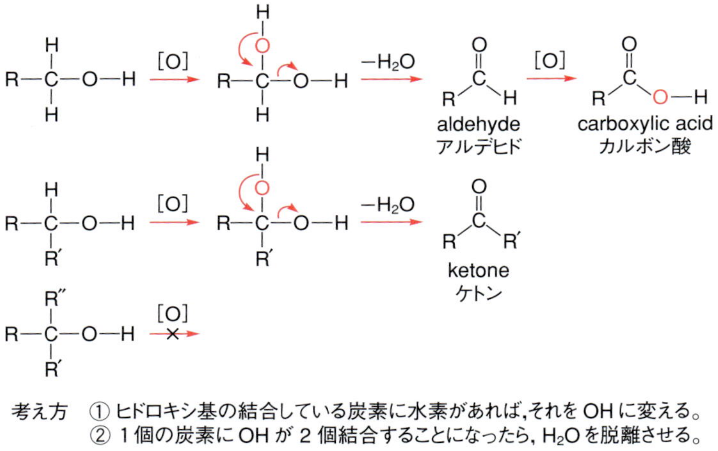

考え方　① ヒドロキシ基の結合している炭素に水素があれば，それを OH に変える。
　　　　② 1個の炭素に OH が 2個結合することになったら，H_2O を脱離させる。

図 11・11　アルコールの酸化生成物の予想法

11・5　アルケンの反応

11・5・1　求電子付加反応

　アルケンの反応性は，その構造（図 10・8 参照）から予想できる。π 電子雲は外部からの影響を受けやすく，陽イオンが近づくと変形して π 電子が新しい結合の形成に使われ，**カルボカチオン**（炭素陽イオン）を生じる。この陽イオンに陰イオンが結合して生成物を生じる。エチレンと臭化水素を反応させた場合には，二重結合に HBr が**付加**したブロモエタンを生じる。

$$H_2C=CH_2 + HBr \longrightarrow CH_3CH_2Br$$

反応機構は 図 11・12 の c で普通表すが，a または b に示したような

+1 の電荷を持った炭素の陽イオン R^+（CH_3^+ など）を**カルボカチオン**または**炭素陽イオン**という。カルボニウムイオンというのは古い呼び方である。R^-（CH_3^- など）は，**カルボアニオン**または**炭素陰イオン**という。

11・5 アルケンの反応

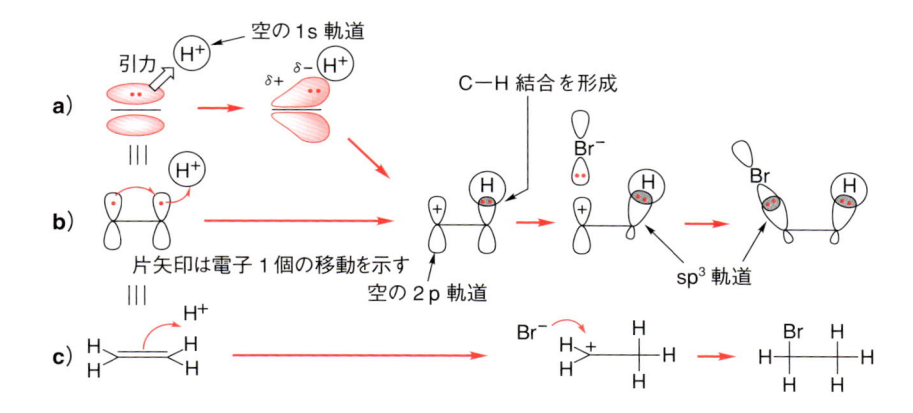

図11・12 エチレンへのHBrの付加反応の機構

電子の流れを考えると反応を理解しやすい。この**付加反応**は，陽イオンがπ電子雲に近づくことから反応が始まるので，**求電子付加反応**と呼ばれ，図11・13のようにまとめることができる。Br_2は**動的分極**をしやすいため，π電子雲に近づくと分極（$Br^{\delta+}-Br^{\delta-}$）し，分極することによってπ電子雲との間の引力が強まり，それに伴って分極も進むので，最終的にはBr^+とBr^-にイオン解離した形で付加反応が起こる（図11・14）。

A^+	B^-	試薬
H^+	X^-（ハロゲン）	ハロゲン化水素
H^+	HSO_4^-	硫酸
H^+	OH^-	水（希硫酸）
X^+（ハロゲン）	X^-（ハロゲン）	Cl_2, Br_2, I_2
Cl^+	OH^-	次亜塩素酸

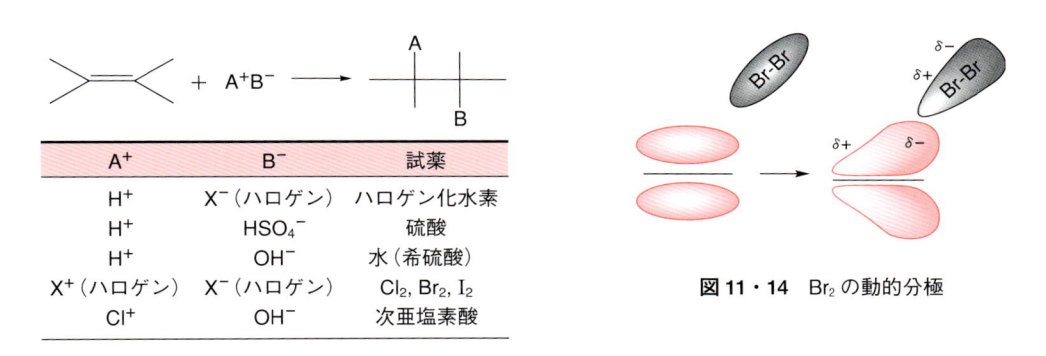

図11・13 アルケンへの付加反応

図11・14 Br_2の動的分極

● 11・5・2 酸化と還元

アルケンを過マンガン酸カリウムや二クロム酸カリウムで酸化すると，C=C結合が切れてC=O結合を持った化合物が生成する。生成物がアルデヒドの場合には，さらに酸化されてカルボン酸となる。ギ酸（HCOOH）となる場合には，CHOの部分があるので，さらに酸化されてCO_2と水になる。

−COOH をカルボキシル (caroxyl) 基といい，この基を持つ化合物をカルボン酸 (carboxylic acid) という。有機化合物中の置換基となっていて接頭詞として命名するときはカルボキシとなる。

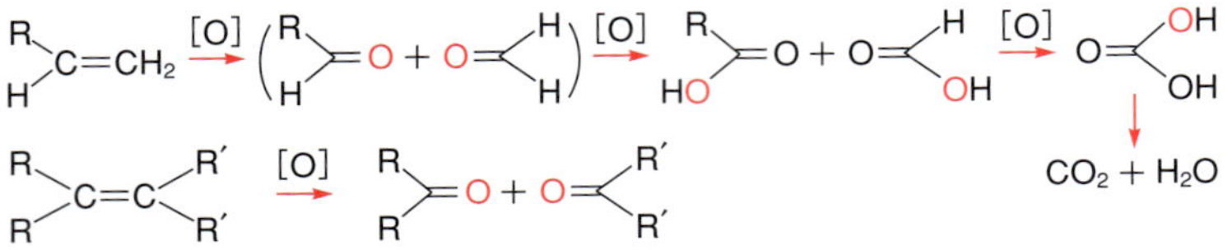

アルケンと水素を混合しても還元反応は起こらないが，Pt, Pd や Ni のような**金属触媒**を用いると，**水素化**が起こりアルカンを生じる。このような**固体触媒**を用いる還元を**接触還元**という (図 11・15)。

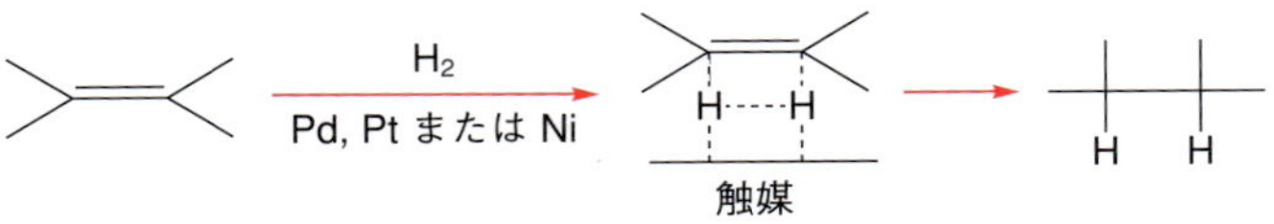

図 11・15　接触還元

11・6　アルキンの反応

11・6・1　求電子付加反応

アセチレンの構造から予想されるように，アルキンはアルケンと類似の反応性を示し**求電子付加反応**をする (図 11・16)。希硫酸を用いると，水の付加が起こるが，**エノール形**から**ケト形**への**異性化**が起こる (図 11・17)。**接触還元**を行えば，1 分子当たり 2 分子の水素の付加が起こりアルカンを生成する。

ケトは >C＝O の形の構造で，エノールは C＝C−OH の形の構造である。

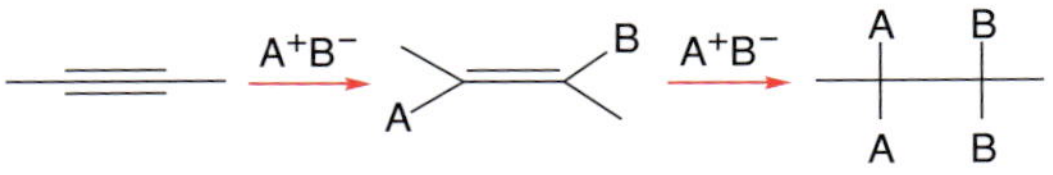

A^+	B^-	試薬
H^+	X^- (ハロゲン)	ハロゲン化水素
H^+	HSO_4^-	硫酸
X^+ (ハロゲン)	X^- (ハロゲン)	Cl_2, Br_2, I_2
Cl^+	OH^-	次亜塩素酸

図 11・16　アルキンへの付加反応

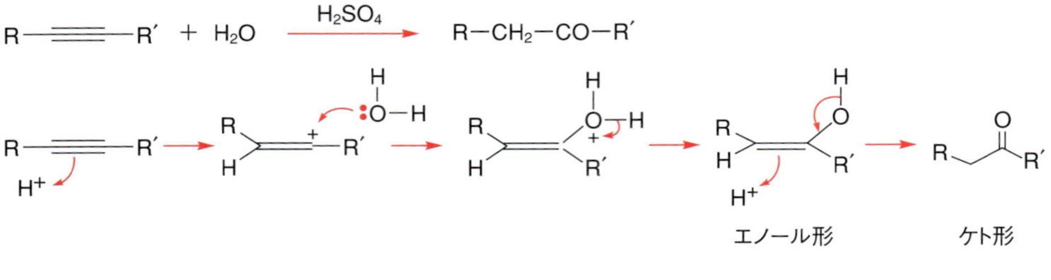

$$R-\!\!\equiv\!\!-R' + H_2O \xrightarrow{H_2SO_4} R-CH_2-CO-R'$$

エノール形　　ケト形

図 11・17　アルキンへの水付加の機構

● 11・6・2 酸としての性質

アルカン，アルキンのC－H結合は不活性であるが，アセチレンのC－H結合は**強塩基**にプロトンを与えることができ，生成した**アセチリド**がハロゲン化アルキルの**求電子試薬**として働く。

$$R-C\equiv C-H \xrightarrow{LiNH_2} R-C\equiv C^-Li^+ + NH_3$$
acetylide アセチリド

$$R-C\equiv C^-Li^+ + R-CH_2-X \longrightarrow R-C\equiv C-CH_2R$$

C－H結合は $C^{\delta-}-H^{\delta+}$ のように分極しているので，H^+ を放出し，アルカンもアルケンも酸として働く可能性がある。しかし，酸として働かないのは，H^+ として引き抜く実用的な強塩基がないためである。炭素の2s軌道は2p軌道よりエネルギー準位が低く，相対的に原子核の近くに存在するため，2s軌道の電子は核に強く引き付けられる。すなわち，Cの電気陰性度は2.5であるが，混成軌道のsの割合が高いほど実効的な電気陰性度が大きく，アセチレンだけが，$LiNH_2$ のような強塩基が存在すると酸として働く。

コラム　エタノールからエチレンを作る簡単な実験

試験管に脱脂綿をきつめに詰め，エタノール3 mLを加えてしみ込ませ，試験管を逆さにして，しみ込まなかったエタノールを捨てる（液体が器壁に残ってもよい）。試験管をスタンドにほぼ水平に取り付け，約1 gの活性アルミナ（酸化アルミニウム）を薬さじで入れ，ガラス管付きゴム栓を取り付ける。活性アルミナ部をガスバーナーで加熱し，発生する気体を水上置換により集める。

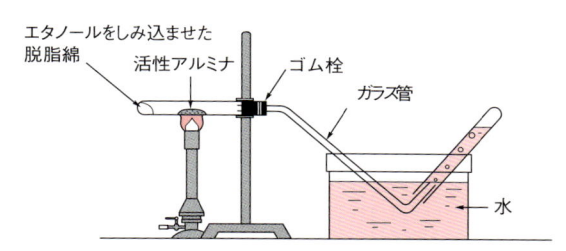

妻木貴雄・臼井豊和，化学と教育，**42**, 42 (1994)

章末問題

1. エタノールを燃焼したときと，エタンを燃焼したときの燃焼熱の差を求めよ。

2. 次の反応の生成物を構造式で記せ。

   1) $\triangle\text{-Br} \xrightarrow{KOH} A \xrightarrow[180℃]{H_2SO_4} B \xrightarrow{Br_2} C$ 2) $H_3C-\equiv-H \xrightarrow[NH_3]{Na} D \xrightarrow{CH_3CH_2I} E$

3. エチレンとアセチレンの希硫酸中での反応の生成物と機構を記せ。

4. 1 molのアルケンAを $KMnO_4$ と反応させたところ，アセトン（CH_3COCH_3）と CO_2 と水を各1 mol生成した。また，別のアルケンBを同様に反応させたところ $HOOC-(CH_2)_4-OOH$ のみが得られた。アルケンA，Bの構造を示せ。（ヒント：11・5・2項参照）

5. CH_3OH と $(CH_3)_2CHOH$ を二クロム酸カリウムで酸化したときの生成物を示せ。

第12章 有機化合物の反応（II）
―カルボニル化合物と芳香族化合物の反応―

　カルボニル基（>C=O）を持つ化合物は，カルボン酸，エステル，アミドなど有機合成上有用な化合物が多い。ベンゼン環を持つ化合物も，医薬品原料ともなる有機合成上重要な化合物である。この章では，カルボニル化合物と芳香族化合物の構造と反応性との関係をミクロな視点から学び，これら化合物の反応を論理的に理解する。

12・1　カルボニル化合物の反応

12・1・1　カルボニル基の分極

　カルボニル基の炭素は，エチレンの炭素と同様に，sp²混成軌道を用いてσ結合を形成し，残ったp軌道でπ結合を形成している。エチレンではπ電子はC=C結合の炭素間で均等に分布しているが，カルボニル基では電気陰性度が炭素2.5，酸素3.5であるため，π電子雲が酸素側に偏り，炭素がδ+，酸素がδ− に**分極**している（**図12・1**）。このように分極しているため，カルボニル基には陽イオンも陰イオンも近づくことができる。すなわち，カルボニル化合物の反応は，酸性条件下でも塩基性条件下でも起こり得る。これが，カルボニル化合物が有機合成に広く利用されている理由である。

　カルボニル基の分極は，電荷が分離していない極限構造式 I と，電荷が分離した極限構造式 II が**共鳴**に寄与しているとして表すこともできる。電荷が分離した極限構造式は，C=O 二重結合に関係していた2個

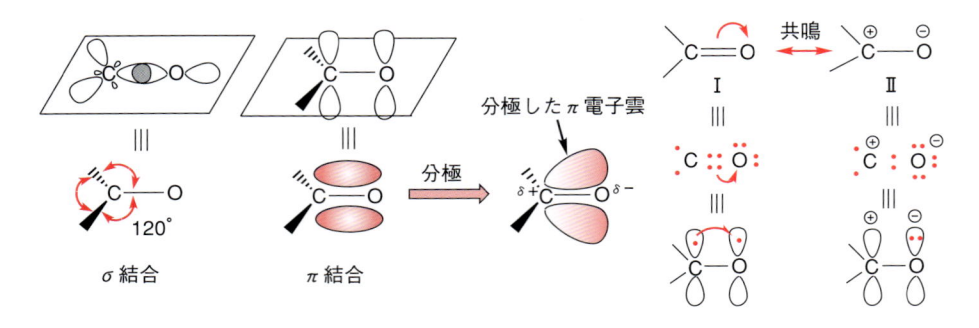

図12・1　カルボニル基の分極

の電子を酸素側に移動させて作ることができる。矢印⤴は，2個の電子の移動を表している。共鳴は，軌道で表すと，電子1個を隣のp軌道に移すことに相当する。**電子1個の移動は，矢先を1つにした矢印**⤴で表す。構造式で表した場合には電子2個の移動で，軌道で表した場合には電子1個の移動では，意味が違うように思うかもしれない。しかし，共有結合の作り方を考えると，これは同じことを違う形で表現しているにすぎないことが分かる。共有結合は電子を1個ずつ出し合って作るので，C＝O結合に関係した2個の電子（価標1つに相当）を酸素側に移しても，1個はもともと酸素に属していた電子なので，実質的には炭素に属していた電子1個を酸素に移したことになる。軌道を用いた表し方では，この実質的な1個の電子の移動を示している。

● 12・1・2　エステル化と加水分解

酢酸をエタノールに溶かして，少量の濃硫酸を加えて加熱すると，セメダイン臭のする酢酸エチルを生じる。

$$\text{CH}_3\text{COOH} + \text{CH}_3\text{CH}_2\text{OH} \xrightarrow{\text{H}_2\text{SO}_4} \text{CH}_3\text{COOCH}_2\text{CH}_3 + \text{H}_2\text{O}$$

この反応は，酸性条件下での反応だから，はじめにカルボニル基を攻撃するのはH^+である。共鳴によりマイナスの電荷が現れる酸素にH^+がまず近づき，OH結合を形成する（図12・2のA）。OH結合が形成されると，C＝O結合をしていた炭素がプラスの電荷を持つようになる。エタノールの酸素には非共有電子対があるので，**ルイス塩基**（6・1節参照）として働くことができ，アルコールがプラスに帯電した炭素に結合する（B）。Bでは，酸素が3価となりプラスに帯電するので，アルコールのHがH^+として取れ，Cとなる。Cでは，電気陰性度の大きな酸素3個と結合している炭素の周りの電子雲はかなり薄くなっている。そのため，この炭素の電子を引きつける能力が高まるので，酸素の電子を炭素側に引き寄せOH結合のHをH^+として出やすくする。H^+がはずれると，炭素の原子価4を満たし安定な中性分子となるためにOH^-がはずれて

「エステル化」はエステルにすることを意味している。

果実臭がするエステル
$\text{CH}_3\text{COOCH}_2\text{CH}_2\text{CH}(\text{CH}_3)_2$
酢酸イソペンチル　バナナ
$\text{CH}_3\text{COO}(\text{CH}_2)_7\text{CH}_3$
酢酸オクチル　オレンジ
$\text{CH}_3\text{CH}_2\text{CH}_2\text{COOCH}_2\text{CH}_3$
酢酸エチル　パイナップル
$\text{CH}_3\text{CH}_2\text{CH}_2\text{COOCH}_2\text{CH}(\text{CH}_3)_2$
酢酸イソペンチル　ナシ
$(\text{CH}_3)_2\text{CHCH}_2\text{COOCH}_2\text{CH}(\text{CH}_3)_2$
イソ吉草酸イソペンチル
　リンゴ

これらのエステルは，対応するカルボン酸とアルコールを，硫酸を触媒として反応させれば合成できる。

反応機構を書くときに，＋，－の電荷を⊕，⊖で表すことがある。矢印が－から出ることがあるので，⊖を使う方が見やすい（図12・2参照）。

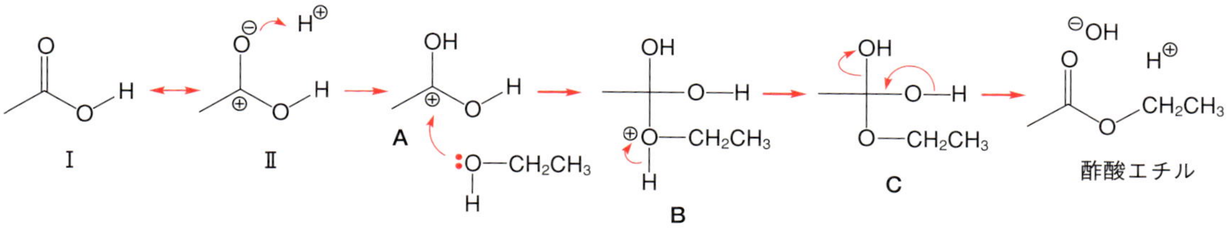

図12・2　酢酸のエステル化

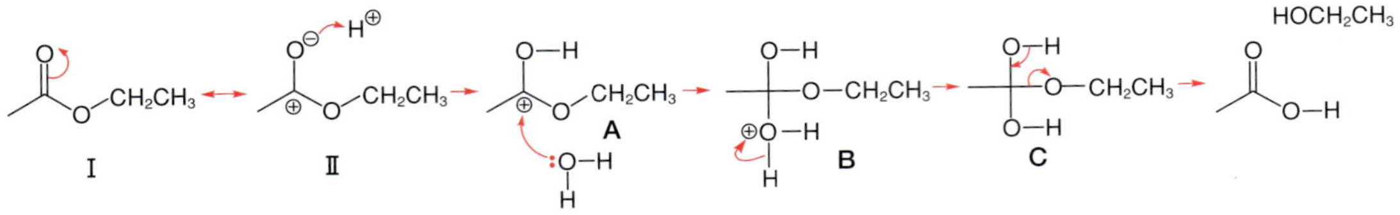

図12・3　酸性条件下での酢酸エチルの加水分解

加水分解が起こるので，エステル化は平衡反応である。

けん化
グリセリンエステルである油脂を加水分解することをけん化という。

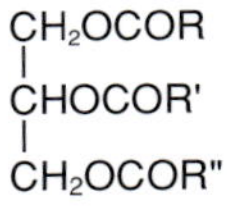

CH₂OCOR
|
CHOCOR'
|
CH₂OCOR''

　　油脂

(C)，C=O 結合が形成され酢酸エチルとなる。この反応では，結果として水が取れるので，硫酸は**脱水触媒**としても機能している。形式的には，この反応では，アルコールがカルボニル基に付加した後に水が脱離しているので，**付加脱離反応**と呼ばれている。

　酢酸エチルを希硫酸中で加熱すると，酢酸エチルの**加水分解**が起こり，酢酸とエタノールを生じる。これは，**エステル化の逆反応**で，はじめにエステルのカルボニル基の酸素に H^+ が結合し，次に，溶媒として多量に存在している水が付加する。この後 H^+ がはずれて C となり，C から $CH_3CH_2O^-$ がはずれて酢酸となる（図12・3）。

　この酸性条件下でのエステルの加水分解では，極限構造式で表したときにマイナスに帯電している酸素に H^+ がまず攻撃するが，塩基性条件下では，OH^- が最初にプラスに帯電している炭素を攻撃する（図12・4）。

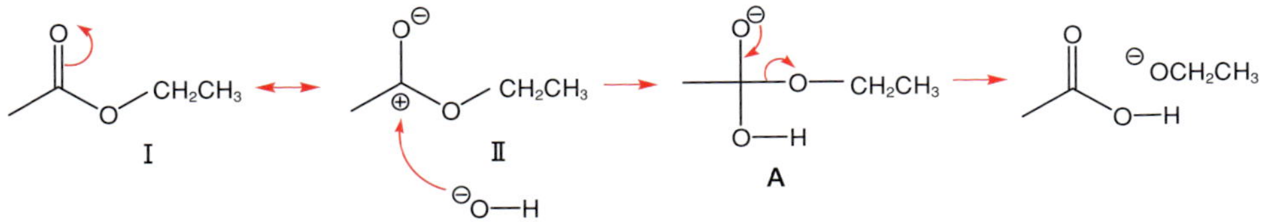

図12・4　塩基性条件下での酢酸エチルの加水分解

12・1・3　カルボニル化合物の付加脱離反応

　カルボニル化合物の反応は，カルボニル基を C^+-O^- とした極限構造式を考えると暗記していなくても予想することができる。試薬を A^+B^- とすると，反応機構を考えるときには，A^+ と B^- のどちらが先に攻撃するかを反応条件より考える必要があるが，生成物を予想するときには，A^+B^- をカルボニル基に付加後，水のような簡単な化合物を脱離させればよい（表12・1）。

脂肪酸
直鎖状カルボン酸を脂肪酸ともいう。これは，脂肪や動植物油からアルキル鎖の長いカルボン酸を得ていたことに由来する。

表12・1 カルボニル化合物の付加脱離反応

X	化合物	試薬 A	試薬 B	化合物	生成物
OH	カルボン酸	H^+	^-OR	アルコール	エステル
OR	エステル	H^+	^-OH	水	カルボン酸
		H^+	$^-NH_2 (^-NR_2)$	アンモニア（アミン）	アミド
Cl	酸塩化物	H^+	^-OH	水	カルボン酸
		H^+	^-OR	アルコール	エステル
		H^+	$^-NH_2 (^-NR_2)$	アンモニア（アミン）	アミド
OCOR	酸無水物	H^+	^-OH	水	カルボン酸
		H^+	^-OR	アルコール	エステル
		H^+	$^-NH_2 (^-NR_2)$	アンモニア（アミン）	アミド

12・2 芳香族置換反応

● 12・2・1 ベンゼンの反応

ベンゼンでは6個のp軌道が環状に並んでおり，隣り合った平行なp軌道同士は重なるので，ベンゼンには環状のπ電子雲が存在する（図12・5）。ベンゼン環は安定な環で壊れにくくエチレンのような付加反応はせず，アルケンを酸化する反応条件下でも酸化されない。ベンゼン環は安定なので，壊れにくく生成しやすい環である。

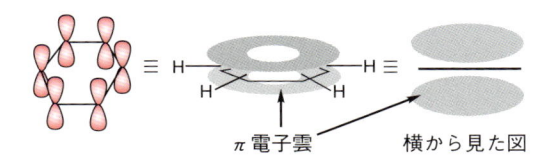

図12・5 ベンゼンの構造　π電子雲　横から見た図

芳香族性
芳香族化合物の持つアルケンと異なる特別な性質を芳香族性という。
p軌道が環状に存在することが1つの条件であるが，これに加えてπ電子が $4n+2$ 個存在する必要がある。

ベンゼンに硝酸と硫酸の混合溶液（**混酸**という）を加えて加熱するとニトロベンゼンを生じる。この反応は，ベンゼンの水素とニトロ基（$-NO_2$）が置き換わる**置換反応**である。

$$\text{C}_6\text{H}_5\text{-H} \xrightarrow{HNO_3/H_2SO_4} \text{C}_6\text{H}_5\text{-NO}_2 \qquad (12.2)$$

硝酸と硫酸を混合すると，硫酸が酸，硝酸が塩基として働き**ニトロイルイオン**（NO_2^+）を生じ，この陽イオンがベンゼンのπ電子雲に近づいて反応が始まる（図12・6）。
ベンゼンの炭素とニトロイルイオンの窒素との間に結合ができニトロ基が入るところ（図12・7A）までは，エチレンの付加反応と同じである。

NO_2^+ をニトロニウムイオンと呼ぶのは古い呼び名で，IUPAC命名法ではニトロイルイオンという。

122　第12章　有機化合物の反応（II）—カルボニル化合物と芳香族化合物の反応—

$$HNO_3 + H_2SO_4 \longrightarrow NO_2^+ + H_2O + HSO_4^-$$

図12・6　ニトロイルイオンの生成と構造

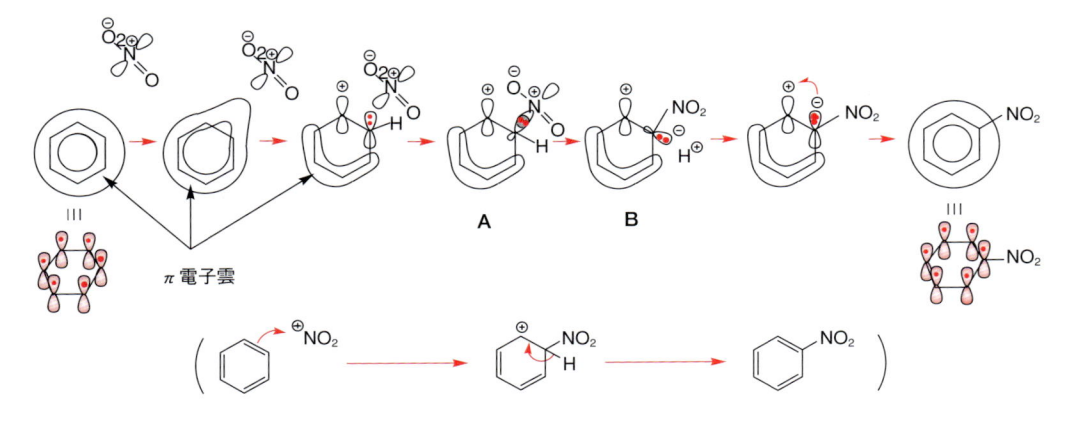

図12・7　ベンゼンのニトロ化の反応機構

求電子置換反応を親電子置換反応ともいう。

　　しかし，窒素が結合した炭素の隣のプラスに帯電した炭素に陰イオンは結合せずに，ベンゼンに結合していた水素が H^+ として抜けていく（B）。これはベンゼン環が，安定で壊れにくいだけでなく，生成物となるときには再生されやすいためである。ベンゼンのニトロ化は，はじめにプラスの電荷を持ったニトロイルイオンが π 電子雲に近づいて反応が起こるので，**求電子置換反応**と呼ばれる。求電子置換反応も反応の進み方，すなわち，反応機構を理解すると，個々の反応を丸暗記しなくても，一般化して覚えることができる（**表12・2**）。反応機構は，電子雲を表した図で理解してもよいが，普通は，**図12・7**の下段の括弧内に示したように電子の流れを示す矢印を使った式で表す。

　　臭素化，塩素化，アルキル化，アシル化では，ハロゲンやハロゲン化物とともにルイス酸である $FeBr_3$ や $AlCl_3$ が触媒として使われる。ハロ

図12・8 臭素とルイス酸の反応

図12・9 ベンゼンの臭素化

ゲンやハロゲン化物とルイス酸が反応すると，ルイス酸がハロゲン陰イオンを受け取る．ハロゲンの場合には，**ハロゲン陽イオン**が生じ（図12・8），この陽イオンがベンゼン環を攻撃する（図12・9）．

芳香族化合物に，塩化アルミニウムなどのルイス酸の存在下でアルキル基またはアシル基を導入する反応を，フリーデル-クラフツ反応という．

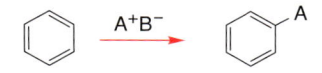

表12・2 ベンゼンの求電子置換反応

反応名	A^+	試薬
臭素化	Br^+	$Br_2 + FeBr_3$
塩素化	Cl^+	$Cl_2 + AlCl_3$
ニトロ化	NO_2^+	$HNO_3 + H_2SO_4$
アルキル化	R^+	$RCl + AlCl_3$
アシル化	RCO^+	$RCOCl + AlCl_3$
スルホン化	SO_3	H_2SO_4

12・2・2 一置換ベンゼンの反応（1）オルト-パラ配向性

一置換ベンゼンに求電子置換反応を行うと，2番目の置換基がオルト位とパラ位に入る場合とメタ位に入る場合がある．医薬品等の合成では特定の位置に置換基を導入しなければならないので，合成化学では**配向性**は大きな問題となる．ベンゼンの求電子置換反応は陽イオンがπ電子雲に近づくところから始まるので，一置換ベンゼンの配向性は，置換基によって生じるベンゼン環のπ電子雲の偏りに依存していると考えることができる．

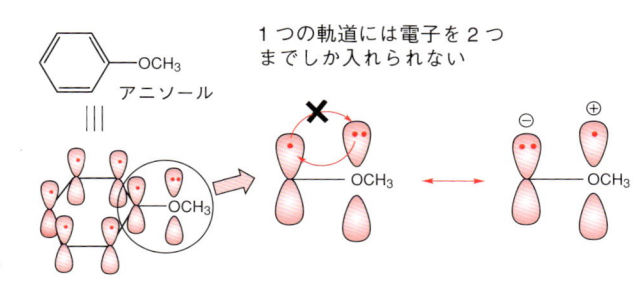

図12・10 アニソール

124　第12章　有機化合物の反応（Ⅱ）―カルボニル化合物と芳香族化合物の反応―

基名はメトキシル基というが，化合物中の置換基名はメトキシという。

　ベンゼン環にメトキシ基（$-OCH_3$）が結合したアニソールを考える（図12・10）。アニソールでは，ベンゼン環のπ結合を形成している炭素上のp軌道とメトキシ基の酸素上のp軌道が平行となって相互作用している。炭素よりも酸素の方が電気陰性度が大きいが，1つのp軌道には電子を2個までしか入れることができないので，ベンゼン環の炭素上のp軌道の電子を，酸素上の**非共有電子対**が入っているp軌道に入れることはできない。

　相互作用（共鳴）を考えるときは，非共有電子対の電子1個を隣接しているベンゼン環の炭素のp軌道に入れる。すなわち，図12・11のⅠaからⅡaへと変化させる。これらを価標を用いて表した式がⅠbとⅡbである。次に，Ⅱaでベンゼン環の炭素のp軌道に2個入っている電子の1個を隣のp軌道へ移すとⅢaとなる。電子が2個入ったp軌道から隣のp軌道へ電子を1個移動させることを順次行っていくと，最後はⅨaとなる。ⅨaはⅠ軌道で表すとⅠaの状態と同じであるが，構造式で表すとⅨbのように描くことができ，ⅠbとⅨbでは二重結合の位置が異なっている。ⅠbからⅨbは極限構造式であり，全てが共鳴に関係している。しかし，Ⅱb，Ⅳb，Ⅵb，Ⅷbでは，二重結合を形成せずに孤立している電子が2か所に存在している。この孤立している電子は原子状態の電子に似ているため，Ⅱb，Ⅳb，Ⅵb，Ⅷbはエネルギーの高い不安定な状態である。このため，これらの状態が共鳴に寄与する確率は極めて低い。そこで，これらの状態を除いて，図12・12のようにア

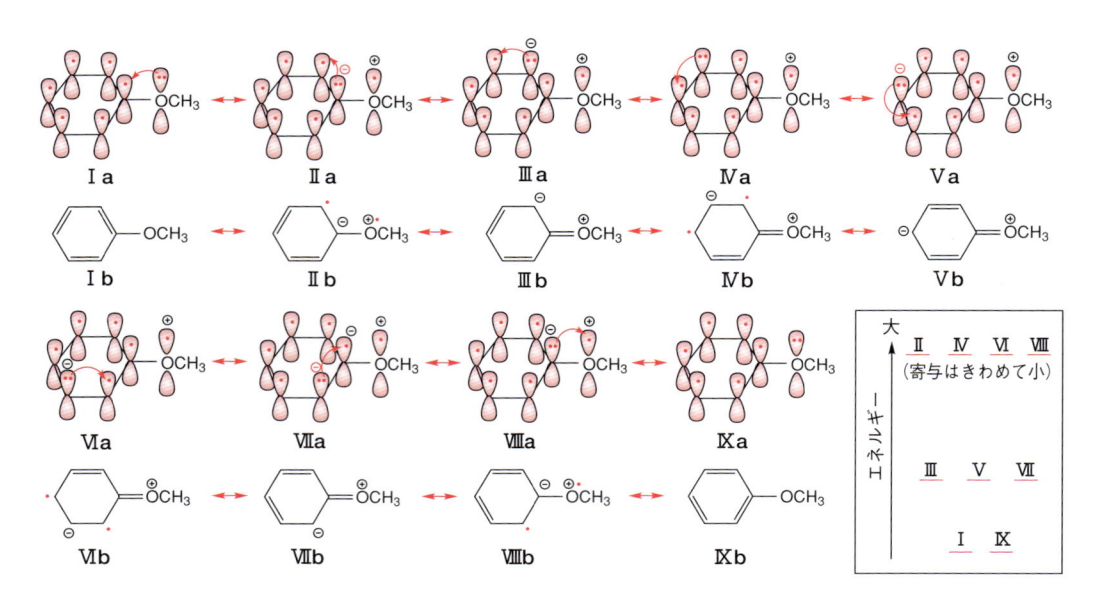

図12・11　アニソールの共鳴（1）

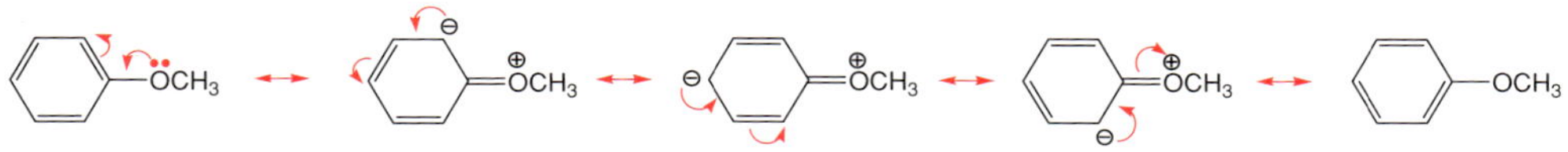

図12・12 アニソールの共鳴 (2)

ニソールの共鳴を表す。この図から分かるように，オルト位とパラ位にマイナスの電荷が現れるので，求電子試薬はオルト位とパラ位に近づく，すなわち，アニソールは**オルト-パラ配向性**を示すことが理解できる。

アニソールがオルト-パラ配向性を示すのは，ベンゼン環に非共有電子対を持った酸素が結合していることが原因となっているので，一般に，非共有電子対を持った元素がベンゼン環に結合している一置換ベンゼンでは，求電子置換反応するとオルト-パラ配向となる（**表12・3**）。

電子供与基
非共有電子対を持った基が共鳴に関係すると，その基は電子を出す電子供与基として働く。

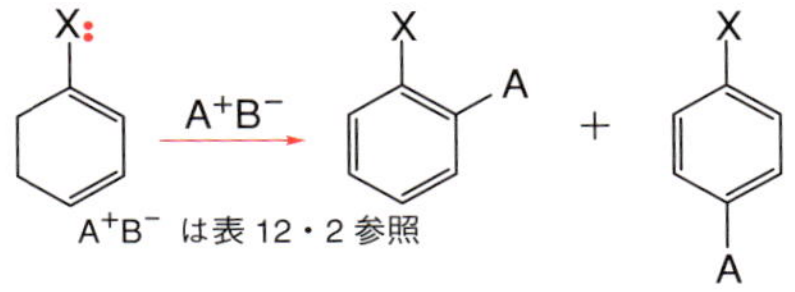

表12・3 オルト-パラ配向性を示す一置換ベンゼン

置換基 (X)	一置換ベンゼン名
—OCH₃	アニソール
—OH	フェノール
—NH₂	アニリン
—NHCOCH₃	アセトアニリド
—Cl (ハロゲン)	クロロベンゼン

アルキル基（CH₃など）もオルト-パラ配向性を示す

超共役
トルエンがオルト-パラ配向性を示すのは，メチル基が下のような特殊な効果を示すためで，これを超共役という。

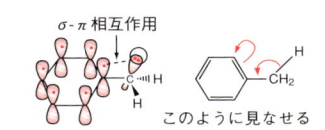

σ-π相互作用

このように見なせる

● **12・2・3 一置換ベンゼンの反応（2）メタ配向性**

ベンゼン環にアセチル基（—CO—CH₃）が付いたアセトフェノン（図12・13）では，カルボニル基の炭素がベンゼン環に結合しており，この炭素は非共有電子対を持っていないので，アニソールのような非共有電子対の電子をベンゼン環の炭素に移動させる共鳴はできない。

カルボニル基の共鳴では，図12・1に示したように，C=O結合を形成している電子が酸素に移動したC⁺—O⁻が寄与するので，まず図12・

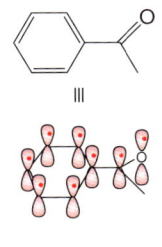

図12・13 アセトフェノン

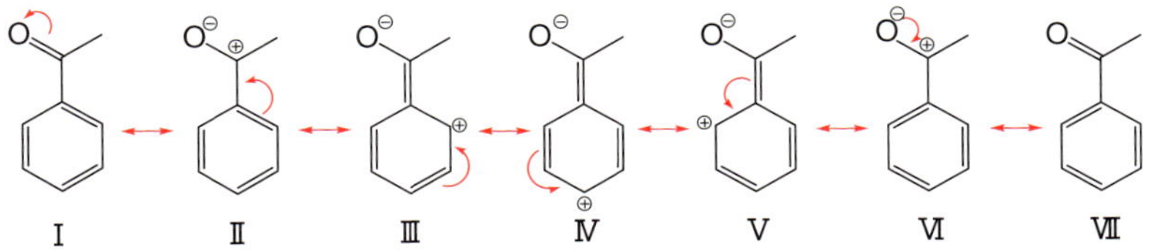

Ⅰ Ⅱ Ⅲ Ⅳ Ⅴ Ⅵ Ⅶ

図12・14 アセトフェノンの共鳴

第12章 有機化合物の反応（II）—カルボニル化合物と芳香族化合物の反応—

カルボキシル基は，カルボン酸の特性基 –COOH。この基を接頭詞として命名するときの名称は**カルボキシ**（p.116 側注参照）。

表12・4　メタ配向性を示す一置換ベンゼン

–X=Y	特性基	一置換ベンゼン名
–N=O (N⁺, O⁻)	ニトロ基	ニトロベンゼン
–C=O / OH	カルボキシル基	安息香酸
–C=O / OCH₃	メトキシカルボニル基	安息香酸メチル
–C=O / CH₃	アセチル基	アセトフェノン
–C=O / H	ホルミル基	ベンズアルデヒド
–S=O (O⁻) / OH	スルホ基	ベンゼンスルホン酸
–C≡N	シアノ基	ベンゾニトリル

炭素—炭素結合生成法
コラム ——ノーベル化学賞を受賞した鈴木カップリングと根岸カップリング

　この章では，カルボニル化合物と芳香族化合物の反応を中心に取り上げたが，反応は見方を変えれば合成となる。医薬品や工業製品等となる有機化合物のほとんども人工的に合成されたもので，有機合成は学問的に重要なだけでなく工業的にも重要な分野となっている。

　有機化合物の基本骨格は炭素で構成されているので，C–C 結合を作ることが有機合成の基本である。ところが，C–C 結合は安定な結合であるため切れにくく，逆に，生成させるのも難しい。特に，この章で見てきたように，ベンゼン環同士を結合させるのは極めて難しい。この難しい反応を行う方法が，鈴木カップリングであり根岸カップリングである。これらの反応を開発した両氏に 2010 年ノーベル化学賞が授与された。前者は，パラジウムを触媒として有機ホウ素化合物と有機ハロゲン化合物を反応させて C–C 結合を作る反応であり，後者は有機ホウ素化合物の代わりに有機亜鉛化合物（R–Zn–X，X はハロゲン）を用いる反応である。カップリングとは結合を作ることであり，異なる構造を持つ化合物間で結合を作ることをクロスカップリングという。図の鈴木カップリングの例は，クロスカップリングであり，液晶など多くの有用な化合物の合成に利用されている。

鈴木カップリングの例　　　液晶に使われている化合物

14 の **II** のような極限構造式を描くことができる。**II** では，カルボニル基の炭素がプラスの電荷を持ち 3 価の状態となるので，4 価の原子価を満たすように，構造式で表したベンゼン環の二重結合を切って結合を移動させると **III** となる。このような結合の移動を繰り返していくと **IV** ～ **VII** の極限構造式を描くことができる。アセトフェノンでは，オルト位とパラ位がプラスとなった極限構造式が共鳴に寄与している。このため，アセトフェノンに求電子試薬（表 12・2 参照）を作用させると，相対的にオルト位とパラ位よりも電子雲が濃くなるメタ位で置換反応が起こる（**メタ配向性**）。

アセトフェノンの共鳴から分かるように，一般に，不飽和結合（−X＝Y）が直接ベンゼン環と結合している置換基を持った一置換ベンゼンの求電子置換反応では，メタ配向となる（表 12・4）。

電子求引基
不飽和結合を持った基が共鳴に関係すると，その基は電子を受け取る電子求引基として働く。

章末問題

1． 次の反応の生成物と反応機構を示せ。

1) PhCOOH + PhNH$_2$ →

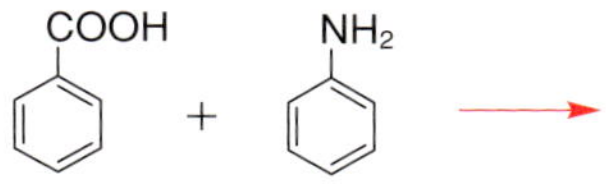

2) PhCOOCH$_3$ + NaOH aq →

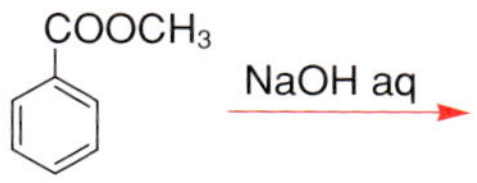

2． 次の反応の生成物を記せ。

1) PhOCH$_3$ + Cl$_2$ / AlCl$_3$ →

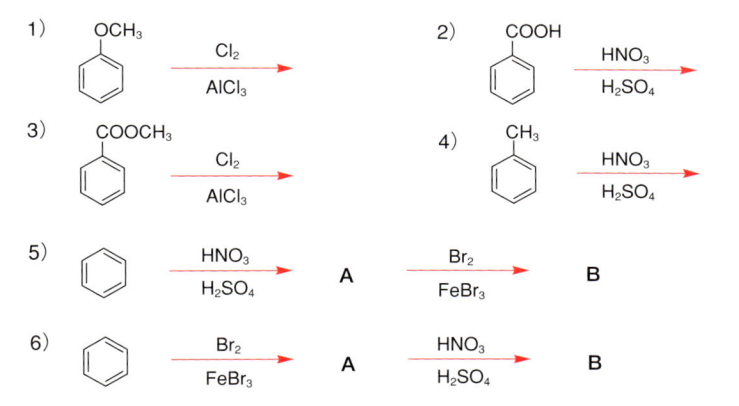

2) PhCOOH + HNO$_3$ / H$_2$SO$_4$ →

3) PhCOOCH$_3$ + Cl$_2$ / AlCl$_3$ →

4) PhCH$_3$ + HNO$_3$ / H$_2$SO$_4$ →

5) ベンゼン + HNO$_3$ / H$_2$SO$_4$ → A + Br$_2$ / FeBr$_3$ → B

6) ベンゼン + Br$_2$ / FeBr$_3$ → A + HNO$_3$ / H$_2$SO$_4$ → B

3． アセトフェノンの共鳴を，軌道を用いて表して説明せよ。

4． アニリン（Ph−NH$_2$）に無水酢酸（CH$_3$CO−O−COCH$_3$）を作用させると，アセトアニリド（CH$_3$CO−NHPh）が生成する。この反応の機構を示せ。

5． 次の反応の生成物と反応の機構を示せ。

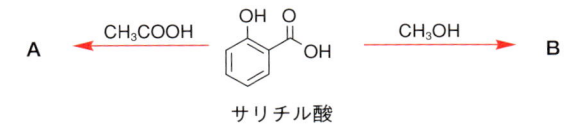

A ← CH$_3$COOH — サリチル酸（o-HOC$_6$H$_4$COOH） — CH$_3$OH → B

第13章 高分子化合物

分子量が10000以上である有機高分子の合成法は，連鎖重合と逐次重合に大別される。この章では，有機高分子の合成も分子量の小さな有機分子の反応を基に説明できることや平均分子量の考え方を学び，身の回りで使われている高分子の合成法や性質を理解する。

13・1 高分子化合物

分子量が非常に大きな化合物を，**高分子化合物**あるいは単に**高分子**（**ポリマー**）という。どの程度の分子量から高分子というかの基準は曖昧であるが，一般に，10000以上の分子量を持つ化合物を高分子と呼び，分子量が1000位までの分子を低分子，1000位から10000位までの分子を**オリゴマー**と呼んでいる。

高分子は，主鎖が炭素からなる**有機高分子**と，ケイ素，硫黄，リンなどからなる**無機高分子**に大別される。天然に存在する有機高分子には，タンパク質，多糖類（セルロース，デンプンなど），核酸，天然ゴムなどがある。身の回りには，ペットボトルなどの容器や洗面具，電気器具などの**有機合成高分子**であるプラスチック製品があふれている。プラスチック製品が広く使われている理由は，軽くて丈夫で，何よりも成形が容易なためである。力を加えると変形し元に戻らなくなる性質を**可塑性**といい，加熱すると軟化して成形できるようになり，冷えると硬化する性質を**熱可塑性**という。このような性質を持つプラスチックを**熱可塑性樹脂**という。熱可塑性樹脂では，加熱と冷却を繰り返すと，軟化と硬化が可逆的に起こる。これに対し，加熱すると流動性を増すが，時間が経つにつれて硬化し，一度硬化すると，再加熱をしても軟化しないプラスチックを**熱硬化性樹脂**という。熱硬化性樹脂が加熱を続けていると硬化するのは，加熱により化学反応が起こって構造が変化するためである。このように，熱や力を加えることにより目的とする形に成形できる高分子を総称して**プラスチック**と呼んでおり，有機合成高分子でも繊維，ゴム，塗料，接着剤はプラスチックには含めていない。

プラスチックは，**合成樹脂**と同義に使われることが多いが，樹脂は原

タンパク質
α-アミノ酸（Glyを含む）が脱水縮合した重合体で分子量が5000以上のものをいい，それ以下のものはペプチドという。

α-アミノ酸　$\mathrm{H_2N}{-}\underset{H}{\overset{R}{C}}{-}\mathrm{COOH}$

R = Me　アラニン (Ala)
　　CH₂Ph　フェニルアラニン (Phe)
　　CH₂SH　システイン (Cys)
(R = H　グリシン (Gly))

多糖類
多数の単糖分子が互いにグリコシド結合した重合体。

多糖類の例　アミロース（でんぷんの成分）

核酸
糖およびリン酸からなる部分を含む高分子で，生命維持活動，遺伝現象に必須の物質である。

天然ゴム
植物から生産される原料を用いたゴムで，ほとんどはイソプレン（$CH_2=C(CH_3)CH=CH_2$）が単量体となっている。

料であり，プラスチックは天然樹脂も含めた樹脂を成形加工した製品とする定義もある。**樹脂**は，元来，主に植物が生理的あるいは病的に生成する固形物質（俗にいうヤニ）を指す用語であった。プラスチックが合成樹脂と呼ばれるようになったのは，1907年にベルギー生まれのアメリカの化学者ベークランドが，フェノール（Ph−OH）とホルムアルデヒド（HCHO）から初めて人工的に合成し**ベークライト**と名付けた高分子の形状が，天然樹脂である松ヤニに似ていたためである。

13・2 高分子の合成

高分子は，低分子が次々と反応して生成する。低分子が次々と反応して，大きな分子量を持った化合物になっていくことを**重合**という。重合により生成する物質を**重合体**，重合の基本単位となる低分子を**単量体**（モノマー）という。重合体には，高分子だけでなくオリゴマーも含まれる。

重合するためには，分子内にほかの分子と結合できる部位が2か所以上なくてはならない。重合は，重合体が成長する仕方により，連鎖重合と逐次重合に大別されている。連鎖重合の例は**ラジカル重合**で，ラジカルが原料と反応して新たなラジカルを生じ，それがさらに原料と反応してラジカルとなることを繰り返して重合する（式 (13.1)）。このように，活性種が次々と反応して成長していく重合を**連鎖重合**という。逐次重合の例は，**ジカルボン酸**（二塩基酸ともいう）と**二価アルコール**（ヒドロキシ基を分子内に2つ持つ化合物）の**縮合重合**である（式 (13.2)）。**縮合**とは，水やアンモニアのような簡単な分子が**脱離**して分子間に新しい共有結合ができる反応のことである。ジカルボン酸の1つのカルボキシル基と二価アルコールの1つのヒドロキシ基の間で水がとれて，まずエステルを生じる。この生成したエステルは分子内にカルボキシル基とヒドロキシ基を持つため，生成したエステル同士でも反応することができ，反応すると両基を持った分子量のより大きなエステルが生成する。

高分子の構造は，普通，末端構造は示さずに，分子内で繰り返される構造のn倍として表される。反応の進み方を示すような場合には，末端構造を表記することもある。

連鎖重合の例（ラジカル重合）

$$A=B \xrightarrow{X\cdot} X-A-\overset{\cdot}{B} \xrightarrow{A=B} X-A-B-A-\overset{\cdot}{B} \xrightarrow[\text{単量体と次々と反応}]{A=B \quad A=B} -(\!A-B\!)_n$$

単量体 　　　　　　　　　　　　　　　　　　　　　　　　　　　　　　　　　重合体（高分子）

(13.1)

逐次重合の例（縮合重合）

$$\left.\begin{array}{l}\text{HO-(CH}_2)_l\text{-OH} \\ \text{二価アルコール} \\ \text{HOOC-(CH}_2)_m\text{-COOH} \\ \text{ジカルボン酸}\end{array}\right\} \rightarrow \text{HOOC-(CH}_2)_m\text{-COO-(CH}_2)_l\text{-OH} + H_2O \xrightarrow{\text{オリゴマー　重合体}} \text{-(OOC-(CH}_2)_m\text{-COO-(CH}_2)_l\text{-O)}_n\text{-} \quad \text{重合体（高分子）}$$

(13.2)

ここで生成した分子量が大きくなったエステル間でもさらに反応が起こり，より分子量の大きな新たなエステルが生成する。このような段階的な分子間反応によって起こる重合を**逐次重合**という。

● 13・2・1　連鎖重合（1）ラジカル重合

二重結合や三重結合を持つ不飽和化合物に陽イオンが最初に攻撃してカルボカチオンとなり，このカチオンに陰イオンが結合して付加反応が起こる（11・5・1項参照）が，ラジカルも不飽和化合物を攻撃することができる（図 13・1）。試薬 AB がラジカル A・と B・に開裂し，最初に A・が不飽和結合部に結合すると，炭素上に不対電子が現れた新たなラジカル I を生じる。このラジカルとラジカル B・が結合すれば，**ラジカル付加反応**となる。ラジカル B・の濃度が低い場合や，ラジカル B・の反応性が生成したラジカル I に比べて低い場合には，ラジカル I が原料の不飽和化合物（図 13・1ではエチレン）と反応して新たなラジカル II を生じる。連鎖重合では，不飽和化合物に**活性種**（ここではラジカルであるが，イオンの場合もある）が結合して新たな活性種となり，これがさらに不飽和化合物と結合してさらに新たな活性種となることを繰り返して重合していくので，**付加重合**とも呼ばれる。

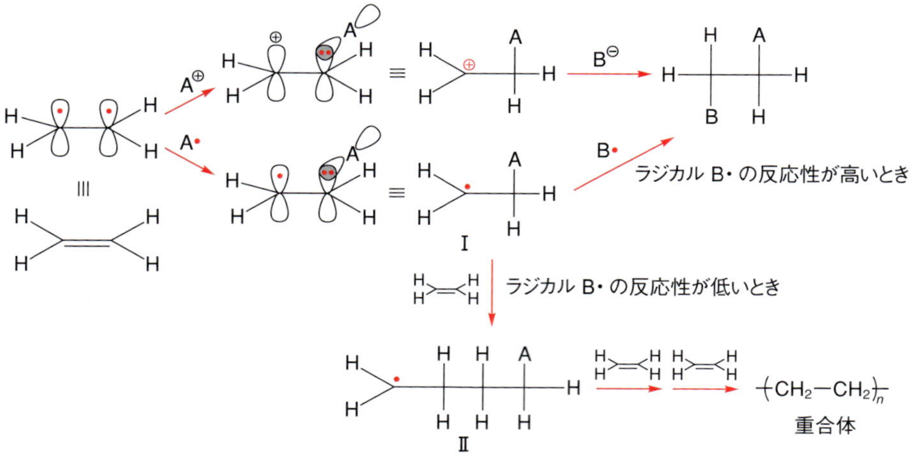

図 13・1　エチレンへの陽イオンとラジカルの攻撃

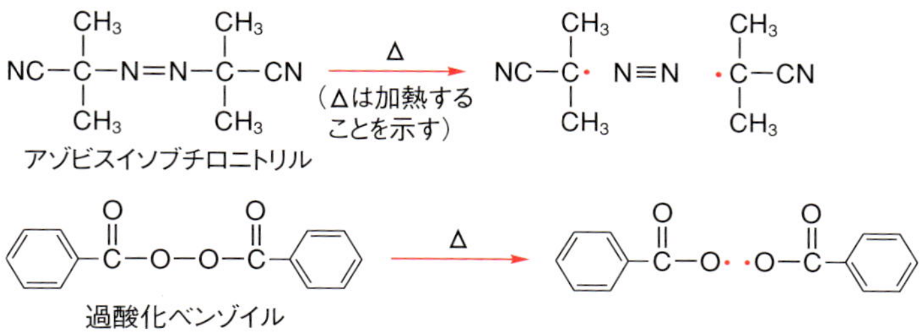

13・2 高分子の合成

図13・2 ラジカル開始剤

ラジカル重合では，連鎖反応を起こすために，最初にラジカルを生じさせる**ラジカル開始剤**が用いられている（図 13・2）。ラジカル開始剤としては，加熱することにより容易に C–N 結合や O–O 結合が切れてラジカルを生成するアゾビスイソブチロニトリル（AIBN）や過酸化ベンゾイルが用いられている。ラジカル重合では，開始剤から生じたラジカル以上の数のラジカルは生成しない。このため，ラジカル濃度が反応途中で増加することはなく，反応初期から高分子量の重合体も生成するが，単量体が反応終期まで残存する。

ラジカル開始剤（X–X）からラジカル X· ができると，これがエチレンの二重結合に付加する（図 13・3）。付加すると，新たなラジカル X–CH_2CH_2· ができる。この新たにできたラジカルが，エチレンの二重結合部の炭素に結合して重合が始まるので，ラジカル開始剤から生成したラ

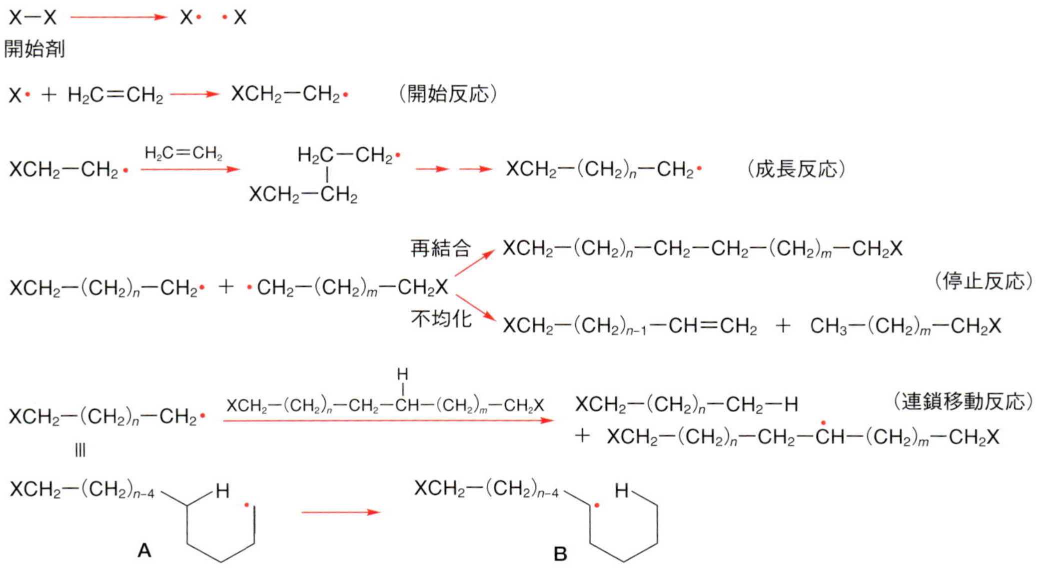

粘着テープの作製
AIBN をラジカル開始剤としてトルエン中でアクリル酸ブチルを重合し，重合物をセロハンに塗るとセロテープを作製できる（『化学と教育』(1992)）。

図13・3 エチレンのラジカル重合

ジカルがエチレンに付加して新しいラジカルとなる反応を**開始反応**という。開始反応で生じたラジカルが，エチレンと反応して新たなラジカルとなり，次々と新しく生じたラジカルがエチレンと反応して，分子量の大きなラジカルになっていく過程を**成長反応**という。成長したラジカルは，ラジカル同士が結合（**再結合**という）するか，あるいは，ラジカル間で水素のやり取り（**不均化**という）をして，不対電子を持たない安定な分子となって反応が停止する。このラジカルが安定分子になる反応を**停止反応**という。成長したラジカルが溶媒と反応して，ラジカルではなくなる停止反応もある。成長過程で，成長して新しく生じたラジカルが次々と原料に付加する反応の繰り返しの回数が多ければ，生成する高分子の分子量は大きくなり，回数が少なければ分子量は小さくなる。

　エチレンのラジカル重合では，二重結合にラジカルが付加していくだけなら直線的な高分子しか生成しない。しかし，停止反応により生じた分子の炭素骨格中間部の CH_2 から，ラジカルの末端の**ラジカル中心**（不対電子が存在している個所）に水素が移動すると，末端以外の場所にラジカル中心を持った新しいラジカルが形成される。この新しく生じたラジカルと末端ラジカルが再結合すると，**枝分かれを持った高分子**となる。末端ラジカルと分子との間で水素移動が起こるのは，1級ラジカル（R−CH_2・）よりも2級ラジカル（RR′CH・）の方が安定なためである。ラジカル中心が移動する反応は，**連鎖移動反応**と呼ばれ，枝分かれ構造をした高分子を生じる原因となる。長鎖のラジカルになると，末端のラジカル中心に分子内の炭素に結合していた水素が移動して，ラジカル中心の位置が移動する連鎖移動反応が起こることもある（**図13・3のAからBへの変化**）。このような**分子内のラジカル中心の移動**も，枝分かれ構造をした高分子を生じる原因となる。

　枝分かれが多くなると**高分子の密度**が小さくなる。ポリエチレンの場合，密度が $0.91〜0.93$ g cm^{-3} くらいの**低密度ポリエチレン**（LDPE，$1000〜2000$ 気圧，$180〜200$ ℃ で反応させて合成）と，0.95 g cm^{-3} 以上の**高密度ポリエチレン**（HDPE，常温常圧下でチーグラー−ナッタ触媒を用いて合成）が知られている。LDPE は枝分かれが多いため結晶化度が低く，そのため透明性がよいが機械的強度では HDPE に劣る。結晶化度，融点，溶解度，弾性等の高分子の性質を変えて，より工業的に利用しやすい高分子を得るために，2種類以上の単量体を混合して重合させることも行われている。このような重合を**共重合**という。

🔴 13・2・2　連鎖重合（2）カチオン重合

ラジカル重合では，成長段階での活性種はラジカルであったが，この

ポリエチレンと共重合体の物理的性質

重合体	HDPE	LDPE
密度 (g cm^{-3})	0.965	0.920
融点 (℃)	133	107
弾性率の比	33.4	5.1

重合体	EEA	EVA
密度 (g cm^{-3})	0.931	0.943
融点 (℃)	92	89
弾性率の比	1.0	1.1

EEA：エチレン-アクリル酸エチル共重合体
EVA：エチレン-酢酸ビニル共重合体

トリエチルアルミニウム（Et_3Al）と塩化チタン（$TiCl_4$ や $TiCl_3$）を主成分とし，これに周期表の4〜10族の遷移金属化合物と1〜3族の有機化合物を添加して作った触媒をチーグラー−ナッタ触媒という。

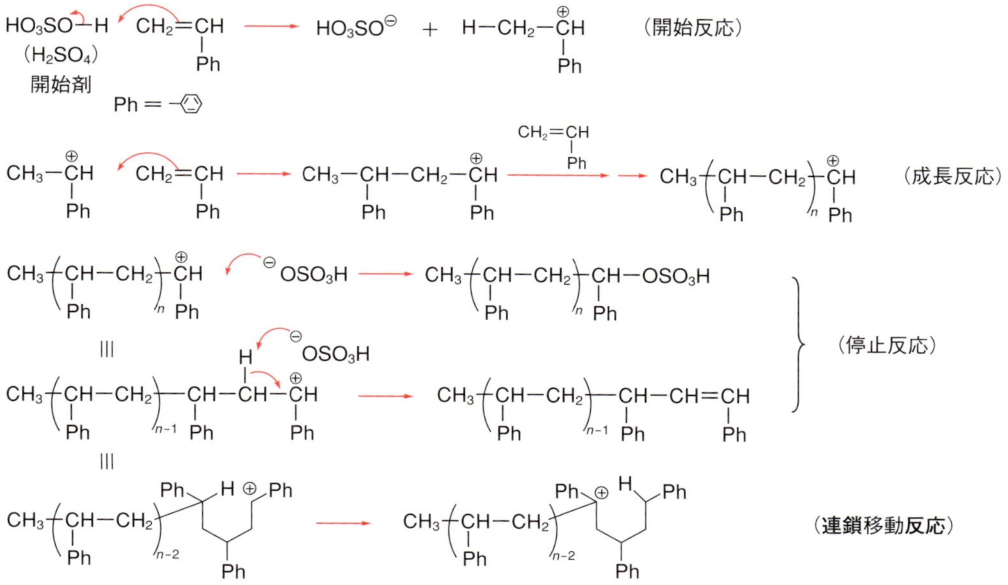

図 13・4 スチレンのカチオン重合

活性種がイオンの場合を**イオン重合**という。イオン重合は，活性種の電荷の正負によって，**カチオン重合**と**アニオン重合**に分けられる。

　カチオン重合の開始剤としては，HCl，H_2SO_4 などの**プロトン酸**や $AlCl_3$，BF_3，$SnCl_2$ などの**ルイス酸**が用いられている。カチオン重合の例として，硫酸を開始剤としたスチレン（Ph−CH=CH_2）の重合，すなわち，**ポリスチレンの合成**を図 13・4 に示した。スチレンの二重結合部はエチレンと同じなので，π電子雲へプロトンが攻撃し，**カルボカチオン**を生じる。ここまでは，エチレンへの硫酸付加と同じである。しかし，重合を行う場合には，スチレンに対して硫酸を微量しか用いないので，カルボカチオンが HSO_4^- と反応する確率よりもスチレンと反応する確率の方が高い。このため，カルボカチオンはスチレンと反応し，新たなカルボカチオンを生じる。生じたカルボカチオンは，さらに，スチレンと反応し，この過程が繰り返し起こって重合体へと成長していく（**成長反応**）。最初に生じたカルボカチオンがより分子量の大きなカルボカチオンとなり，それがさらに分子量の大きなカルボカチオンへと，次々と変わっていくので，カチオン重合も連鎖重合の一つである。

● **13・2・3　連鎖重合（3）アニオン重合**

　不飽和結合部にはπ電子雲があるので，陽イオンが攻撃するのが基本であるが，カルボニル基のように分極していれば陰イオンも攻撃できる

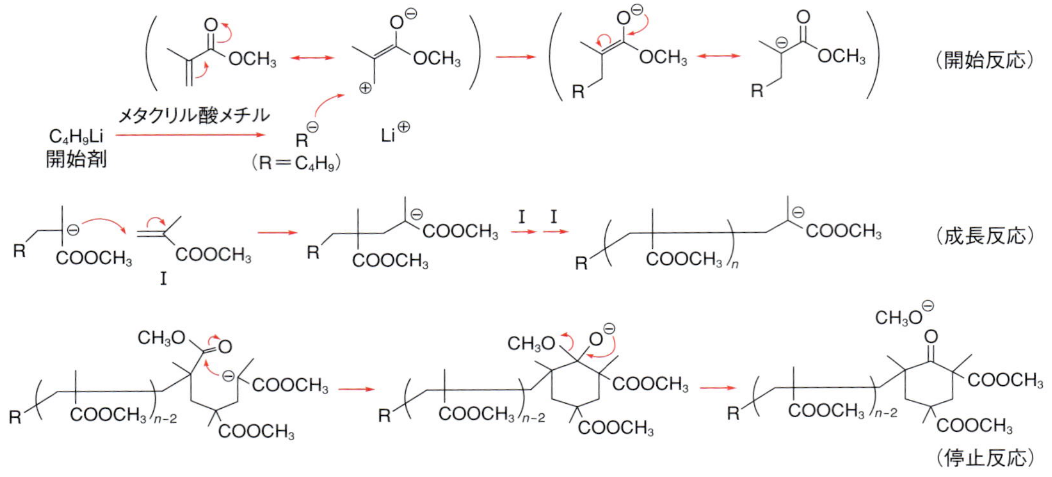

図 13・5 メタクリル酸メチルのアニオン重合

$$RLi \longrightarrow R^- + Li^+$$
$$RMgBr \longrightarrow R^- + {}^+MgBr$$

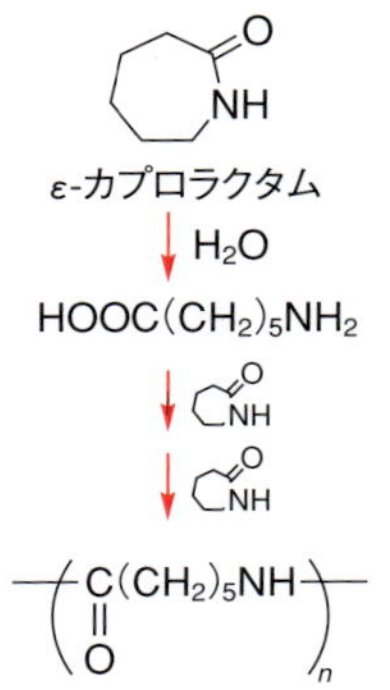

ナイロン66のはじめの6はジアミン成分の炭素数，2番目の6は二塩基酸成分の炭素数を示している。ナイロン6は，ε-カプロラクタムが加水分解して生じたアミノカプロン酸が分子内にアミノ基とカルボキシル基を持つため，それだけで重合できる。ナイロン6の6は，重合体の基本単位の炭素数が6であることを示している。

（12・1・1項参照）。不飽和結合に $>C=O$，$-CN$，$-NO_2$ などの**電子求引基**が結合した化合物では，アニオンがはじめに攻撃して重合するアニオン重合が起こる。アニオン重合の開始剤としては，**有機金属化合物**（RLi，RMgBr など）や**アルコラート**（RONa など）などが使われている。有機金属化合物は，反応に際して，**カルボアニオン**（R^-）を生じる。図 13・5 にブチルリチウム（C_4H_9Li）を開始剤として用いたメタクリル酸メチルのアニオン重合を示した。電荷の違いはあるが，反応の進み方は，カチオン重合と基本的には同じである。停止反応の中には図に示したような**環形成反応**もある。この反応は分子内反応であるが，カルボニル基への陰イオンの攻撃という点では，塩基性条件下でのエステルの加水分解（図 12・4 参照）と同様な機構で進む。

● 13・2・4 逐次重合 (1) 縮合重合

前述のように，逐次重合とは段階的な分子間反応によって起こる重合で，単量体，オリゴマーまたは重合体間で反応が起こり成長する。ジカルボン酸と二価アルコールの縮合重合が逐次重合の代表例であるが，エステル化の繰り返しなので，反応そのものはカルボン酸のエステル化（12・1・2項）と変わらない。図 13・6 に，エステル結合を形成する重合である**ポリエチレンテレフタレート**（PET）生成反応と，アミド結合を形成する重合である**ナイロン66**生成反応を縮合重合の例として示した。ポリエチレンテレフタレートはペットボトルの原料として用いられている。縮合重合では，反応初期から単量体の濃度が急激に減少するが，この段階で生じる分子の大部分は2つの単量体が縮合して生じた低

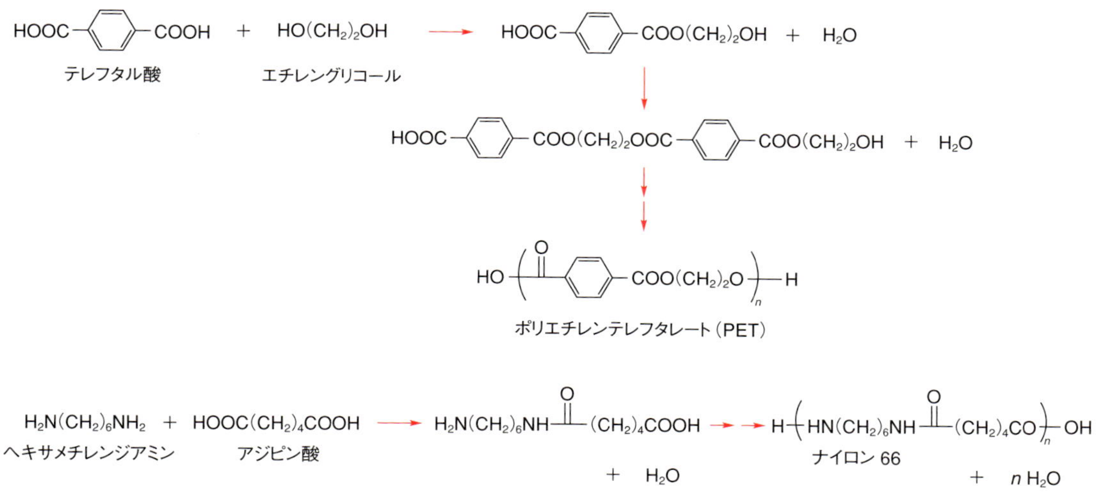

$$\text{HOOC-}\underset{\text{テレフタル酸}}{\underline{\bigcirc}}\text{-COOH} + \underset{\text{エチレングリコール}}{\text{HO(CH}_2)_2\text{OH}} \longrightarrow \text{HOOC-}\underset{}{\underline{\bigcirc}}\text{-COO(CH}_2)_2\text{OH} + \text{H}_2\text{O}$$

$$\downarrow$$

$$\text{HOOC-}\underset{}{\underline{\bigcirc}}\text{-COO(CH}_2)_2\text{OOC-}\underset{}{\underline{\bigcirc}}\text{-COO(CH}_2)_2\text{OH} + \text{H}_2\text{O}$$

$$\downarrow$$

$$\text{HO}\!-\!\!\left(\!\overset{\text{O}}{\underset{}{\text{C}}}\!-\!\underset{}{\underline{\bigcirc}}\!-\!\text{COO(CH}_2)_2\text{O}\!\right)_{\!\!n}\!\!\text{H}$$

ポリエチレンテレフタレート（PET）

$$\underset{\text{ヘキサメチレンジアミン}}{\text{H}_2\text{N(CH}_2)_6\text{NH}_2} + \underset{\text{アジピン酸}}{\text{HOOC(CH}_2)_4\text{COOH}} \longrightarrow \text{H}_2\text{N(CH}_2)_6\text{NH}\overset{\text{O}}{\underset{}{\text{C}}}(\text{CH}_2)_4\text{COOH} \longrightarrow \text{H}\!\!\left(\!\text{HN(CH}_2)_6\text{NH}\overset{\text{O}}{\underset{}{\text{C}}}(\text{CH}_2)_4\text{CO}\!\right)_{\!\!n}\!\!\text{OH}$$

$$+ \text{H}_2\text{O} \qquad \qquad \text{ナイロン 66} \qquad + n\text{H}_2\text{O}$$

図 13・6 ポリエステルとポリアミド

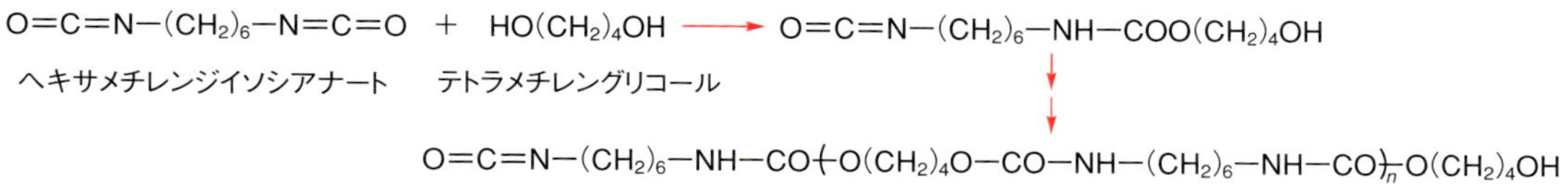

$$\underset{\text{ヘキサメチレンジイソシアナート}}{\text{O}=\text{C}=\text{N}-(\text{CH}_2)_6-\text{N}=\text{C}=\text{O}} + \underset{\text{テトラメチレングリコール}}{\text{HO(CH}_2)_4\text{OH}} \longrightarrow \text{O}=\text{C}=\text{N}-(\text{CH}_2)_6-\text{NH}-\text{COO(CH}_2)_4\text{OH}$$

$$\downarrow$$

$$\text{O}=\text{C}=\text{N}-(\text{CH}_2)_6-\text{NH}-\text{CO}\!\!\left(\!\text{O(CH}_2)_4-\text{O}-\text{CO}-\text{NH}-(\text{CH}_2)_6-\text{NH}-\text{CO}\!\right)_{\!\!n}\!\!\text{O(CH}_2)_4\text{OH}$$

図 13・7 ポリウレタン

分子で，**高分子は反応後期で生成する**。この点は，連鎖重合と大きく異なる。

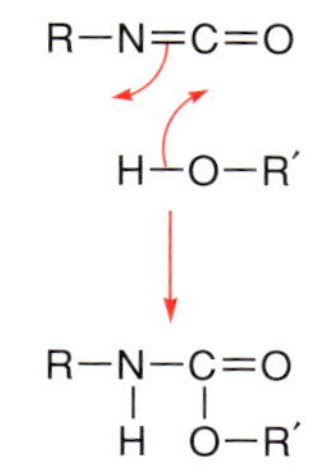

● 13・2・5　逐次重合（2）重付加

　縮合を伴わずに**付加反応**を繰り返して起こる逐次重合もある。**図 13・7** に，この例として**ポリウレタン**生成反応を示した。イソシアナート基（—N=C=O）には，水，アルコール，アミン等が容易に付加できる。

● 13・2・6　いろいろな高分子とその利用

　プラスチックの合成原料となる単量体としては，いろいろな化合物が用いられている。**表 13・1** に主なプラスチックの合成原料，構造とその用途をまとめて示した。ポリアミドとしては，代表例であるナイロン 66 を示したが（図 13・6），ナイロン 46 や ε-カプロラクタムを原料としたナイロン 6 もあり，また，アジピン酸の代わりにアジピン酸ジクロリドを用いたナイロン 66 の合成法もある。ポリウレタンの場合も，用途に合わせて，炭素鎖の長さが異なる単量体が用いられている。実際に使われているプラスチック製品には，共重合体も多くある。身の回りのプラス

$$\text{R}-\text{N}=\text{C}=\text{O}$$
$$\text{H}-\text{O}-\text{R}'$$
$$\downarrow$$
$$\text{R}-\text{N}-\text{C}=\text{O}$$
$$\text{H} \quad \text{O}-\text{R}'$$

イソシアナートへのアルコール付加

表13・1　主なプラスチックとその用途

高分子名（記号）	単量体	構造	主な用途
ポリアクリル酸メチル（PMA）	$CH_2=CHCOOCH_3$	$-(CH_2-CH(COOCH_3))_n-$	接着剤，塗料
ポリアクリロニトリル（PAN）	$CH_2=CHCN$	$-(CH_2-CH(CN))_n-$	セーター，毛布，カーペット
ポリアミド（PA）	$H_2N(CH_2)_6NH_2$ $+ HOOC(CH_2)_4COOH$	$-(NH(CH_2)_6NH-CO-(CH_2)_4CO)_n-$ （主鎖に―NH―CO―結合を持つ）	歯車，軸受，カム
ポリウレタン（PU）	$O=C=N-(CH_2)_6-N=C=O$ $+ HO(CH_2)_4OH$	$-(O(CH_2)_4O-CO-NH-(CH_2)_6-NH-CO)_n-$ （主鎖に―NH―COO―結合を持つ）	断熱材，マットレス，クッション材，自動車部品
ポリエチレン（PE）（HDPE, LDPE）	$CH_2=CH_2$	$-(CH_2-CH_2)_n-$	食品包装用ラップ，ポリバケツ等の台所用品，コップ等の日用雑貨，サインペンの胴等の文房具，電気機器部品
ポリエチレンテレフタレート（PET）	$CH_3OOC-C_6H_4-COOCH_3$ $+ HOCH_2CH_2OH$	$-(OC-C_6H_4-COO(CH_2)_2O)_n-$	炭酸飲料水用容器（ペットボトル），写真フィルム，OHPシート
ポリ塩化ビニリデン（PVDC）	$CH_2=CCl_2$	$-(CH_2-CCl_2)_n-$	食品包装用ラップ
ポリ塩化ビニル（PVC）	$CH_2=CHCl$	$-(CH_2-CHCl)_n-$	各種ビニル製品，電気コード，水道管，食品包装用ラップ
ポリ酢酸ビニル（PVAc）	$CH_3COOCH=CH_2$	$-(CH_2-CH(OCOCH_3))_n-$	チューインガムベース
ポリスチレン（PS）	$Ph-CH=CH_2$	$-(CH_2-CH(Ph))_n-$	日用雑貨，台所用品，包装用ラップ，発泡スチロール
ポリテトラフルオロエチレン（テフロン）（PTFE）	$CF_2=CF_2$	$-(CF_2-CF_2)_n-$	パッキン，ガスケット，歯車
ポリビニルアルコール（PVA）	ポリ酢酸ビニルを加水分解して合成	$-(CH_2-CH(OH))_n-$	のり，水性塗料，接着剤
ポリプロピレン（PP）	$CH_3-CH=CH_2$	$-(CH_2-CH(CH_3))_n-$	食品包装用ラップ，日用雑貨，台所用品，ストロー
ポリメタクリル酸メチル（PMMA）	$CH_2=C(CH_3)COOCH_3$	$-(CH_2-C(CH_3)(COOCH_3))_n-$	メガネレンズ，自動車のランプカバー，水槽パネル

プラスチック識別マーク（SPI コード）　①PET　②HDPE　③PVC　④LDPE　⑤PP　⑥PS　⑦others

プラスチックの定性分析

プラスチックの燃焼試験と銅線上での炎色を調べると，プラスチックの種類の予想ができる（『物質科学入門』（朝倉書店，2000）p.56 参照）。チック製品の多くには，どのような高分子からできているかが記号で記されている。表の下にプラスチックの種類を表す記号も示した。

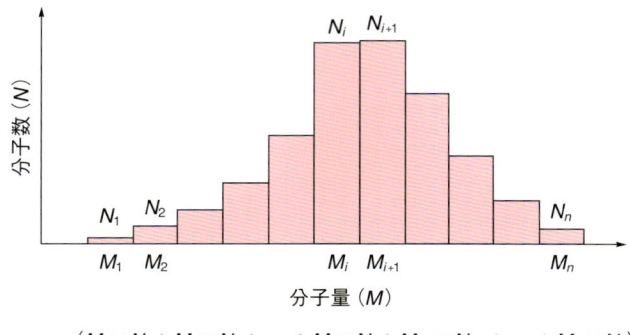

$$M_{\mathrm{AV}} = \frac{(M_1 \times N_1 + M_2 \times N_2 + \cdots + M_i \times N_i + M_{i+1} \times N_{i+1} + \cdots + M_n \times N_n)}{N_1 + N_2 + \cdots + N_i \times N_{i+1} + \cdots + N_n}$$

$$= \frac{\Sigma M_i N_i}{\Sigma N_i} = \frac{\text{高分子の全質量}}{\text{高分子の総数}} = \text{高分子 1 個当たりの平均質量} = \text{数平均分子量}$$

図 13・8 数平均分子量

13・3 高分子の分子量

　高分子合成では，成長過程における反応回数が一定とはならないため，合成高分子の分子量は一定にならず**分子量分布**に幅ができる．また，ある決まった分子量を持った高分子だけを取り出すこともできないので，測定できる分子量は**平均分子量** (M_{AV}) となる．M_{AV} は，単位体積中に存在する分子量 M_i の分子が N_i 個存在すると (**図 13・8**)，$\Sigma M_i N_i / \Sigma N_i$ で定義され，**数平均分子量**ともいわれる．この分子量は，高分子 1 個当たりの平均の質量にあたる．平均分子量が分かると，平均の重合度 (高分子を化学式で示したときの n の数) を求めることができる．**平均重合度**は，高分子の両末端は無視して，高分子の基本構造となる繰り返し部 (**表 13・1** に表した構造の括弧内の部分) の式量で平均分子量を割った値となる．高分子の場合には，用いた単量体が同じでも合成条件が異なると，平均分子量と分子量分布が異なり，高分子の性質も異なる．数平均分子量は，ファントホッフの法則を利用した浸透圧法で求めることができる．

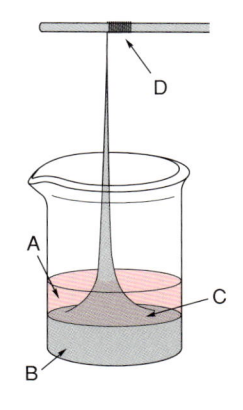

ナイロン 66 の合成法

A：ヘキサメチレンジアミン ($H_2N(CH_2)_6NH_2$) のアルカリ水溶液，B：アジピン酸ジクロリド ($ClOC(CH_2)_4COCl$) の四塩化炭素溶液，C：界面で重合が起こり膜ができる，D：ナイロン 66 (ピンセットでつまんだ後，巻き取る) (『高分子合成の実験法』(化学同人，1981) p.322 参照)

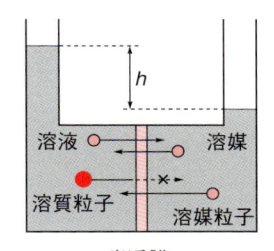

半透膜

浸透圧 (π) = $\rho g h$
ρ は溶液の密度
g は重力加速度

ファントホッフの法則
$\pi V = nRT = \dfrac{m}{M} RT$

コラム　プラスチックの利用と環境保全

　合成高分子を原料とするプラスチック製品は，軽くて丈夫なので日常生活で便利に使われているが，反面，容易には分解しないため，プラスチック廃棄物による環境への影響が無視できなくなってきている。

　塩素を含んだプラスチック製品を燃やすと，有毒な塩化水素ガスを発生し，ダイオキシン類も発生する危険性がある。ダイオキシン類とは，ポリ塩化ジベンゾ-p-ジオキシンとポリ塩化ジベンゾフランの総称であり，前者には75種類，後者には135種類の異性体が存在する。ダイオキシン類は，生体内でホルモンのように働くためホルモンバランスを崩し，雄の雌化等の生殖や発育障害の原因となる内分泌撹乱化学物質（環境ホルモン）の一つとされている。このため，家庭から出るゴミを個人所有の焼却炉で焼却するのを禁止している県もある。近代化されたゴミ焼却場では，ダイオキシン類を発生させないように，高温でゴミの焼却を行い，浄化装置を使って排煙中に有害物質が含まれないようにしている。持続可能な社会を築いていくためには，環境保全が不可欠である。使用後のプラスチック製品には再利用できるものも多いので，きちんと分別してリサイクルしなければならない。

　近年，土壌や水中の微生物により分解され，廃棄しても環境に負荷を与えない合成高分子（生分解性高分子）の開発に向けた研究が盛んになってきている。生分解性高分子は，手術用縫合糸などの医療用やその他の新しい機能性材料としての利用が期待されている。

ダイオキシンの例

2,3,7,8-テトラクロロジベンゾ-1,4-ジオキシン　　　2,3,7,8-テトラクロロジベンゾフラン

章末問題

1. 連鎖重合と逐次重合の違いを簡単に説明せよ。
2. ε-カプロラクタムからナイロン6ができる反応を説明せよ。
3. エチレンのラジカル重合で，側鎖を持った高分子が生成する理由を述べ，側鎖を持った高分子の生成が，高分子の性質にどのように影響するか説明せよ。
4. プロペンがラジカル重合する反応の機構を示せ。

　　開始反応：　$H_3C-\underset{H}{C}=CH_2 \xrightarrow{X\cdot} H_3C-\underset{H}{\overset{\cdot}{C}}-CH_2X$

5. 平均分子量28000のポリエチレンの平均重合度を求めよ。

第14章　環境と化学

産業の発展により生活が便利になったが，一方で，化石燃料の大量消費により，大気や水の汚染，地球温暖化等の環境問題が深刻化してきた．この章では，オゾンホール，温室効果，酸性雨，エネルギー資源等について学び，エネルギー資源問題と地球環境保全を科学的に理解する．

14・1　地球の大気

現在の地球**大気の組成**は 78 % が窒素，21 % が酸素で，これに微量のアルゴンや二酸化炭素などが含まれる（表 14・1）．窒素は，化学反応性が低く安定である．酸素は地球誕生時には存在していなかったが，緑色植物の光合成によって形成され，反応性が高く酸化反応を引き起こす．

太陽から輻射される光（**電磁波**）に含まれる**紫外線**は，可視光よりもエネルギーが大きく，様々な化学反応を引き起こす．紫外線は，UV-A（波長 315～380 nm，肌が褐色になるサンタンの原因となる），UV-B（280～315 nm，肌が赤くなる日焼けサンバーンの原因となる），UV-C（200～280 nm，発ガン性がある）に分類されている．地上高度 10 数 km 付近で，大気中の酸素分子は，240 nm 以下の波長の紫外線を吸収して，2つの酸素原子に開裂する．生成した1つの酸素原子と1つの酸素分子とが反応すると**オゾン** O_3 を生じる．オゾンは，結合角が 116° の折れ曲がった構造をしている．電子式で表そうとすると，左右の酸素のいずれかが，中央の酸素の電子2個を使って単結合を作らないと，オクテット則を満たすことができない．構造式は2つ書くことができ（図 14・1），これらが共鳴に寄与している（10・2・4項参照）．

このオゾンの濃度は，高度 20～25 km 付近（**成層圏**）で最大となり，中間圏下層の高度 60 km 付近まで比較的大きくなっている．この部分を**オゾン層**という．また，オゾンは 320 nm 以下の波長の光を吸収して，酸素分子と酸素原子となり，生成した酸素原子は，オゾンと反応して2個の酸素分子となる．このとき，余分のエネルギーを赤外線として発するので，オゾン層で紫外線は長波長の赤外線に変換されたことになる．この**オゾンの生成と消滅**反応の結果，200～320 nm の紫外線は遮蔽され，

表 14・1　大気の主成分（%）

気体	金星	地球	火星
N_2	3.4	78	2.7
O_2	0.0069	21	0.13
H_2O	0.14	1～2.8	0.03
Ar	0.0019	0.93	1.6
CO_2	96	0.038	95
Ne	0.0004	0.0018	0.00025

『理科年表』平成23年版（丸善）のデータより作成

オゾンの生成

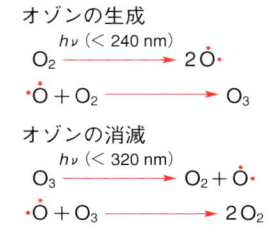

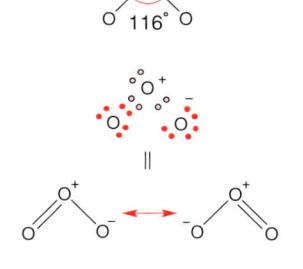

$$O_2 \xrightarrow{h\nu\ (<240\ nm)} 2\dot{O}\cdot$$

$$\dot{O}\cdot + O_2 \longrightarrow O_3$$

オゾンの消滅

$$O_3 \xrightarrow{h\nu\ (<320\ nm)} O_2 + \dot{O}\cdot$$

$$\dot{O}\cdot + O_3 \longrightarrow 2O_2$$

図 14・1　オゾンの構造

第14章 環境と化学

表14・2 地球の大気圏の構造

大気圏	高度（km）
熱圏	80～800
中間圏	50～80
成層圏	9（極）/17（赤道）～50
対流圏	0～9（極）/17（赤道）

表14・3 電磁波の波長とエネルギー

電磁波		波長/nm（×10^{-9} m）	エネルギー/J
γ線		～0.001	$2.0×10^{-13}$～
X線		0.001～1	$2.0×10^{-16}$～$2.0×10^{-13}$
真空紫外線		100～190	$1.0×10^{-18}$～$2.0×10^{-18}$
紫外線		190～390	$5.1×10^{-19}$～$1.0×10^{-18}$
可視光線	紫	400～450	$4.5×10^{-19}$～$5.1×10^{-19}$
	赤色	610～750	$2.6×10^{-19}$～$3.2×10^{-19}$
赤外線		760～1000000	$2.0×10^{-22}$～$2.6×10^{-19}$

特に，最も有害なUV-Cは地表には到達しない。

14・2 フロンとオゾンホール

1928年にアメリカで開発された**フロン**（クロロフルオロカーボンの総称）は，熱および薬品類に非常に安定で，分子量の割に高い揮発性を持ち，不燃，無毒であることから，冷媒，発泡剤，噴射剤として広く用いられた。フロンは，表面張力も小さく，細かい隙間まで入り込めることと，油脂などをよく溶かすことから，半導体の洗浄剤としても用いられた。

1974年にアメリカのモリーナとローランドは，オゾン層のある成層圏で，大きなエネルギーを持つ紫外線によりフロンが分解して塩素原子を生成し，オゾン層を破壊する可能性を指摘した。1985年には，イギリスのファーマンらが，太陽の紫外線によって生成されるオゾン層の濃度が増えるはずの10月の，南極大陸上空の平均オゾン濃度が年々減少していることを見出し，この現象が大気中のフロンの濃度の増加と関連があることを報告した。南極上空の人工衛星による観測から，オゾンの濃度が減少し穴が空いたようになった部分があることが分かり，この部分を**オゾンホール**と呼んだ。

フロンは，反応性に乏しいため**対流圏**ではほとんど分解されない。大気中に放出されたフロンは，空気より約5倍重いが，約10年かけて成層圏へ**拡散**していく。成層圏に達したフロン（例えばCFC 11）は，210 nm以下の紫外線によりC-Cl結合が切断され，塩素原子を生じる。この塩素原子がオゾンと反応すると，酸素分子と**一酸化塩素**ClOを生じる。ClOは別の酸素原子と反応し，酸素分子と塩素原子を生じる。この塩素原子が，再びオゾンと反応する。これが繰り返され，1個の塩素原子が約10万個のオゾンを分解するといわれている。

オゾンが分解されてオゾンホールができると，地表への紫外線の到達量が増え，UV-A，UV-Bだけでなく UV-C も地表に到達するようになる。UV-C が地表に到達すると，ヒトの皮膚ガンや白内障の発生率の上

フロンの表示法
フロンには炭素，塩素，フッ素が含まれ，その組成は以下の決まりにより3ケタの数字で表す（0は表記しない）。
100の位：フロン中の炭素から1を引く
10の位：フロン中の水素の数に1を加える
1の位：フロン中のフッ素の数
＜例＞
CFC 11：CCl$_3$F
CFC 113：C$_2$Cl$_3$F$_3$（異性体の区別はできない）

北極にもオゾンホール
2011年春に，北極圏上空で南極のオゾンホールに匹敵する観測史上最大のオゾンホールが観測された。通常北極圏にはオゾンホールはできにくいが，上空の成層圏に強い極渦が発生し，低温状態が長期間続いたことが原因とされている。対流圏が温暖化すると，成層圏は逆に冷却化されるため，温室効果ガスが影響しているとの見方もある。

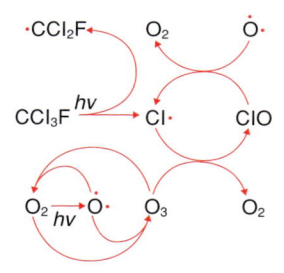

フロンによるオゾンの分解

昇, 免疫機能の低下だけでなく, プランクトン, 魚や植物へも影響が出, 生態系に大きな悪影響を与える。

1987年に, カナダのモントリオールで締結された「**モントリオール議定書**」によりフロンの生産と消費の段階的削減が合意され, アメリカ, 欧州, 日本を含む49カ国が議定書に調印した。さらに, 1992年, 1995年の議定書締約国会議で議定書の見直しが行われ, 日本では, CFCs, 1,1,1-トリクロロエタンなどの生産が1995年に全廃された。

オゾンを破壊する物質には, フロン類のほかに H_2O, NO_x, CCl_4, その他のハロゲン化合物などいろいろある。

成層圏のオゾンが1％消失するごとに, 皮膚ガンの発生率は2％増加するといわれている。

14・3 温室効果

大気圏外で, 太陽光に垂直な単位断面積に入射される太陽エネルギーは一定で, $1.37\ \mathrm{kW\ m^{-2}}$ である。これを**太陽定数**という。地球に到達する太陽エネルギーは, 地球全体で $1.73 \times 10^{17}\ \mathrm{W}$ (年間で $5.46 \times 10^{24}\ \mathrm{J}$) で, このうち約70％が地表や大気に吸収される。このエネルギーは, 熱放射, 水の蒸発, 空気の対流等に使われ, 太陽から受け取ったエネルギーと地球から放射されるエネルギーとはつり合っている。地球から放射されるエネルギーは赤外線領域の光に相当し, 地球は紫外線・可視光線・赤外線を太陽から受け取り, 赤外線を宇宙空間に向けて放射していることになる。大気中の CO_2 や水蒸気は赤外線を吸収し, 地球から宇宙へエネルギーを完全に放出してしまうのを防ぎ, 生命維持に適した温度を保っている。これを**温室効果**という。CO_2 と水蒸気以外にも, メタン, 亜酸化二窒素, フロンなどは高い温室効果能を持つことが知られている。

大気中の CO_2 濃度の増加は, 1770年代の産業革命時に製鉄用木炭のための森林伐採により始まり, 1930年ごろからの**化石燃料**の使用により急増した。その後も膨大な量の化石燃料が消費され, 近年の大気中の CO_2 濃度は 400 ppm に達する勢いである。

人類は現在, 100万年かけて蓄積された化石燃料を1年間で消費しており, 年間の CO_2 排出量は275億トンに達する。人為的に排出された CO_2 の約50％は自然界の循環過程で消費されるが, 残りは大気中に残留する。また, 大規模な伐採は森林を荒廃させて砂漠化するだけでなく, 地中の有機物を分解し CO_2 の発生源となることが指摘されている。このままのペースで CO_2 の排出が続くと, 21世紀末には CO_2 の大気中濃度が500 ppm に達すると予測されている。海洋が蓄える CO_2 量は大気の50倍であり CO_2 の吸収源として期待されるが, 吸収と同時に放出も起こり平衡状態を保っているため, 短期間での CO_2 量の減少効果は期待できない。**地球温暖化**は, 気温上昇による海水の膨張や氷山の融解による海面上昇など, 様々な環境問題を顕在化させている。

大気中に水蒸気などの温室効果ガスがないと, 地球の平均温度は $-18\ ℃$ になるといわれている。

温暖化指数 GWP (global warming potential)
CO_2 の温室効果を1として, 同質量で温室効果を比較した値

CH_4	N_2O	$CFCl_3$	CF_3Cl
24.5	320	4000	11700

産業革命以前の CO_2 の濃度は, 1000年にわたり280 ppm で一定であったことが, 南極の氷床コアの分析により明らかになっている。現在の CO_2 濃度は産業革命当時に比べ30％以上も上昇している。

太古の生物の遺骸が地下で長い年月の間に変化し, 可燃性物質となったものを化石燃料という。

1995年から毎年, 気候変動枠組条約締約国会議 COP (Conference of the Parties) が開催され, 1997年に京都で開催された COP3 では, 先進国の拘束力のある削減目標 (2008〜2012年の5年間で1990年に比べて日本-6％, 米国-7％, EU-8％等) を明確に規定した「京都議定書」が合意された。

アメリカ, 中国, 旧ソ連, 日本の4カ国の CO_2 排出量は世界の50％近くを占める。

14・4 酸性雨

1852年にイギリスの化学者スミスが，産業革命時に外燃機関用石炭の燃焼で生じた排煙が，雨水の酸性化を起こすと指摘した。雨水のpHが5.6以下であれば，二酸化炭素以外の人為的な酸性物質が溶け込んでいると考えられるため，pHが5.6以下の雨を一般に**酸性雨**と呼ぶ。1950年ごろになると北欧やアメリカなどで酸性雨による生態系への影響が見られ始め，その後，湖沼のpHの急激な低下が起こり，酸性雨問題が顕在化した。

> 純粋な水に大気中の二酸化炭素が飽和したときのpHは5.6である。

酸性雨の主な原因物質は，SOx（二酸化硫黄 SO_2 と無水硫酸 SO_3）とNOx（二酸化窒素 NO_2 と一酸化窒素 NO）である。人為的には化石燃料の燃焼で生じ，排煙中のSOxの大部分（90％以上）が SO_2 で，SO_3 は10％以下である。火山の噴煙等の自然界からも生じるが，**物質循環**の中で処理されるので，生態系に与える影響は小さい。人為的な発生量の急激な増加が自然界の処理能力を超えたため，**環境問題**を引き起こしている。

> SOxをソックス，NOxをノックスという。

仮に，大気中で78％を占める窒素と21％を占める酸素が容易に反応するなら，大気中の NO_2 の濃度は上昇し，生命を維持できない環境となる。しかし実際には，N_2 を酸化してNOにするには大きなエネルギーを必要とし，通常，大気中では N_2 と O_2 からNOは生成しない。自然界では，大気中の放電（雷）や微生物による動植物の分解などにより NO_2 が生じ，人為的には，燃焼に伴う空気中の窒素の酸化や含窒素燃料の燃焼などによって生じる。その生成反応は吸熱反応であり，高温になるほど生成量が著しく増加する。NOの発生源には，工場，発電所，ガスコンロなどの固定排出源や，自動車，船舶，汽車などの**移動排出源**がある。移動排出源から発生するNOxが総発生量の70％近くを占める。

> NOは空気中の O_2 と容易に反応し，NO_2 に変化する。

> N_2 を酸化して1 molのNOを生成するには約90 kJのエネルギーを必要とする。

酸性雨を生じる仕組みは，2通り考えられている（図14・2）。SOxやNOxは，雨滴に溶け込み，酸性雨の原因となる（**ウォッシュアウト**）。もう1つの仕組みは，SOx，NOxを吸着した浮遊粒子や，大気中に浮遊す

> 熱エネルギーを，高い効率で機械エネルギーに変換するには，高い温度が必要とされる。高効率化や，不完全燃焼による排気ガス汚染を減少させるために，燃焼温度を上げたり，空気の混合率を高くしたりする（ディーゼルエンジン）と，NOxの生成が促進される。

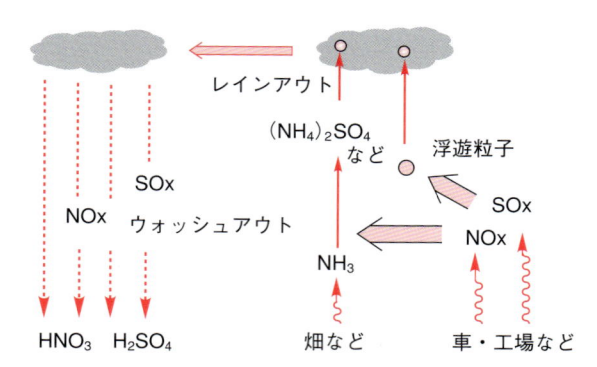

図14・2 酸性雨発生の仕組み

る塩基性物質と反応した塩が雲を作る核となり，水蒸気が凝縮して雨滴を生じ酸性雨となる（**レインアウト**）．NO_2 は容易に酸化され，水と反応して硝酸になるため，8時間程度しか大気中に存在しないが，SO_2 が酸化される速度は遅いため，遠くに運ばれ，発生源から離れた場所での酸性雨の原因となる．

WHO により SOx は最も危険な**汚染物質**の1つとして指定されており，その排出量の**環境基準**は日平均値 80 ppb 以下である．日本の環境基準では，日平均値 40 ppb 以下に定められており，NOx は，日平均値 40〜60 ppb 以下となっている．

原油中には硫黄分が 3〜4% 含まれているため，そのままガソリン等の留分を燃料として利用すると，大気中に大量の SOx を放出することになる．現在では石油に含まれる硫黄は，触媒を使って水素と反応させ硫化水素として分離し（**水素化脱硫**），次に，酸化して固体の硫黄にし，化学工業原料として利用されている．石炭の中にも硫黄は含まれ，主に硫化鉄の形で存在している．そのため，石炭を大量に消費する火力発電所では，硫黄低減処理を施してから使用し，排煙脱硫装置による排煙中の SOx の除去が行われている．**石灰石膏法**を用いると，排煙中の SO_2 を $CaSO_4$ として 95% 除去することができる．日本の排煙脱硫や脱硝技術は世界最高レベルにあり，SOx による大気環境の問題は，日本に関してはほぼ解決されている．

NOx や SOx の濃度は一日のうちで時間帯により変化するため，1時間ごとの濃度を合計し測定した時間の合計で割った平均値（日平均値）で表す．

$$SO_2 \xrightarrow{[O]} SO_3 \xrightarrow{H_2O} H_2SO_4$$

環境科学の分野では，大気中の微量成分や水質を表すのに ppm や ppb がよく用いられる．ppm は，溶液のときは**重量百万分率**を，気体のときは**体積百万分率**を表す．両者を区別するために体積百万分率を ppmv と表記することがある．

ppm (part per million)
百万分率 $(1/10^6)$
ppb (part per billion)
十億分率 $(1/10^9)$
ppt (part per trillion)
一兆分率 $(1/10^{12})$

石灰石膏法は，火力発電所などの大型プラントで利用され，$Ca(OH)_2$ や $CaCO_3$ などを吸収剤として用い，SO_2 を $CaSO_4$（石膏）として回収する方法である．

14・5 水質汚濁

川や海から蒸発した水は大気中で雨となり，地上に降り注いで一部は土壌に保水され，浸透して地下水となるが，最終的には川となり海に戻る．このように，水は地球規模で循環している．ある場所で水質の汚染が生じると，その汚染は局所に留まらず拡散し，回復が困難で長期的な問題に発展することがある．水質の汚染には，有毒物質や重油による汚染，富栄養化，さらに自然災害によるものまである．日本では，水環境の保全のために河川や地下水などの水質の基準が定められている．

PCB (poly chlorinated biphenyl)
ポリ塩化ビフェニルの略称．熱安定性や電気絶縁性が高く，耐薬品性に優れているため工業分野で幅広く利用された．毒性が強く，発ガン性が高いことから，1968年のカネミ油症事件をきっかけに1975年に製造および輸入が原則禁止になった．

SS (suspended solids)
浮遊物質の略称．SS とは直径2mm 以下の不溶性物質の総称で，SS の濃度が高くなると藻類の光合成が阻害される．また，SS の分解に酸素が消費されると，水棲生物に大きな影響が出る．

表 14・4　環境基準が定められている測定項目の例

	測定項目
健康項目	シアン，鉛，六価クロム，ヒ素，総水銀，アルキル水銀，PCB，カドミウム，四塩化炭素，ベンゼン，ジクロロメタンや 1,2-ジクロロエタンなど数種類のジクロロ化合物
生活環境項目	COD，BOD，DO，pH，SS，大腸菌群数，全窒素，全リン

化学的酸素要求量 COD (chemical oxygen demand) とは，水中に含まれる有機物と無機物を酸化するのに必要な酸素の量である。実際の測定では，酸化剤として用いる過マンガン酸カリウムまたは二クロム酸カリウムの消費量から算出される。亜硝酸や鉄分なども酸化されるが，試料中の酸化される物質の大部分は有機物であることから，水中の有機物量の尺度とされている。

> BOD は生化学的酸素要求量ともいう。

生物化学的酸素要求量 BOD (biochemical oxygen demand) とは，水中に含まれる有機物が，微生物により好気的な条件下で分解されるときに消費される酸素量である。試料の水を密閉容器に入れ，一定の温度・時間に保った後の溶存酸素量の減少量で表される。BOD の値が大きい水の中では，水棲動物などの生息が困難になる。

> **好気性生物・嫌気性生物**
> 好気性生物とは，酸素を利用した代謝機構を備えた生物のことで，糖や脂質のような基質を酸化してエネルギーを得るために酸素を利用する。
> 嫌気性生物とは，増殖に酸素を必要としない生物のことで，ほとんどの嫌気性生物は細菌であり，ヒトの腸の中に生息するビフィズス菌も嫌気性の菌である。

溶存酸素量 DO (dissolved oxygen) とは，水などの溶液中に溶存している分子状酸素 (O_2) のことで，水温の上昇に伴って低下する。水中で有機物の腐敗などが起こると溶存酸素量は小さくなる。

湖沼や内湾など，水の循環が起こりにくい水域では，周囲から流入した汚染物質が蓄積しやすいため，水質が悪化しやすい。**富栄養化**とは，窒素やリンの化合物が多量に流入することにより，藻類などの生物の増殖が異常に活発になることをいう。植物プランクトンの異常増殖により海水が赤くなる現象は**赤潮**と呼ばれ，溶存酸素量の低下や藻類から放出される毒素などにより，魚などの大量死を招くことがある。植物プランクトンの増殖と水中の窒素およびリンの濃度との間には強い相関があることから，東京湾や瀬戸内海では，流入する水を COD 値により監視し，その総量を規制している。

14・6 エネルギー資源

石油，石炭，天然ガスなどの化石燃料は，**エネルギー資源**として多量に用いられている。エネルギーの転換が推進されてはいるものの，2008年現在でも世界の**一次エネルギー**（原油のような自然界に存在しているエネルギー資源）消費量の 90 % 近くを占めている。石油の代替エネルギーとして，発電用では原子力の占める割合が増加してはいるが，原子力，水力などのエネルギーが，全体のエネルギー消費量に占める割合は 10 % 程度にすぎない。

> **エネルギー資源の理想条件**
> [1] 需要量に対する大量の賦存量
> [2] 安定に供給
> [3] 経済的に折り合う価格
> [4] 利用技術の安全性の確立
> [5] 環境への低負荷

> **石油から作られる化学工業製品**
> 日本における輸入原油の約 90 % が燃焼による熱エネルギーと機械エネルギーの発生（およそ 1:1）に利用され，プラスチックをはじめとする各種化学工業製品原料への利用（ナフサ）は約 10 % を少し超える程度にすぎない。天然ガスでは約 30 % が化学工業製品向けに利用されている。

14・6・1 石 油

石油は，約 100 年前に経済的に重要な地位を確立し，2008 年時点でエネルギー消費全体の 34.8 % を占めている。平均組成はおよそ $CH_{1.8}$ で，

これに 0.1〜5 重量 % 程度の硫黄分と 0.1 % 以下の灰分を含んでいる。その成因は，有機起源説によれば，約 4 億年前に海底に埋没した動植物の遺骸から高温高圧下で窒素，硫黄，酸素などが除かれ，貯留に適した地質構造を有する堆積岩の間に移動集積したと考えられている。地殻から採掘可能な原油量を**石油埋蔵量**といい，採掘時点で経済的・技術的に採掘可能な量を**可採量**という。現在の価格と技術では，埋蔵量の約 1/3 が可採量と考えられている。**海中油田**の場合，調査・採掘技術の進歩により 3000 m（以前の十倍）まで可能になった。深海油田の探査・採掘に経費を投入しても経済的に採算可能になれば，可採量は上昇する。

　1940 年代の中東地域の大油田（1940 年代），北海油田やアラスカ北極海の油田（1970 年代）等の開発により，確認可採埋蔵量とその耐用年数は大きく向上したが，その後の新油田の発見率は急落して現在の究極埋蔵量は約 2×10^{12}（2 兆）bbl と考えられており，採掘開始以来その約 50 % はすでに消費済みのため，確認可採埋蔵量は約 1 兆 bbl である。

● 14・6・2　石炭

　石炭は，古生代（約 6000 万年前）の植物が完全に分解される前に地中に埋没し，地熱地圧を受けて生成したものである。その平均組成はおよそ $CH_{0.8}O_{0.1}$〜$CH_{0.7}O_{0.1}$ で，その他に，窒素や灰分，主に硫黄を硫化鉄として数 % 含んでいる。石炭は約 260 年前から使用されており，2008 年の世界の一次エネルギー消費量に占める割合は約 30 % である。エネルギー消費量全体に占める割合は年々低下はしているが，世界のエネルギー消費量自体が年々増大しているため，年間に消費される石炭の量は増加している。石炭は埋蔵量が豊富で，可採年数が原油に比べて長く，石油のように産出地が偏っていないので国際紛争の原因にはなりにくいが，固体であるため採掘，運搬，貯蔵，燃焼制御などの点で石油，天然ガスに比べて劣り，脱硫・脱窒素処理が困難で，化石資源の中で発熱量当たりの CO_2 排出量も最大である。石炭は不燃部が多く，燃焼により石炭灰が生じるが，この灰分は埋め立てや建設資材，道路用などに利用されている。

● 14・6・3　天然ガス

　地下から天然に産出する炭化水素を主成分とする可燃性気体が**天然ガス**である。主成分はメタンで，確認可採埋蔵量は 141 兆 m^3 である。天然ガスの世界のエネルギー消費量に占める割合は，原子力と同様に年々増加しており，2008 年の時点で約 24 % を占めている。シベリアの永久凍土層の地下 2000 m や日本海溝などの深海に，低温・高圧下で水と結び

確認可採埋蔵量とは，実際に資源が存在することが確認されており，技術的，経済的に掘り出すことができる埋蔵量である。

究極埋蔵量とは，未調査・未確認地域を含めて全世界に存在し，かつ採掘可能であると考えられる総資源量である。

bbl（バレル）
1 bbl ≒ 159 L

2010 年の世界の石油消費量は 1 日 8738 万 bbl と推計されている。日本の石油消費量は 1 日 442 万 bbl で，世界第 3 位。東日本大震災により日本各地の原発が停止したため，日本の石油消費量は 6.8 % 増加することが予測されている。

LNG（液化天然ガス）
天然ガスを，輸送・貯蔵に便利なように常圧下 −162 ℃ で冷却して液化したものをいう。

ついた**メタンハイドレート**が大量に存在することが知られている．天然ガスは，大量の埋蔵量に加え，採掘地が石油ほど偏在しておらず，ガス体なので燃料供給が容易であり使いやすいという利点がある．また，発熱量当たりの CO_2 の排出量が化石燃料中で一番少なく，**クリーンなエネルギー**として注目されている．

🔴 14・6・4 水 力

太陽エネルギーが変換された自然エネルギーの中で，**水力**は**エネルギー密度**が最も高い．50 L の水が毎秒高さ 10 m 落下するときのエネルギーは，4.9 kW になる．熱を，機械エネルギーを経て電気エネルギーに変換する**火力発電**と異なり，**水力発電**の効率は 85 % と極めて高く，クリーンで，発電コストが長期的に安定している．しかし，ダム建設に伴う生態系への影響や，使用するセメントの製造に使われる電気量等を考えると，**環境への負荷**は少なくない．水力発電そのものの CO_2 排出量は少ないが，ダム建設も含めて総合的に考えると排出量は多い．2008 年の水力エネルギーが全世界のエネルギー消費量に占める割合は 6.4 % で，その数倍の資源が未開発で残されているが，消費地と発電地域とが離れている場合が多く，**ダム開発**では，環境保全を考えた発電・送電設備の建設が必要である．

🔴 14・6・5 地 熱

地熱を利用して発電する**地熱発電**は，再生可能エネルギーの一種である．自然発生する高温の蒸気を直接利用する方法と，地下深部の高温岩体に水を注入して発生する蒸気や熱水を利用する方法がある．発電原理は，蒸気によりタービンを回して電気エネルギーに変換する火力発電に類似しているが，燃料の供給，備蓄の必要がなく，太陽エネルギーを由来としないという特徴がある．日本の地熱量は，地下 10 km までの利用可能量だけでも 9 億 kW × 30 年と推定されている．利用可能な温度は，数十 ℃ から 1200 ℃ 以上まで広範囲に及んでいる．将来，技術が向上すれば，地熱は有望なエネルギー源となると考えられる．

🔴 14・6・6 原子力

原子力発電では，**濃縮ウラン**（**核燃料**）が，中性子を吸収して別の元素に分裂（**核分裂**）するときに，質量の一部が変換されて生じる膨大な熱エネルギーを利用している．核燃料は，重量当たりのエネルギー発生量が大きく，温室効果ガスの CO_2 や，NOx，SOx などの大気汚染物質を排出しない．原子力発電への依存度は，化石エネルギー資源に乏しいフラ

エネルギー密度には，重量当たり（$J\,g^{-1}$），体積当たり（$J\,m^{-3}$），面積当たり（$J\,m^{-2}$）などがある．

水が落下したときのエネルギー E は，流速×重力加速度×落差で求めることができる．
$E = 50\,kg\,s^{-1} \times 9.8\,m\,s^{-2} \times 10\,m = 4.9\,kg\,m^2\,s^{-3}\,(= J\,s^{-1} = W)$

日本の地熱発電所は 11 カ所（13 基）で，諸外国に比べ発電量も小さく，一次エネルギー供給量に占める割合は 0.17 % にすぎない．

^{235}U 1 kg の核分裂により発生するエネルギー量は，石炭約 2700 トン，石油約 1900 トンに相当する．実際には 3 % の濃縮ウランを使用しているので，計算上は酸化ウラン（純度 100 % の UO_2 として）約 38 kg がこれだけの化石燃料に相当する．

ンスがとびぬけて大きい（約80％）。2008年の時点で，原子力エネルギーは全世界エネルギーの5.5％を支えている。最近は，多くの開発途上国で建設が計画されている。

原子力発電の問題点は，事故と放射性廃棄物の処理である。**軽水炉**（図14・3）は原理的には核分裂反応が暴走しない仕組みを持っており，その他の事故の発生についても何重にも安全装置が施されている。しかし，2011年3月に，三陸沖（牡鹿半島の東南東約130 km付近）の深さ約24 kmで発生したマグニチュード9.0の超巨大地震の後，大津波に福島原子力発電所が襲われ，非常用を含む全ての核燃料冷却用電源装置が動かなくなり，核反応の制御不能となりかねない大事故が起こった。この事故は世界の原子力発電の政策を一変させる一大契機となるかもしれない。

^{235}U は遅い中性子を当てることによって核分裂を起こし，多量のエネルギーを放出するとともに中性子を生じる。この中性子がさらに ^{235}U を核分裂させ，この反応が次々と起こり，非常に大きなエネルギーが生じる。1gの ^{235}U が出すエネルギーは，石炭なら3トン，石油なら1000 L分に当たる。^{235}U の核分裂生成物の中に ^{131}I や ^{137}Cs が含まれる。

^{235}U の核分裂による主な核分裂生成物

ヨウ素	^{129}I（半減期 15.7 My） ^{131}I（半減期 8.02 d） ^{135}I（半減期 6.57 h）
セシウム	^{133}Cs（安定） ^{137}Cs（半減期 30.17 y）
ストロンチウム	^{90}Sr（半減期 28.9 y）
ジルコニウム	^{93}Zr（半減期 1.53 My）
サマリウム	^{149}Sm（安定）

h＝時間，d＝日，y＝年

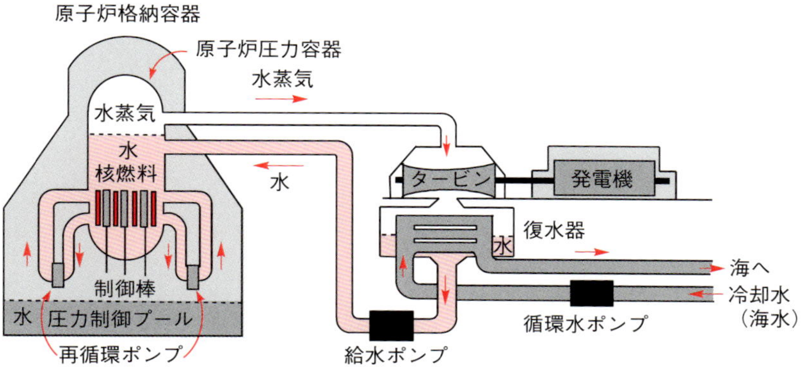

シーベルト(Sv)とは，放射線防護のための放射線量単位である。$H = DQN$（D：吸収線量，Q：線質係数，N：修正係数）。物質1gが 1×10^{-7} J のエネルギーの放射線を吸収したときの H が 1 Sv。

1ベクレル(Bq)とは，放射性核種が毎秒1個の崩壊を行うことを表す。

図14・3 原子力発電（軽水炉型）の仕組み

14・7 太陽エネルギー

地球に到達した**太陽エネルギー**の約30％（1.64×10^{24} J/年）は雲などにより宇宙空間に反射され，残りの70％（3.82×10^{24} J/年）の一部は大気に吸収され，その残りが地表に到達する。これは2008年の全世界の一次エネルギー消費量（原油換算約110億トン）の約9000倍に相当する。計算上，地球に到達する太陽エネルギーの2時間分ほどの量を捕集できれば，全人類が年間に必要とするエネルギーを十分に賄うことが可能である。このように，太陽エネルギーは，賦存量が極めて莫大で，環境への負荷もない理想的なエネルギーといえるが，その利用に当たっては問題点もある。

一つは，エネルギー密度の低さである。日本付近での最大の太陽エネルギーは，1時間当たり約 1 kW m^{-2} である。地球の0.1％の地域から

太陽（質量 2×10^{33} g）の内部では，超高圧下，1500万℃で水素の核融合反応が進行し，1秒間に5億6400万トンの水素がヘリウムに変化し，400万トンの質量が消滅している。

太陽で発生したエネルギーの20億分の1が地球に到達する。

コラム　オゾンと生命の誕生

　約46億年前に誕生した原始地球の大気には，現在の金星や火星と同様O_2はほとんど存在せず，大きなエネルギーを持つ紫外線が大量に地表に降り注いでいた。この紫外線は，C–CやC–H結合を開裂するため，生命誕生に必要なアミノ酸が形成されず，地上に生命は存在しなかった。約38億年前に，紫外線量が弱められる海の中で嫌気性生物が誕生し，これが光合成能を持つ生物に進化して，O_2を作り出すようになった。光合成能を持つ生物が大気中のCO_2を消費したため，CO_2濃度が数％まで減少し，O_2濃度は増加した。O_2が紫外線によりO_3に変化し，オゾン層が形成され，地表に到達する紫外線を遮蔽するようになった。これが，約4億年前に陸上生物が誕生した原因になったと考えられている。

太陽光を利用した発電法には，太陽熱発電と太陽光発電がある。後者には，n型半導体とp型半導体の接触面に光を照射すると光起電力を生じることを利用したものが多い。

カリフォルニア州のモハベ砂漠では，広大な土地と強力な太陽熱を利用し，35万kW太陽熱発電設備が稼働しており，17％のエネルギー効率を得ている。このような大規模になると，発電コストは火力発電と大差なく，実用化が可能である。

15％の効率でエネルギーを集めたとすると，その量は原油換算で約140億トンになり，2008年に世界で消費したエネルギーを十分に賄うことができる。しかし，地球の表面積5億1000万km^2の0.1％（51万km^2）は日本の国土面積（37.8万km^2）の1.4倍という途方もない広さに相当し，現実的には困難である。

　また，太陽光発電の最大の欠点は，時間や天候，季節によりエネルギー供給量が変動することである。安定した電力供給をするために，需要地から離れた砂漠地帯や海洋上等に発電所の場所を点在させることも考えられるが，**エネルギー変換効率**の向上や，利用できる光の波長領域を広くするような技術の開発が必要不可欠である。

　太陽光を利用した発電は，現状では設置費用，発電費用の点にも問題があり，ほかの発電に比べて割高であるが，これは，技術革新と発電所の大規模化などにより解決される可能性がある。

章末問題

1．地球温暖化の原因と仕組みを説明せよ。
2．フロンによるオゾンの分解の仕組みを説明せよ。
3．富栄養化について説明せよ。
4．酸性雨の原因について説明せよ。
5．年間200万トンの石炭を消費する発電所から発生するSOxを，全く処理せずに大気中に放出したとすると，生成する硫酸は1年間で何molになるか答えよ。ただし，硫黄の原子量を32，石炭の硫黄含有量を2％とし，すべてのSOxが大気中で硫酸に変化するものとする。
6．1molの^{235}U（ウラン235）の核分裂による質量の消滅は，0.2092gである。1molの^{235}Uが核分裂の際に放出するエネルギーは，原油換算で何トンに相当するか。原油の発熱量を42 MJ kg^{-1}として計算せよ。
　　（1・4・2項の質量エネルギーの式参照）

章末問題解答

第1章 物質とその構造

1. ナフタレンは有機物なので水に溶けないが，食塩は水に易溶であるので，混合物に水を加えてよく撹拌後ろ過すると両者を分離できる。

2. ^{12}C 原子 12 g 中に含まれる原子の数と同数の粒子が集まった物質の量を 1 mol といい，モル単位で表した量を物質量という。

   NH_3 1 mol の質量は $14 + 1 \times 3 = 17$ g なので，$39.1 \div 17 = 2.3$ mol

3. $E = h\nu = h\dfrac{c}{\lambda} = 6.626 \times 10^{-34}\,\text{J s} \times 2.998 \times 10^{8}\,\text{m s}^{-1} \div \{450 \times 10^{-9}\,\text{m}\} = 4.41 \times 10^{-19}\,\text{J}$

4. $\dfrac{1}{\lambda} = R_n\left(\dfrac{1}{1^2} - \dfrac{1}{2^2}\right) = 1.097 \times 10^{5}\,\text{cm}^{-1} \times \dfrac{3}{4}$

   $\lambda = \dfrac{1}{1.097 \times 10^{5}} \times \dfrac{4}{3} = 1.215 \times 10^{-5}\,\text{cm} = 1.215 \times 10^{-7}\,\text{m} = 121.5\,\text{nm}$

第2章 化学結合

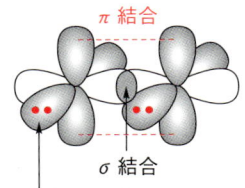

1. (a) H (b) H (c) :O::C::O: (d) :Cl:Cl:
     :O:H   H:N:H

2. O═O

   π 結合
   σ 結合
   非共有電子対
   （非共有電子対の入った軌道を，非結合性軌道という。O_2 の結合を表す場合には，この軌道を書かなくてもよい）

3. $3.4 \times 10^{-30}\,\text{C m} \div \{(1.602 \times 10^{-19}\,\text{C}) \times (0.13 \times 10^{-9}\,\text{m})\} \times 100 = 16\,\%$

4. イオン性パーセント $= 16 \times (3.0 - 2.1) + 3.5 \times (3.0 - 2.1)^2 = 17\,\%$

   電気陰性度から求めた結合のイオン性と双極子モーメントから求めたイオン性はほぼ等しい。

5. (b), (c), (f)

   H_2 のような等核二原子分子や，CO_2 や CH_4 のように正電荷と負電荷の中心とが一致する分子を無極性分子という。

6. He_2^+ では反結合電子が 1 つ少ないため He_2 に比べ結合が強い。

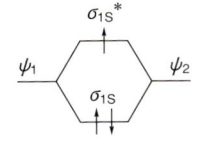

   σ_{1s}^*
   ψ_1　　ψ_2
   σ_{1s}

第3章 物質の状態と気体の性質

1. 1) Cl^- イオンは，1/8 が 8 個と 1/2 が 6 個で合計 4 個。
   Na^+ イオンは，1/4 が 12 個と中心に 1 個で合計 4 個。

   2) $\rho = \dfrac{4 \times (23.0 + 35.5)}{6.02 \times 10^{23} \times (0.56 \times 10^{-7})^3} = 2.21 \text{ g cm}^{-3}$

2. 水蒸気の体積 % $= \dfrac{2.34 \times 10^{-3} \text{ MPa}}{0.10 \text{ MPa}} \times 100 = 2.3\ \%$

3. $m = \dfrac{PVM}{RT} = \dfrac{4.15 \times 10^6 \text{ Pa} \times 20 \times 10^{-3} \text{ m}^3 \times 28 \times 10^{-3} \text{ kg mol}^{-1}}{8.314 \text{ J K}^{-1} \text{ mol}^{-1} \times 280 \text{ K}} = 1 \text{ kg}$

4. $P_A = P_2 = \dfrac{P_1 V_1 T_2}{V_2 T_1} = \dfrac{100 \text{ kPa} \times 200 \text{ cm}^3 \times 300 \text{ K}}{600 \text{ cm}^3 \times 500 \text{ K}} = 20 \text{ kPa}$

   $P_B = \dfrac{120 \text{ kPa} \times 300 \text{ cm}^3 \times 300 \text{ K}}{600 \text{ cm}^3 \times 400 \text{ K}} = 45 \text{ kPa}$　　よって，$P_全 = P_A + P_B = 65 \text{ kPa}$

5. $V = \dfrac{4}{3} \pi \times (0.18 \times 10^{-8})^3 \times 6.02 \times 10^{23} = 0.0147 \text{ L mol}^{-1}$

   ファンデルワールス定数 b の値は，実体積の 2 倍近く大きい。

6. $\sqrt{\overline{v^2}} = \sqrt{\dfrac{3RT}{N_A m \times 10^{-3}}} = \sqrt{\dfrac{3RT}{M \times 10^{-3}}} = \sqrt{\dfrac{3 \times 8.314 \times 404}{28 \times 10^{-3}}} = 600 \text{ m s}^{-1}$

第4章 反応速度

1. (1) $2 \text{KI} + \text{Cl}_2 \rightarrow 2 \text{KCl} + \text{I}_2$
   (2) $\text{Cu} + 2 \text{H}_2\text{SO}_4 \rightarrow \text{CuSO}_4 + \text{SO}_2 + 2 \text{H}_2\text{O}$
   (3) $\text{C}_2\text{H}_5\text{OH} + 3 \text{O}_2 \rightarrow 2 \text{CO}_2 + 3 \text{H}_2\text{O}$

2. $v = -\dfrac{2-5}{70-10} = 0.05 \text{ mol L}^{-1} \text{ s}^{-1}$

3. $v = 1.3 \times 10^{-3} \times 0.2 \times 0.3 = 7.8 \times 10^{-4} \text{ mol L}^{-1} \text{ s}^{-1}$

4. 反応速度が濃度に比例しているので反応次数は 1 次。速度定数は，0.26 s^{-1}

5. A の濃度に対して 2 次，B の濃度に対して 1 次。反応速度式は，
   $v = k[\text{A}]^2[\text{B}]$

6. $-\dfrac{E}{R} = \dfrac{\ln k_2 - \ln k_1}{1/T_2 - 1/T_1}$　　$E = \ln \dfrac{k_2}{k_1} \dfrac{T_1 T_2}{T_2 - T_1} R$

   $E = \ln 2 \times \dfrac{300 \times 310}{310 - 300} \times 8.314 = 0.69 \times 9300 \times 8.314 = 53.6 \text{ kJ mol}^{-1}$

7. 反応が温和な条件で速く進行し，反応特異性と基質特異性を示す。

第5章 化学熱力学と平衡

1. $\Delta G° = RT \ln K$ より $\quad 515\,\text{J mol}^{-1} = -8.314\,\text{J K}^{-1}\,\text{mol}^{-1} \times (273+25)\,\text{K} \times \ln K$
   $\ln K = -0.2079 \quad K = e^{-0.2079} = 0.812$

2. $w = p\Delta V$ より $\quad w = 1.013 \times 10^5\,\text{N m}^{-2} \times \dfrac{20}{1000}\,\text{m}^3 = 2.03\,\text{kJ} \quad (1\,\text{J} = 1\,\text{N m})$

3. $-w = -nRT\displaystyle\int_{V_1}^{V_2} p\,dV$ より
   $w = -nRT\ln\left(\dfrac{V_2}{V_1}\right) = -2\,\text{mol} \times 8.314\,\text{J K}^{-1}\,\text{mol}^{-1} \times 273\,\text{K} \times \ln\left(\dfrac{2}{10}\right) = 7.98\,\text{kJ}$

4. $w = -nRT\ln\left(\dfrac{V_2}{V_1}\right) = -1\,\text{mol} \times 8.314\,\text{J K}^{-1}\,\text{mol}^{-1} \times (273+100)\,\text{K} \times \ln(1671) = 23.01\,\text{kJ}$
   $\Delta U = q + w = 40.66 + 23.01 = 63.67\,\text{kJ}$

5. $\text{CH}_4\,(\text{g}) + 2\,\text{O}_2\,(\text{g}) \longrightarrow \text{CO}_2\,(\text{g}) + 2\,\text{H}_2\text{O}\,(\text{l})$
   $\Delta H_f° = -393.5 + 2 \times (-285.8) - (-74.6) - 0 = 890.5\,\text{kJ mol}^{-1}$
   8 g のメタンは $8/16 = 0.5\,\text{mol}$ なので,反応熱は $890.50 \times 0.5 = 445.3\,\text{kJ}$

6. $\Delta S = (186.3 + 2 \times 69.9) - (213.8 + 4 \times 130.7) = -410.5\,\text{kJ mol}^{-1}\,\text{K}^{-1}$

第6章 酸と塩基

1. $\text{NH}_4\text{Cl} \rightleftharpoons \text{NH}_4^+ + \text{Cl}^-$
   Cl^- は塩基としては働かないが,NH_4^+ は弱いブレンステッド酸であるため以下の平衡が起こる。
   $\text{NH}_4^+ + \text{H}_2\text{O} \rightleftharpoons \text{H}_3\text{O}^+ + \text{NH}_3$
   したがって,溶液は弱酸性を示す。

2. 式 (6.34) 〜 (6.39) より,
   ① 2.0 　② 2.39 　③ 5.0 　④ 6.39 　⑤ 10.76 　⑥ 12.89

3. 塩化アンモニウムの式量は 53.5,$[\text{NH}_4\text{Cl}] = 0.4\,\text{mol L}^{-1}$ の溶液が 500 mL なので,
   $53.5\,\text{g mol}^{-1} \times 0.4\,\text{mol L}^{-1} \times \dfrac{500}{1000}\,\text{L} = 10.7\,\text{g}$

   $\text{pH} = \text{p}K_a + \log\dfrac{[\text{A}^-]}{[\text{HA}]} \quad \text{から} \quad \text{pH} = \text{p}K_a + \log\dfrac{[\text{NH}_3]}{[\text{NH}_4^+]}$

   $\text{p}K_a = 9.3 \quad [\text{NH}_4^+] = 0.4 \quad \text{より} \quad [\text{NH}_3] = 0.3\,\text{mL L}^{-1}$
   したがって 10.5 mL

4. 弱酸は以下の解離がみられる。
   $\text{H}_2\text{O} + \text{HA} \rightleftharpoons \text{A}^- + \text{H}_3\text{O}^+$
   ここで H^+ を加えれば平衡は左へ,OH^- を加えれば平衡は右へ傾き,H^+ を一定に保つ働きが現れる。

5. 反応前の CH_3COOH と CH_3COO^- の物質量はそれぞれ
   $0.300\,\text{mol L}^{-1} \times \dfrac{60}{1000}\,\text{L} = 0.018\,\text{mol}$ と
   $0.300\,\text{mol L}^{-1} \times \dfrac{40}{1000}\,\text{L} = 0.012\,\text{mol}$ である。

NaOH の物質量は 0.010 mol なので CH_3COOH の物質量は NaOH と反応した分減少して 0.008 mol になり，CH_3COO^- は同様に 0.022 mol となる．

$pH = pK_a + \log \dfrac{[A^-]}{[HA]}$ に代入すると，pH = 5.14

第7章 酸化と還元

1．K +1   Cr +6   O −2 $2×(+1)+2×x+7×(−2)=0$
2．$2Fe^{2+} + Cl_2 \to 2Fe^{3+} + 2Cl^-$
3．Cu の酸化数は 0 から +2 に変化しているので，反応により酸化された．

4．

$$\begin{array}{lllll}
& 正極 & 2H^+ + 2e^- \to H_2 & & E° = 0\,V \\
-) & 負極 & Zn^{2+} + 2e^- \to Zn & & E° = -0.76\,V \\
\hline
& & 2H^+ - Zn^{2+} \to H_2 - Zn & & E° = 0.76\,V \\
& & (2H^+ + Zn \to H_2 + Zn^{2+}) & &
\end{array}$$

5．陽極　$2I^- \to I_2 + 2e^-$
　　負極　$2H_2O + 2e^- \to H_2 + 2OH^-$
　　全体　$2I^- + 2H_2O \to I_2 + H_2 + 2OH^-$

6．流した電気量は，$2.3\,A × 840\,s = 1932\,C$
　　反応に関係した電子は，$(1932\,C/96500\,C)\,mol^{-1} = 0.02\,mol^{-1}$
　　　陽極では，0.01 mol の I_2 が生成する
　　　陰極では，0.01 mol の H_2 が生成する

第8章 無機化合物の構造と性質（Ⅰ）— 典型元素の化合物 —

1．電子を1個または2個放出して希ガス構造になるため，イオン化エネルギーが小さく還元性が高い．電子親和力と電気陰性度は小さい．

2．$ZnO(s) + 2H^+(aq) \longrightarrow Zn^{2+}(aq) + H_2O$
　　$ZnO(s) + 2OH^-(aq) + H_2O \longrightarrow Zn(OH)_4^{2-}(aq)$

3．窒素は三重結合の N_2 で表される直線型の分子を形成するが，リンは P_4 で表される四面体構造の分子を作る．

4．$P_4O_{10} + 6H_2O \longrightarrow 4H_3PO_4$

第9章 無機化合物の構造と性質（Ⅱ）— 遷移元素の化合物 —

1．空の d 軌道を持つ．複数の酸化状態を持つ．イオン化エネルギーは比較的小さい．

2．① テトラアンミンジクロロコバルト(Ⅲ)塩化物
　　② ヘキサシアノ鉄(Ⅲ)酸カリウム
　　③ ペンタアンミンアクアコバルト(Ⅲ)三塩化物

3．この化合物は 3d 軌道が2個，4s 軌道が1個および 4p 軌道が3個，合計6個の軌道を混成して生成する d^2sp^3 混成軌道を持つ．この6個の混成軌道はそれぞれ正八面体の頂点方向に向き，6個の配位子が結合する．したがって，正八面体構造となる．

4．1) [Fe(bpy)₃]²⁺　　2) *cis*-[PtCl₂(NH₃)₂]　　3) [Fe(CN)₄(en)]²⁻

5．

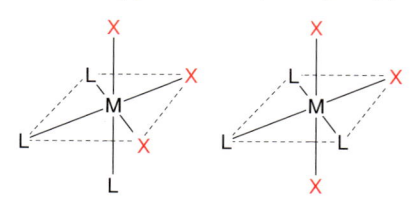

左をフェイシャル形，右をメリジオナル形と呼ぶ。

第10章　有機化合物の構造と命名

1．

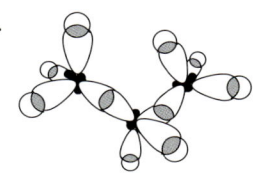

2．

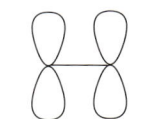

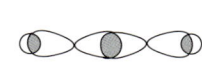

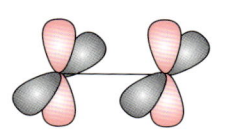

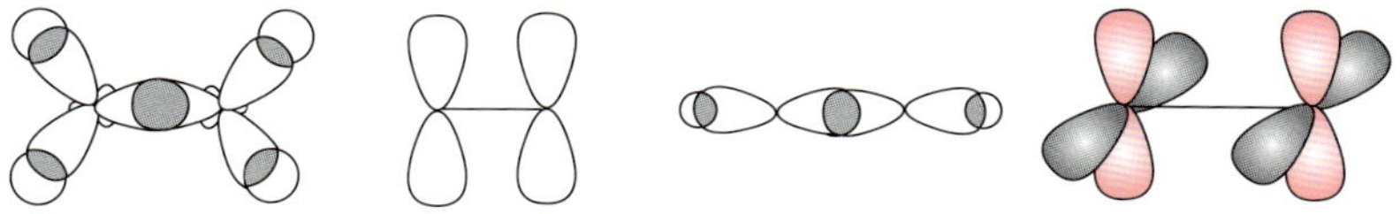

エチレンのσ結合　　エチレンのπ結合　　アセチレンのσ結合　　アセチレンのπ結合

3．a：2,2-dimethylpropane, b：5-ethyl-2,6-dimethyloctane（数の接頭詞 di を除いたアルファベット順），c：2-methylpropene（二重結合の位置を変えても側鎖の位置が変わらないので 1-pentene としなくてよい），d：2-butyne, e：2-methyl-2-propanol, f：1,1-dichloroethane, g：2-methylpropanal

4．1)　2) 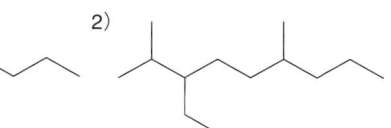　3) 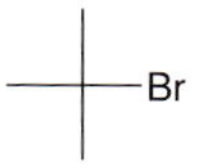　4)

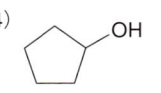

5) 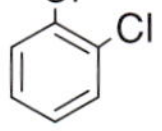　6)

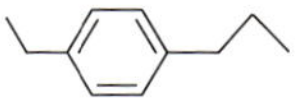

5．

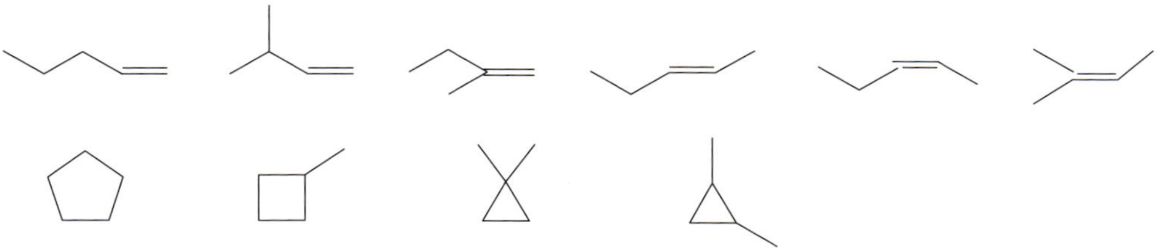

6．

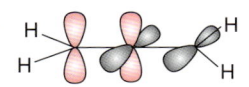

7. 単結合と二重結合では結合距離が異なるので，1,2-ジクロロシクロヘキサトリエンには，下の2つの異性体が存在する。1,2-ジクロロベンゼンに異性体が存在しないということは，ベンゼンはシクロヘキサトリエンではないことを示している。

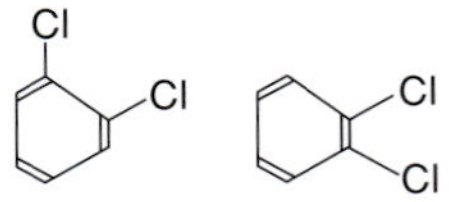

第11章　有機化合物の反応（I）― ハロゲン化アルキル，アルコール，アルケン，アルキンの反応 ―

1.

$$CH_3CH_2OH + 3O=O \longrightarrow 2O=C=O + 3H-O-H$$

C–H×5 + C–C×1 + C–O×1 + O–H×1 + O=O×3
= 412×5 + 347 + 351 + 436 + 498×3
= 4688

C=O×2×2 + O–H×2×3
= 805×2×2 + 473×2×3
= 6058

6058 − 4688 = 1370

$$CH_3CH_3 + \tfrac{7}{2}O=O \longrightarrow 2O=C=O + 3H-O-H$$

C–H×6 + C–C×1 + O=O×3.5
= 412×6 + 347 + 498×3.5
= 4562

C=O×2×2 + O–H×2×3
= 805×2×2 + 473×2×3
= 6058

6058 − 4562 = 1496　　差 = 1496 − 1370 = 126 kJ mol^{-1}

2. 1) A: CH₃CH₂OH　B: CH₂=CH₂　C: BrCH₂CH₂CH₂Br
2) D: H₂C≡C:⁻　E: H₃C–C≡C–CH₂CH₃

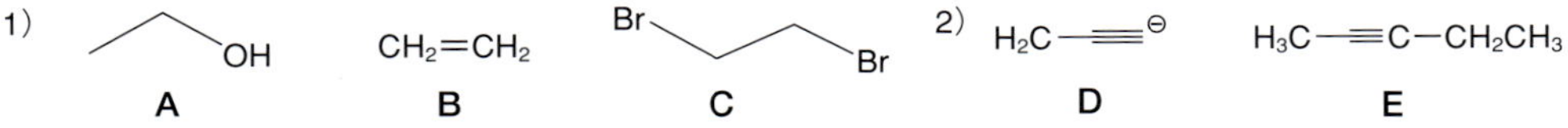

3.

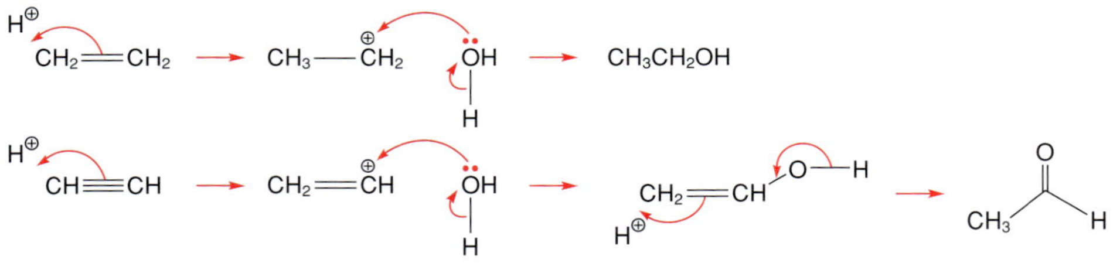

(mechanism: H⁺ + CH₂=CH₂ → CH₃–CH₂⁺ + :ÖH–H → CH₃CH₂OH)

(mechanism: H⁺ + CH≡CH → CH₂=CH⁺ + :ÖH–H → CH₂=CH–OH → CH₃CHO)

4. A: (CH₃)₂C=CH₂ (isobutylene-type)　B: cyclohexene

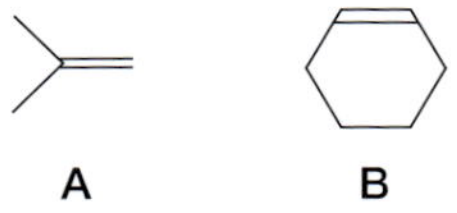

章末問題解答　155

5.

第12章　有機化合物の反応（Ⅱ）─カルボニル化合物と芳香族化合物の反応─

1. 1)

2)

2. 1) 2) 3) 4)

5) A, B　6) A, B

3.

4.　アセトアニリド　CH₃COOH

156　章末問題解答

5.

A　アセチルサリチル酸　　　　　　　　　　　　　　　　　　　　　　　　　　B　サリチル酸メチル

第13章　高分子化合物

1. 連鎖重合では，ラジカルやイオンの活性種が原料と反応して新たな活性種を生じ，それがさらに原料と反応して活性種となることを繰り返して重合が起こる。これに対し，逐次重合では，官能基を2つ以上持つ単量体が分子間で反応してオリゴマーとなり，オリゴマー間での反応が繰り返される段階的な分子間反応によって重合が起こる。

2.

ε-カプロラクタム　　　　　　　　　　　　　　　　　　　　　　　　　　　　　　　　ナイロン6

3. 式のような連鎖移動反応が起こり，末端以外の部分にラジカル中心を生じ，そこに別のラジカルが結合するため枝分かれを生じる。枝分かれが多くなると高分子の密度が小さくなる。

4.

末端ラジカルより安定　　　　　　　　　　　　　末端ラジカルより安定

5. $CH_2=CH_2$ の分子量は28なので，平均重合度 $= \dfrac{28000}{28} = 1000$

第14章　環境と化学

1. 地球に降り注いだ太陽光の一部は，地表面から赤外線となって宇宙へ放出される。二酸化炭素のような赤外線を吸収する性質を持つ物質は，大気中で地表からの赤外線を吸収し，熱として放出する。温室効果を持つ二酸化炭素などの物質の大気中の濃度が，人為的に放出されることで増大し，地球の温度が上昇する。

2. 成層圏に達したフロンの C–Cl 結合が，紫外線により切断されて塩素原子が生じ，この塩素原子がオゾンと反応して，酸素と一酸化塩素 ClO を生じる。ClO は別の酸素原子と反応し，酸素分子と再び塩素原子を生じる。この反応が繰り返され，オゾンが減少していく。

3. 湖沼や内海などの外部との水の交換が行われにくい水域に，窒素やリンなどの栄養塩が多量に流入し蓄積することにより，藻類などの水中植物の増殖が異常に活発になることで起こる水域での生態系の変化を富栄養化という。
4. 化石燃料に含まれる硫黄や空気中の窒素分子が，化石燃料が燃焼する際に酸化され SOx や NOx となって大気中に放出され，大気中で水蒸気が凝縮する際に溶け込み，酸性の雨となる。
5. 200 万トンの石炭に含まれる硫黄は，4×10^{10} g となる。したがって，
$4 \times 10^{10} \div 32 = 1.25 \times 10^{9}$ mol
6. 0.2092 g の質量消滅で発生するエネルギーは，
$E = 0.2092 \times 10^{-3} \times (3.0 \times 10^{8})^{2} = 1.883 \times 10^{7}$ MJ
1.883×10^{7} MJ $\div 42$ MJ kg^{-1} $= 448 \times 10^{3}$ kg $= 448$ t

主な実験器具

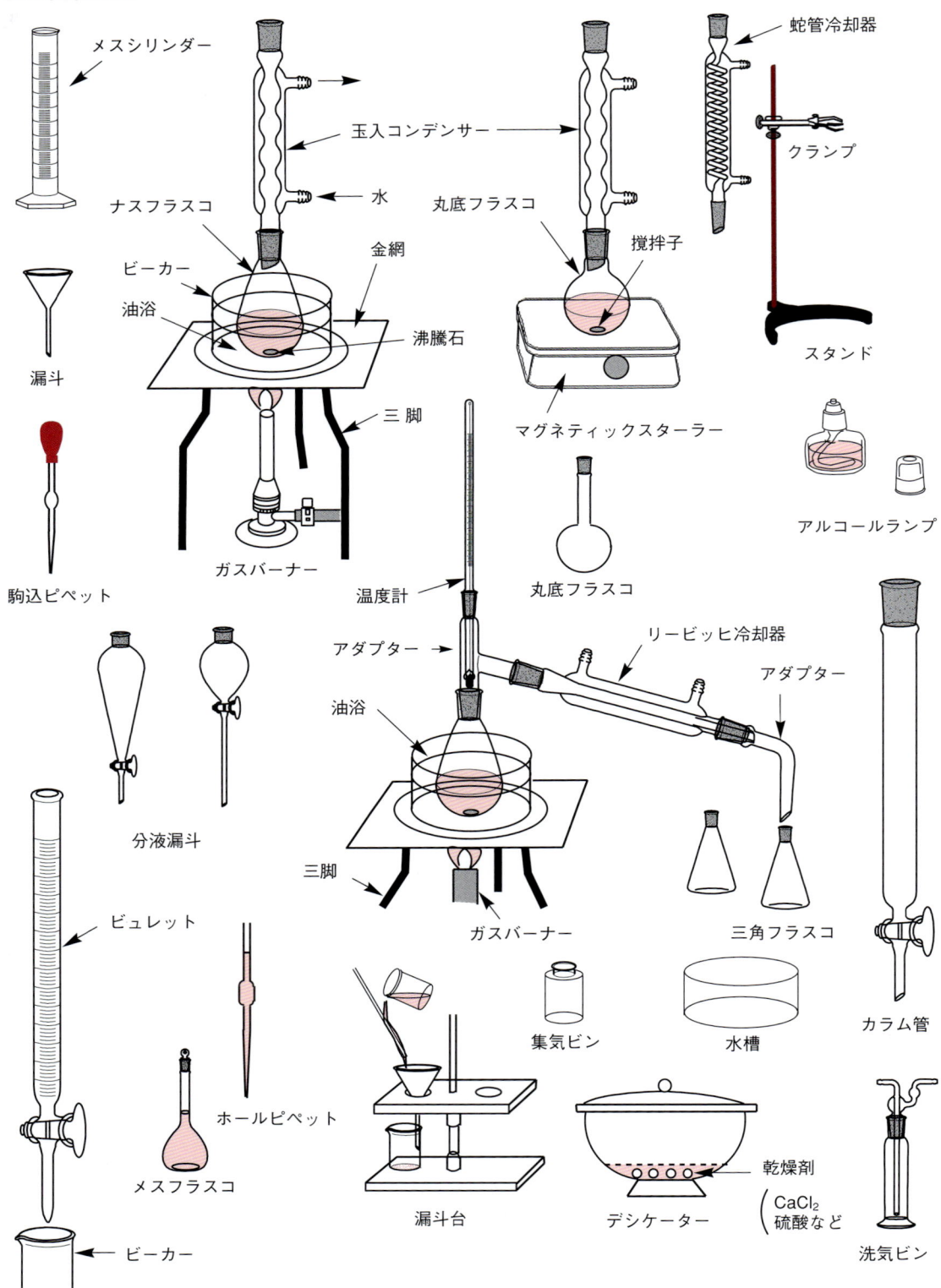

- メスシリンダー
- 蛇管冷却器
- 玉入コンデンサー
- 水
- ナスフラスコ
- 丸底フラスコ
- 撹拌子
- クランプ
- ビーカー
- 金網
- 油浴
- 沸騰石
- 漏斗
- 三脚
- スタンド
- マグネティックスターラー
- アルコールランプ
- 駒込ピペット
- ガスバーナー
- 温度計
- 丸底フラスコ
- アダプター
- リービッヒ冷却器
- アダプター
- 分液漏斗
- 油浴
- 三脚
- ガスバーナー
- 三角フラスコ
- ビュレット
- 集気ビン
- 水槽
- カラム管
- ホールピペット
- メスフラスコ
- 漏斗台
- デシケーター
- 乾燥剤（$CaCl_2$ 硫酸など）
- 洗気ビン
- ビーカー

実験でよく使う試薬（液体または溶液）

化合物	市販品の濃度/純度	1モル溶液の作り方	取り扱い上の注意点
塩酸（HCl）	35.0～37.0 % 12 mol L^{-1}	濃塩酸83.3 mLに水を加えて1Lにする	蒸気を吸入した場合は，直ちに新鮮な空気の場所に移り鼻をかみうがいをする。
硫酸（H$_2$SO$_4$）	＞95.0 % 18 mol L^{-1}	水500 mLに濃硫酸55.6 mLを撹拌しながら少しずつ加えた後，水を加えて1Lにする	濃硫酸は，皮膚・粘膜に対して腐食性があり，目に入ると失明する恐れがある。 水と混ぜると激しく発熱する（薄めるときは，必ず水に硫酸を入れる。逆は不可）。
硝酸（HNO$_3$）	60～61 % 16 mol L^{-1}	濃硝酸52.5 mLに水を加えて1Lにする	濃硝酸は，皮膚，粘膜，目などに激しい薬傷を起こす。
酢酸（CH$_3$COOH）	＞99.5 % 密度1.05 mol L^{-1}（20℃） 分子量60	酢酸60 mLに水を加えて1Lにする	蒸気を吸入した場合は，直ちに新鮮な空気の場所に移り鼻をかみうがいをする。
アンモニア水	28.0～30.0 %（as NH$_3$） 15 mol L^{-1}	濃アンモニア水67 mLに水を加えて1Lとする	強塩基性で皮膚や粘膜に対して腐食性があり，目に入ると失明することがある。 蒸気を吸入した場合は，直ちに新鮮な空気の場所に移り鼻をかみうがいをする。
過酸化水素水（H$_2$O$_2$）	30～35 % 水溶液 分子量34	原液113～97 mLに水を加えて1Lにする。	原液は酸化力がきわめて強く，皮膚を冒す。

nモル溶液を作るときは，1モルのn倍の試薬に水を加えて1Lにする（例えば，3 M-HCl溶液を作る場合には，濃塩酸250（83.3×3）mLに水を加えて1Lにする。1モル溶液を0.1モル溶液にする場合は，1モル溶液を10倍に希釈する（例えば，1モル溶液1 mLを取りこれに水を加えて全量を10 mLとする）。理科実験では3モル溶液を用いることが多い。

実験でよく使う試薬（固体）

水酸化ナトリウム（苛性ソーダ）（NaOH）	＞95.0 % 式量40	強塩基性で皮膚や粘膜に対して腐食性がある。濃い溶液が目に入ると失明することがある。
過マンガン酸カリウム（KMnO$_4$）	式量158	有機物や酸化されやすい物と接触しないようにし，光を遮って貯蔵する。
二クロム酸カリウム（重クロム酸カリウム）（K$_2$Cr$_2$O$_7$）	式量294	有機物と強熱すると発火する。
水酸化カルシウム（消石灰）（Ca(OH)$_2$）＜石灰水＞	＞95.0 % 式量74	水にはわずかしか溶けない（溶解度0.185 g/水100 g（0℃）；0.077 g（100℃））が，水溶液は強塩基性になるので，皮膚，目に対して刺激性がある。CO$_2$の分析には，消石灰約1 gを水100 mLに加えてしばらく放置し，上澄み液を使う。
硝酸銀（AgNO$_3$）	式量170	水に易溶。銀メッキ剤，写真用感光剤やCl$^-$の分析試薬として用いられる。タンパク質凝固作用があり，皮膚・組織を冒す。
ホウ酸（H$_3$BO$_3$）	式量62	有毒（致死量成人10 g，子ども5 g）

nモル溶液を作るときは，式量のn倍の質量の試薬を水に溶かして1Lにする。

実験でよく使う有機化合物

化合物	融点（℃）	沸点（℃）	化合物	融点（℃）	沸点（℃）
ヘキサン（C_6H_{14}）	−95.4	68.7	ベンゼン（C_6H_6, PhH）	5.5	80.0
トルエン（$PhCH_3$）	−94.9	110.6	メタノール（MeOH）	−97.7	64.7
エタノール（EtOH）	−114	78.3	フェノール（PhOH）	41	182
アセトン（$CH_3-CO-CH_3$）	−94	56	ギ酸（HCOOH）	8.3	100.8
酢酸（CH_3COOH）	16.7	118	酢酸エチル（CH_3COOEt）	−84	77
ニトロベンゼン（$PhNO_2$）	5.8	210.8	アニリン（$PhNH_2$）	−6	184−186

実験室での気体の発生法

水素	亜鉛，鉄等を塩酸と反応させる。
酸素	塩素酸カリウム $KClO_3$ を加熱分解，または，過酸化水素水（H_2O_2）を酸化マンガン（IV）（MnO_2）を触媒として分解する。
二酸化炭素	炭酸カルシウムと塩酸を反応させる。
塩化水素	食塩と硫酸を反応させる。
塩素	塩酸を酸化マンガン（IV）で酸化する。
硫化水素	硫化鉄（II）（FeS）と塩酸を反応させる。
エチレン	エタノールをアルミナ上で加熱して脱水する（第11章コラム参照）。
アセチレン	カーバイド（炭化カルシウム，CaC_2）を水と反応させる。

指示薬の調整法　溶液 100 mL に対して指示薬溶液 3〜5 滴を加える。

指示薬	化学式/分子量	変色域（pH）	変色	調整法
チモールフタレイン	$C_{28}H_{30}O_4$ 分子量 460	8.3〜10.6	無色→青	0.1 g を EtOH 100 mL に溶かす。
フェノールフタレイン	$C_{20}H_{14}O_4$ 分子量 318	8.2〜10.0	無色→赤紫	0.1 g を EtOH 70 mL に溶かし，水 30 mL を加える。
フェノールレッド	$C_{19}H_{14}O_5S$ 分子量 354	6.8〜8.4	黄→赤	0.1 g を EtOH 20 mL と水 80 mL の混合液に溶かす。
ブロモチモールブルー	$C_{27}H_{28}Br_4O_5S$ 分子量 624	6.0〜7.6	黄→青	0.1 g をエタノール 50 mL に溶かし，水 50 mL を加える。
メチルレッド	$C_{15}H_{15}N_3O_2$ 分子量 269	4.2〜6.2	赤→黄	0.1 g を EtOH 60 mL と水 40 mL の混合液に溶かす。
メチルオレンジ	$C_{14}H_{14}N_3O_3SNa$ 分子量 327	3.1〜4.4	赤→オレンジ	0.1 g を水 100 mL に溶かす。
ブロモフェノールブルー	$C_{19}H_{10}Br_4O_5S$ 分子量 670	3.0〜4.5	赤→青	0.1 g を EtOH 20 mL と水 80 mL の混合液に溶かす。
チモールブルー	$C_{27}H_{30}O_5S$ 分子量 467	1.2〜2.8 8.0〜9.6	赤→黄 黄→青	0.1 g を EtOH 20 mL に加熱して溶かし，放冷後，水 80 mL を加える。

索　引

ア

アイソトープ　2
IUPAC　93
IUPAC 名　103
赤潮　144
アクチノイド　87
アクチノイド収縮　87
アセチリド　117
アセチレン　79
圧縮因子　29
アニオン重合　134
アニソール　124
アノード　74
アボガドロ定数　4
アミノ酸　128
アルカリ　54
アルカリ金属　77
アルカリ性　54
アルカリ土類金属　78
アルカン　97,108
アルカン名　103
アルキル基　99,103
アルキン　102
アルキン名　105
アルケン　100
アルケン名　105
アルコール名　105
アルコラート　111,134
アルデヒド名　105
アレニウスの酸塩基　54
アレニウスの式　39
アレニウスプロット　39
アンモニア合成　39

イ

イオン化エネルギー　13
イオン化傾向　70
イオン化ポテンシャル　13
イオン化列　70
イオン間距離　15
イオン結合　13
イオン結晶　26
イオン重合　132
イオン性パーセント　20
イオン伝導　71
イオン半径　15
イオン反応　110
異核二原子分子　19
異性化　116
異性体　101
位相　18
一次エネルギー　144
陰極　73

ウ

ウォッシュアウト　142
運動エネルギー　46
運動量　30

エ

液化　24
液化石油ガス　107
液化天然ガス　145
液晶　32
液相　24
SS　143
エステル化　119
sp^3 混成軌道　98
sp^2 混成軌道　100,102,118
sp 混成軌道　102
エタン　99
エチレン　100
エネルギー資源　144
エネルギー保存則　46
エネルギー密度　146
エノール形　116
f-ブロック元素　86
LNG　145
LP ガス　107
塩　58
塩基　54
塩基解離指数　56
塩基解離定数　56
塩基性　54
塩基性酸化物　83
塩橋　71
遠心力　6
塩素化　109
塩素ラジカル　109
エンタルピー　47
エントロピー　49
　——増大の法則　49

オ

黄リン　82
OH 基　105
オキソニウムイオン　77,112
オクテット則　12
オストワルド法　81
オゾン　139
オゾン層　139,148
オゾンホール　140
オリゴマー　128
オルト-パラ配向性　125
温室効果　141
温暖化指数　141

カ

外界　43
開始反応　131
海中油田　145
開放系　45
外力　44
化学カイロ　41
化学的酸素要求量　144
化学熱力学　43
化学反応式　33
化学肥料　81
化学量論　33
可逆過程　45
可逆変化　44,49,50
角運動量　5
核酸　128
核燃料　146
核分裂　146
化合物　1
過酸化物　78
加水分解　58,120

化石燃料　141
カソード　74
可塑性　128
硬い酸塩基　56
カチオン重合　133
活性化エネルギー　38
活性錯合体　37
活性種　130
活性中心　40
カップリング　126
活量　51
価標　16,99
カリウムミョウバン　80
火力発電　146
カルコゲン　83
ガルバニ電池　71
カルボアニオン　134
カルボカチオン　133
カルボキシル基　116
カルボニル基　118
環境基準　143
環形成反応　134
還元　65
還元剤　68
寒剤　24
緩衝剤　61
環状ポリエーテル　78
完全弾性衝突　30
慣用名　103

キ

基　103
気液平衡　25
気化　24
幾何異性体　92
希ガス　12,76
基質　41
基質特異性　41
気相　24
気体分子運動論　30
基底状態　5
起電力　72
軌道　8,17
　——のエネルギー準位　10

162　索　引

――の重なり　18
希土類　87
ギブズ自由エネルギー　50
求核置換反応　111, 113
究極埋蔵量　145
求電子試薬　117
求電子置換反応　122
求電子付加反応　115, 116
吸熱反応　47
境界　43
凝固　24
凝固熱　24
強酸　85
共重合　132
凝集力　23
凝縮　24
凝縮熱　24
京都議定書　141
共鳴　103, 118
共役塩基　55
共役酸　55
共有結合　16, 98
共有結合距離　18
共有結合半径　18
共有電子対　16
極限構造式　103
巨大分子　26
均一系　24
均一系触媒　38
金属結合　20
金属錯体　91
金属触媒　116

ク

空軌道　94
クーロン　2
クーロン力　5, 13
クリーンエネルギー　146
クリプタンド類　78
クロスカップリング　126
クロロフルオロカーボン　140

ケ

軽水炉　147
系のエネルギー　46
結合エネルギー　100, 107
結合解離エネルギー　107
結合角　18, 98
結合距離　100
結合次数　103
結合性軌道　22
結合電子　19
――の偏り　19
結合の方向性　18
結晶質　26
ケト形　116
原子　1
原子核　2
原子価の概念　102
原子質量単位　3
原子番号　2
原子量　3, 4
原子力発電　146

コ

合成樹脂　128
合成有機化合物　103
酵素　40
酵素反応　40
高分子化合物　128
高分子の密度　132
高密度ポリエチレン　132
黒リン　82
固相　24
固体触媒　38, 116
孤立系　45
混合気体　28
混合物　1
混酸　121
混成　98
混成軌道　95, 98

サ

再結合　132
最大重なりの原理　98
最密充填構造　26
錯イオン　91
錯塩　91
錯体　91
――の色　96
酸　54
酸塩基指示薬　60
酸化　65
酸解離指数　56
酸解離定数　56
酸化還元反応　66
酸化剤　68, 114
酸化数　67
――の決定法　67
酸化物　78
三元触媒　39
三重結合　16
三重点　26
酸性雨　39, 142
酸性酸化物　83
三態変化　24

シ

CO_2濃度　141
COD　144
紫外線　139
式量　4
磁気量子数　9
σ結合　18, 98
自己解離定数　56
自己解離反応　55
仕事　46
シス-トランス異性体　101
シス異性体　101
シス形　92
実在気体の状態方程式　28
質点　43
質量エネルギー　7
質量数　2
自動酸化　113
自発変化　48
遮蔽効果　19
シャルルの法則　27
自由回転　99
周期　11
周期表　10
周期律　10
重合　129

重合体　129
自由電子　20
重付加　135
縮合　129
縮合重合　134
主鎖　103
樹脂　129
主量子数　8
純水　55
準静的変化　49
純物質　1
昇位　100
昇華　24
昇華曲線　26
昇華熱　24
蒸気圧曲線　25
常磁性　87
状態　44
状態関数　44
状態図　25
状態変数　44
状態方程式　28
状態量　44
蒸発　24
蒸発熱　24
触媒　38
助触媒　39
振動数　5

ス

水酸化物　78
水酸化物イオン　54
水素　77
水素イオン　54, 77
水素イオン指数（pH）　56
水素化　116
水素化アルミニウムリチウム　80
水素化脱硫　143
水素化物　77
水素結合　21
水素標準電極　72
水力　146
水力発電　146
水和　77
水和イオン　78
数値接頭詞　104
数平均分子量　137

索　引

スピン量子数　9

セ

正四面体構造　98
生体必須元素　79
成長反応　132
静電的引力　13
生物化学的酸素要求量　144
石炭　145
石油　144
石油埋蔵量　145
赤リン　82
石灰石膏法　143
接触還元　116
絶対零度　53
Z因子　29
遷移仮説　5
遷移金属　86
遷移元素　86
遷移状態　37
遷移状態理論　37
線スペクトル　4

ソ

相　24
相図　25
相対原子質量　3
相変化　24
族　11
側鎖　103
組成式　4,13
SOx（ソックス）　142
素反応　36

タ

ダイオキシン　138
大気の組成　139
太陽エネルギー　147
太陽定数　141
太陽電池　71
多塩基酸　59
多重結合　17
脱水触媒　120
脱水反応　113
脱離反応　113
多糖類　128

ダニエル電池　71
炭化水素　97
炭化物　79
単極　71
単結合　17
単原子分子　12,76
単座配位子　91
炭素鎖の枝分かれ　103
単体　1
タンパク質　128
単分子反応　36
単量体　129

チ

置換基　103
置換反応　121
地球温暖化　141
逐次重合　130
窒化物　80
窒素酸化物　81
地熱発電　146
中性酸化物　83
中性子　2
中和　54
中和滴定　58
中和点　58
中和反応　58
潮解性　78
超共役　125

テ

定圧変化　47
d-ブロック元素　86
DO　144
停止反応　132
定常状態の仮説　5
低密度ポリエチレン　132
定容変化　47
滴定　58
滴定曲線　59
鉄族元素　89
電位　71
電解質　54
電解質溶液　71
電解精錬　73
電荷移動相互作用　84
電荷密度　17

電気陰性度　20,110
電気化学的二元論　89
電気素量　5
電気伝導度　55
電気分解　73
電極　71
電子　1
電子雲　9,17,98
電子殻　8
電子求引基　134
電子供与基　125
電子式　16
電子親和力　14
電子対供与体　56
電子対結合　16
電子対受容体　56
電磁波　140
電池　71
電池式　71
天然ガス　107,145
天然ゴム　128
電離説　54
電離度　57
電流　71

ト

同位体　2
同位体存在比　3
等核二原子分子　16
同素体　1
動的分極　111,115
当量点　58
特性X線　11
トランス異性体　101
トランス形　92

ナ

内遷移元素　87
内部エネルギー　46
ナイロン66　134

ニ

二塩基酸　59
二座配位子　91
二重結合　16
ニトロイルイオン　121
二分子反応　36

ネ

熱　46
熱運動　23
熱化学方程式　48
熱可塑性　128
熱可塑性樹脂　128
熱硬化性樹脂　128
熱平衡　23
熱力学　43
熱力学第一法則　46
熱力学第二法則　48
熱力学第三法則　49
ネルンストの式　73
燃焼　107
燃焼熱　107

ノ

濃縮ウラン　146
NOx（ノックス）　39,142

ハ

ハーバー-ボッシュ法　39,81
配位化合物　91
配位結合　91
配位子　90
配位子場　95
配位数　90
π結合　19,100
配向性　123
排除体積　28
π電子　101
パウリの排他原理　9
波数　5
波長　5
発熱反応　47
波動関数　8
波動性　7
波動方程式　8
ハロゲン　83
ハロゲン化　108
ハロゲン化アルキル　105
ハロゲン化水素　84
ハロゲン陽イオン　123
反結合性軌道　22

ハ

半減期 79
半電池 71
バンド構造 88
反応機構 111
反応次数 35
反応速度 33
反応速度式 35
反応速度定数 35, 52
反応点 37
反応特異性 40
反応熱 47
反応の方向 49
半反応式 66

ヒ

pH 56
pH 指示薬 60
pH 飛躍 59
pH メーター 63
BOD 144
PCB 143
ppm 143
ppb 143
光触媒 88
光反応 108
非共有電子対 16
非結晶質 26
ピッチブレンド 79
ヒドリドイオン 77
ヒドロキシ(ル)基 105
ヒドロニウムイオン 77
標準エンタルピー変化 48
標準エントロピー 49
標準自由エネルギー 50
標準生成エンタルピー 48, 107
標準生成ギブズ自由エネルギー 50
標準生成熱 48
標準電極電位 72
標準反応エントロピー 49
標準溶液 58
表面電荷密度 77
備長炭電池 75
頻度因子 39

フ

ファラデー定数 74
ファラデーの電気分解の法則 74
ファンデルワールス定数 29
ファンデルワールスの状態方程式 29
ファンデルワールス力 21
ファントホッフの法則 137
富栄養化 144
不可逆過程 45
不確定性原理 8
付加重合 130
付加脱離反応 120
不活性ガス 76
付加反応 115, 135
不均一系 24, 62
不均一系触媒 38
不均化 132
複塩 80
副原子価 90
物質波 7
物質量 4
沸点 26
不動態膜 80
不飽和炭化水素 97
フラーレン 11
ブラウン運動 23
プラスチック 128, 136, 138
プランク定数 5
ブレンステッド-(ローリー)の酸塩基 55
プロトン 77
プロトン酸 133
フロン 140
分圧 51
──の法則 28
分極 20, 21, 110, 118
分子 1
分子間力 21
分子結晶 23, 27
分子量 4
分子量分布 137
フントの規則 10
分離 1

ヘ

平均相対原子質量 3
平均二乗速度 31
平均の反応速度 34
平均分子量 137
平衡距離 15
平衡状態 44, 62
平衡定数 52, 56
閉鎖系 45
平面構造式 97
ベークライト 129
β^- 崩壊 87
ヘスの法則 48
変色域 60
ベンゼン 102, 106, 121

ホ

ボイルの法則 27
方位量子数 8
芳香族性 121
芳香族炭化水素 103
放射性同位体 2, 79, 85
包接化合物 78
飽和蒸気圧 25
飽和状態 62
飽和炭化水素 97
ボーキサイト 80
ポテンシャルエネルギー 46
ポリウレタン 135
ポリエチレンテレフタレート 134
ポリスチレン 133
ポリマー 128
ボルタ電池 72
ボルツマン定数 31

ミ, ム

水 77
三つ組元素 89
無機化合物 76, 97
無機高分子 128

メ

メタ配向性 127
メタン 98
メタンハイドレート 146
メチルラジカル 109
メッキ 73
面心立方格子 26

モ

モノマー 129
モル 4
モル質量 4
モル分率 28
モントリオール議定書 141

ヤ, ユ

軟らかい酸塩基 56
融解 24
融解曲線 25
融解熱 24
有機化合物 97
有機金属化合物 134
有機合成高分子 128
有機高分子 128
有機反応 110
有効核 20
有効核電荷 110
融点 26
誘電率 5
UV-A 139
UV-B 139
UV-C 139

ヨ

陽イオン交換膜 74
溶解度 63
溶解度積 62
陽極 73
陽子 2
陽性元素 70
ヨウ素-デンプン反応 84
溶存酸素量 144
容量分析 58

ラ

ラジカル 109

ラジカル開始剤　131
ラジカル重合　129, 130
ラジカル中心　132
ラジカル反応　109
ラジカル付加反応　130
ラジカル連鎖反応　109
ランタノイド　87
　——収縮　87

リ

理想気体　27
——の状態方程式　28
律速段階　37
立体配座　99
粒子性　7
量子仮説　5
量子数　8
両性酸化物　83
両性水酸化物　83
両性物質　55, 80
理論空燃比　39
臨界点　25

ル

ルイス酸　133
ルイスの酸塩基　56

レ

励起状態　5
レインアウト　143
連鎖移動反応　132
連鎖重合　129
連鎖反応　109
連続スペクトル　4

ロ

六員環構造　102
六方最密格子　26

著者略歴

長谷川　正（はせがわ　ただし）
1948 年　東京都中央区生まれ
1976 年　東京教育大学大学院理学研究科博士課程修了
東京学芸大学教授等を経て
現在　東京学芸大学名誉教授　理学博士
【専門分野】　有機光化学，化学教育

國仙　久雄（こくせん　ひさお）
1962 年　北海道小樽市生まれ
1993 年　京都大学大学院理学研究科博士課程単位認定退学
東京学芸大学助手，北海道薬科大学教授等を経て
現在　東京学芸大学教授　博士（理学）
【専門分野】　分析化学，無機化学

吉永　裕介（よしなが　ゆうすけ）
1968 年　神奈川県横浜市生まれ
1999 年　北海道大学大学院地球環境科学研究科博士課程修了
北海道大学助手，東京学芸大学助教授等を経て
現在　東京学芸大学准教授　博士（地球環境科学）
【専門分野】　触媒化学，環境化学

理科教育力を高める　基礎化学

2011 年 11 月 25 日　第 1 版 1 刷発行
2024 年 5 月 30 日　第 3 版 1 刷発行

著作者	長谷川　正 國仙久雄 吉永裕介
発行者	吉野和浩
発行所	東京都千代田区四番町 8-1 電　話　　03-3262-9166（代） 郵便番号　102-0081 株式会社　裳華房
印刷所	三報社印刷株式会社
製本所	株式会社　松岳社

検印省略
定価はカバーに表示してあります．

一般社団法人 自然科学書協会会員

JCOPY 〈出版者著作権管理機構 委託出版物〉
本書の無断複製は著作権法上での例外を除き禁じられています．複製される場合は，そのつど事前に，出版者著作権管理機構（電話 03-5244-5088，FAX 03-5244-5089，e-mail: info@jcopy.or.jp）の許諾を得てください．

ISBN 978-4-7853-3088-0

Ⓒ 長谷川　正・國仙久雄・吉永裕介，2011　　Printed in Japan

化学ギライにささげる 化学のミニマムエッセンス

車田研一 著　Ａ５判／212頁／定価 2310円（税込）

大学や工業高等専門学校の理系学生が実社会に出てから現場で困らないための，"少なくともこれだけは身に付けておきたい"化学の基礎を，大学入試センター試験の過去問題を題材にして懇切丁寧に解説する．

【主要目次】0. はじめに　1. 化学結合のパターンの"カン"を身に付けよう　2. "モル"の計算がじつはいちばん大事！　3. 大学で学ぶ"化学熱力学"の準備としての"熱化学方程式"　4. 酸・塩基・中和　5. 酸化・還元は"酸素"とは切り分けて考える　6. 電気をつくる酸化・還元反応　7. "とりあえずこれだけは"的有機化学　8. "とりあえずこれだけは"的有機化学反応　9. センター化学にみる，"これくらいは覚えておいてほしい"常識

化学サポートシリーズ
化学をとらえ直す　－多面的なものの見方と考え方－

杉森　彰 著　Ａ５判／108頁／定価 1870円（税込）

「無機」「有機」「物理」など，それぞれの講義で学ぶ個別の知識を本当の"化学"的知識とするためのアプローチと，その過程で見えてくる自然の姿をめぐるオムニバス．

【主要目次】1. 知識の整理には大きな紙を使って表を作ろう　－役に立つ化学の基礎知識とは－　2. いろいろな角度からものを見よう　－酸化・還元の場合を例に－　3. 数式の奥に潜むもの　－化学現象における線形性－　4. 実験器具は使いよう　－実験器具の利用と新らしい工夫－　5. 実験ノートのつけ方　－記録は詳しく正確に．後からの調べがやさしい記録－

物理化学入門シリーズ
化学のための数学・物理

河野裕彦 著　Ａ５判／288頁／定価 3300円（税込）

化学系に必要となる数学・物理の事項をまとめた参考書．背景となる数学・物理を適宜習得しながら，物理化学の高みに到達できるよう構成した．

【主要目次】1. 化学数学序論　2. 指数関数，対数関数，三角関数　3. 微分の基礎　4. 積分と反応速度式　5. ベクトル　6. 行列と行列式　7. ニュートン力学の基礎　8. 複素数とその関数　9. 線形常微分方程式の解法　10. フーリエ級数とフーリエ変換　－三角関数を使った信号の解析－　11. 量子力学の基礎　12. 水素原子の量子力学　13. 量子化学入門　－ヒュッケル分子軌道法を中心に－　14. 化学熱力学

化学英語の手引き

大澤善次郎 著　Ａ５判／160頁／定価 2420円（税込）

長年にわたり「化学英語」の教育に携わってきた著者が，「卒業研究などで困ることのないように」との願いを込めて執筆した．手頃なボリュームで，講義・演習用テキスト，自習用参考書として最適．

【主要目次】1. 化学英語は必修　2. 英文法の復習　3. 化学英文の訳し方　4. 化学英文の書き方　5. 元素，無機化合物，有機化合物の名称と基礎的な化学用語　付録：色々な数の読み方

元素の

周期\族	1	2	3	4	5	6	7	8	9
1	1.008 $_1$H 水素 $1s^1$								
2	6.941 $_3$Li リチウム [He]$2s^1$	9.012 $_4$Be ベリリウム [He]$2s^2$							
3	22.99 $_{11}$Na ナトリウム [Ne]$3s^1$	24.31 $_{12}$Mg マグネシウム [Ne]$3s^2$							
4	39.10 $_{19}$K カリウム [Ar]$4s^1$	40.08 $_{20}$Ca カルシウム [Ar]$4s^2$	44.96 $_{21}$Sc スカンジウム [Ar]$3d^14s^2$	47.87 $_{22}$Ti チタン [Ar]$3d^24s^2$	50.94 $_{23}$V バナジウム [Ar]$3d^34s^2$	52.00 $_{24}$Cr クロム [Ar]$3d^54s^1$	54.94 $_{25}$Mn マンガン [Ar]$3d^54s^2$	55.85 $_{26}$Fe 鉄 [Ar]$3d^64s^2$	58.93 $_{27}$Co コバルト [Ar]$3d^74s^2$
5	85.47 $_{37}$Rb ルビジウム [Kr]$5s^1$	87.62 $_{38}$Sr ストロンチウム [Kr]$5s^2$	88.91 $_{39}$Y イットリウム [Kr]$4d^15s^2$	91.22 $_{40}$Zr ジルコニウム [Kr]$4d^25s^2$	92.91 $_{41}$Nb ニオブ [Kr]$4d^45s^1$	95.96 $_{42}$Mo モリブデン [Kr]$4d^55s^1$	(99) $_{43}$Tc テクネチウム [Kr]$4d^55s^2$	101.1 $_{44}$Ru ルテニウム [Kr]$4d^75s^1$	102.9 $_{45}$Rh ロジウム [Kr]$4d^85s^1$
6	132.9 $_{55}$Cs セシウム [Xe]$6s^1$	137.3 $_{56}$Ba バリウム [Xe]$6s^2$	57〜71 *ランタノイド	178.5 $_{72}$Hf ハフニウム [Xe]$4f^{14}5d^26s^2$	180.9 $_{73}$Ta タンタル [Xe]$4f^{14}5d^36s^2$	183.8 $_{74}$W タングステン [Xe]$4f^{14}5d^46s^2$	186.2 $_{75}$Re レニウム [Xe]$4f^{14}5d^56s^2$	190.2 $_{76}$Os オスミウム [Xe]$4f^{14}5d^66s^2$	192.2 $_{77}$Ir イリジウム [Xe]$4f^{14}5d^76s^2$
7	(223) $_{87}$Fr フランシウム [Rn]$7s^1$	(226) $_{88}$Ra ラジウム [Rn]$7s^2$	89〜103 **アクチノイド	(267) $_{104}$Rf ラザホージウム [Rn]$5f^{14}6d^27s^2$	(268) $_{105}$Db ドブニウム [Rn]$5f^{14}6d^37s^2$	(271) $_{106}$Sg シーボーギウム [Rn]$5f^{14}6d^47s^2$	(272) $_{107}$Bh ボーリウム [Rn]$5f^{14}6d^57s^2$	(277) $_{108}$Hs ハッシウム [Rn]$5f^{14}6d^67s^2$	(276) $_{109}$Mt マイトネリウム [Rn]$5f^{14}6d^77s^2$
名称	アルカリ金属[†1]	アルカリ土類金属[†2]							

原子番号 — 12.01 — 原子量(有効数字4ケタで表示)
$_6$C — 元素記号
炭素 — 元素名
[He]$2s^22p^2$ — 電子配置

□ は典型元素
▨ は遷移元素

*ランタノイド

*ランタノイド	138.9 $_{57}$La ランタン [Xe]$5d^16s^2$	140.1 $_{58}$Ce セリウム [Xe]$4f^15d^16s^2$	140.9 $_{59}$Pr プラセオジム [Xe]$4f^36s^2$	144.2 $_{60}$Nd ネオジム [Xe]$4f^46s^2$	(145) $_{61}$Pm プロメチウム [Xe]$4f^56s^2$	150.4 $_{62}$Sm サマリウム [Xe]$4f^66s^2$
**アクチノイド	(227) $_{89}$Ac アクチニウム [Rn]$6d^17s^2$	232.0 $_{90}$Th トリウム [Rn]$6d^27s^2$	231.0 $_{91}$Pa プロトアクチニウム [Rn]$5f^26d^17s^2$	238.0 $_{92}$U ウラン [Rn]$5f^36d^17s^2$	(237) $_{93}$Np ネプツニウム [Rn]$5f^46d^17s^2$	(239) $_{94}$Pu プルトニウム [Rn]$5f^67s^2$

安定同位体がなく,天然で特定の同位体組成を示さない元素については,その元素の放射性同位体の質量数の一例を( )の中に示してある。

[†1] Hを除く。 [†2] Be, Mgは通常はアルカリ土類金属に含まれない。